湿法冶金电极新材料
制备技术及应用

郭忠诚　陈步明　黄惠　陈阵　著

北京

冶金工业出版社

2016

内 容 提 要

　　本书系统介绍了湿法冶金电积用阳极新材料的制备方法、表征、性能以及相关基础理论，重点介绍了铅基合金系列电极和铝基系列复合电极的制备方法、电催化机制、电化学性能及相关应用。全书共分 4 章，包括引言、有色金属电积的基础理论、铅及铅基合金阳极新材料的制备技术和铝基复合电极新材料的制备技术。

　　本书可供材料领域和湿法冶金领域科研、生产及产品开发技术人员参考，也可作为高等院校相关专业师生的教学参考书。

图书在版编目(CIP)数据

　　湿法冶金电极新材料制备技术及应用/郭忠诚等著 . —北京：
冶金工业出版社，2016.3
　　ISBN 978-7-5024-7178-1

　　Ⅰ.①湿… Ⅱ.①郭… Ⅲ.①湿法冶金—电极—材料制备—研究 Ⅳ.①TF111.3

　　中国版本图书馆 CIP 数据核字(2016)第 038799 号

出 版 人　谭学余
地　　址　北京市东城区嵩祝院北巷 39 号　邮编　100009　电话　(010)64027926
网　　址　www.cnmip.com.cn　电子信箱　yjcbs@cnmip.com.cn
责任编辑　于昕蕾　美术编辑　彭子赫　版式设计　孙跃红
责任校对　郑　娟　责任印制　李玉山
ISBN 978-7-5024-7178-1
冶金工业出版社出版发行；各地新华书店经销；三河市双峰印刷装订有限公司印刷
2016 年 3 月第 1 版，2016 年 3 月第 1 次印刷
169mm×239mm；20.75 印张；403 千字；322 页
58.00 元

冶金工业出版社　投稿电话　(010)64027932　投稿信箱　tougao@cnmip.com.cn
冶金工业出版社营销中心　电话　(010)64044283　传真　(010)64027893
冶金书店　地址　北京市东四西大街 46 号(100010)　电话　(010)65289081(兼传真)
冶金工业出版社天猫旗舰店　yjgycbs.tmall.com
　　　　　　(本书如有印装质量问题，本社营销中心负责退换)

前　言

　　加快湿法冶金电极新材料的研究与应用是当前世界冶金工业发展的重要趋势。随着冶金工业产业结构的调整，加快湿法冶金电极新材料的研发和生产，满足各种高新技术产业的需求，已经成为我国冶金工业发展的必然趋势。目前，研究较多的有色金属电积用阳极材料主要有铅基合金阳极、钛基涂层复合阳极、氢扩散阳极和泡沫铅基合金阳极。其中，铅基合金电极是硫酸及硫酸盐介质、中性介质和铬酸盐介质中应用最广泛的不溶性阳极。该类阳极具有制备工艺简单、价格低廉、易成型、自我修复能力强、在硫酸电解液中操作稳定等优点，是国内外有色冶金工业中一直使用的传统阳极材料。

　　本书重点介绍了铅及铅基合金阳极、铝基复合铅合金阳极新材料的制备技术、电化学性能及其应用特性。第 1 章介绍了湿法冶金用电极材料的发展现状、制备方法及应用领域。第 2 章介绍了湿法冶金电极过程的动力学过程、阴极过程、阳极过程及电沉积二氧化铅的基础理论。第 3 章介绍电积锌、铜用的新型铅合金阳极制备工艺和方法，活性颗粒增强铅基合金阳极的制备方法和性能研究以及铅合金阳极表面成膜规律。第 4 章介绍了铝基系列复合铅合金阳极新材料的制备及其电化学性。着重介绍了铝及铝合金基体的前处理工艺及其影响因素：锌电积用 Pb-Ag、Pb-Ag-Co、Al/Pb-Sn、Pb-Co$_3$O$_4$ 和 Pb-WC 系列阳极新材料的制备体系、工艺条件及其影响因素；铜电积用 Pb-Sn-WC 和 Pb-Sn-Sb 阳极新材料的制备体系、工艺条件及其影响因素。并与传统浇铸 Pb-Sn-Sb、Pb-Ca-Sn 等阳极材料的性能作了系统对比。

　　本书是在作者和其所指导的硕士、博士研究生近 10 年研究成果的基础上，参考国内外大量的文献资料，编写而成，希望对相关行业的科技工作者有一定的参考价值。

本书第 1 章由郭忠诚编写，第 2 章由黄惠编写，第 3 章由陈步明编写，第 4 章由陈阵编写，全书最后由黄惠统稿。编写过程中参考了一些他人的著作、文章，在此一并向其作者和出版者表示感谢。

由于编者水平有限，加之湿法冶金电极新材料研究发展迅速，书中不妥之处恳请读者批评指正。

作　者
2016 年 1 月

目　录

1 引 言

1.1 概述

电解作为一种重要的生产技术手段，广泛应用于化工、冶金、环保、能源开发等基础工业。电解过程的实施离不开电极材料，特别是对电化学工业和电冶金工业来说，其产品的质量及相关的技术经济指标在很大程度上取决于电极材料的性能。对电解工业用的电极材料尤其是阳极材料，一般要求具备良好的导电性、高的耐腐蚀性、高的电催化活性、好的机械强度和加工性能、长的使用寿命以及较低的成本等综合性能[1]。Zn、Cu、Mn、Co、Ni、Cr 等有色金属的电解提取、有机电化学合成等大都在硫酸介质中进行，由于硫酸中阳极的主反应是析氧，新生态氧的氧化活性很强，加之硫酸的强腐蚀性，使得能满足工业生产的理想阳极材料很少。

对一些新型的电解液体系，如氟硼酸盐体系和氟硅酸盐体系电积铅，传统的铅基合金阳极无法使用，必须寻求新型的惰性阳极材料。无论采用萃取技术还是采用加压湿法炼锌技术，电解液体系中都不存在二价锰离子，若采用传统的铅基合金作阳极，在电积过程中铅阳极表面得不到二氧化锰的保护，铅就会溶解进入溶液，然后与锌共沉积到阴极锌中，导致阴极锌含铅量严重超标。为了解决上述问题，目前通常的做法是在电解液中加入硫酸锰，或在加压浸锌的过程中加入二氧化锰，这会增加锌的冶炼成本。

根据 2015 年中国有色金属工业协会报道，2014 年全球精锌产量为 995.5 万吨，同 2013 年比增长 4.2%；精锌消费量为 1026.4 万吨，同比增长 7.4%，精锌需求大于供应，且增速也远超供应。国内锌冶炼企业主要有株冶集团、中金岭南、江铜锌业、锌业股份、豫光金铅、白银公司、水口山矿务局、陕西八一锌业、中色赤峰锌业、西部矿业、南方有色、驰宏锌锗、金鼎锌业、蒙自矿业、云铜锌业、罗平锌电、祥云飞龙等大小电锌厂 150～200 家，年产锌锭在 600 万吨左右，年消耗铅惰性电极材料 120 万～150 万片左右，年产值 40 亿元左右。

国外如韩国、加拿大、澳大利亚、芬兰、俄罗斯、日本、印度、非洲等国年产锌锭在 600 万吨左右，年消耗铅惰性电极材料 120 万～150 万片左右，年产值 40 亿元左右。此外，电解锰、湿法炼铜等行业也需要阳极板，尤其是湿法炼铜，全球最大的湿法炼铜基地在非洲的赞比亚和刚果金，年产电积铜 150 万吨左右，需要大量的阳极板；国内外年消耗铅惰性电极材料90 万～112 万片左右，年产值15 亿元左右。国内电解镍是25 万吨，年消耗铅惰性电极材料2.5 万～3 万片左右，年产值为1 亿元左右。国内电解锰是116 万吨，年消耗铅惰性电极材料11万～15 万片左右，年产值4 亿元左右。因此，惰性阳极板在全国乃至全球的锌、镍、铜、锰和钴等冶金行业有着广泛的应用前景，每年可产生至少100 亿元的经济效益。

而 Pb-Ag、Pb-Ag-Ca-Sr、Pb-Sb、Pb-Ca-Sn 等一些传统的铅合金阳极板虽在有色冶金工业得到广泛应用，并且具有悠久的历史，但也存在一些问题。主要表现在生产过程能耗高、生产成本高、耐氯离子腐蚀能力差、阳极板容易弯曲变形。随着有色金属矿产资源的日益减少，有色冶炼企业可利用的矿产资源越来越复杂，电解液中的杂质含量尤其是氯离子和氟离子越来越高，导致对阳极板的腐蚀越来越严重，以至于影响阴极产品质量。针对目前现状，有必要研究开发新型铅基合金材料。

1.2　湿法冶金中电积用阳极材料

在锌电积工业中，Pb-(0.5%～1.0%)Ag 合金阳极和 Pb-(0.3%～0.4%)Ag-(0.03%～0.08%)Ca 合金阳极被广泛地应用。Pb-(0.5%～1.0%)Ag 合金阳极优点为：制备简单；在酸性溶液中，耐腐蚀性和稳定性好。Pb-(0.3%～0.4%)Ag-(0.03%～0.08%)Ca 合金阳极的优点为：有良好的力学性能；在酸性溶液中，具有良好的稳定性；较低的贵金属银的消耗。在铜电积工业中，采用轧制的Pb-0.08%Ca-1.25%Sn 阳极，寿命达到7 年。在镍、钴电积工业中，由于电解体系的温度在60℃及以上，Pb-Sb 具有很好的耐高温稳定性。铸造的 Pb-(6%～10%)Sb 合金拥有亚共晶具有抗蠕变和弯曲特性，若在里面加入少量的 S 或 Cu可以完善晶体结构，防止凝固时形成大的枝晶和开裂。镀铬采用 Pb-7%Sn 合金阳极。在电积锰工业采用的阳极是 Pb-Ag-As，As 能显著地提高阳极的力学性能和稳定性，也可减少 MnO_2 的产生[2]。

铅银合金阳极主要存在两个问题：贵金属银的大量消耗和析氧过电位较高(860mV 左右)[1]。为此，很多研究人员致力于开发新型阳极材料。归纳起来，主要有四个类型：(1) 新型铅合金阳极；(2) 钛基涂层（DSA）阳极；(3) 铝基阳极材料；(4) 复合阳极材料。

1.2.1　新型铅合金阳极材料

新的铅合金阳极能否在有色金属电积中成功地应用，必须考虑合金的可加工性、机械稳定性和耐久性、阴极产品的质量、大量阳极泥的处理和电解槽的维护、环境影响和铅的消耗以及最重要的是阳极的电化学和化学的稳定性[3]。

1.2.1.1　变质剂

Ivanov 等[4,5]综述了不同的铅基合金阳极的耐蚀和电催化性能。发现二元铅银合金中，Ag 含量越高，阳极的腐蚀速率越低，当 Ag 含量超过 1% 时，阳极的耐腐蚀性改善不大。Ag 类似于 Sn 就在于它偏析在亚晶和晶界里，由于富银，在这些晶界和枝晶区更具有耐腐蚀性，由于钙的含量较低，该区域可能更容易变形。尽管 Ag 提供了众多的优势，成本效益分析通常要减少 Ag 的使用。Ag 使 Pb 的亚晶和晶界区的氧化的速率降低，Ag 降低阳极的析氧活化能[6]并使 α-PbO_2 转化为 β-PbO_2，因后者阳极析氧电位和腐蚀速率都低于前者[7]。Ag 延迟氧化层的钝化和封闭 $PbSO_4$ 层出现的孔隙。Ag 变粗共晶结构的粒度[8]，同时通过增加抗变形和蠕变来提高力学性能。Ag 也会降低 PbCaSn 合金的腐蚀速率[9,10]。Ti 加入铅银合金中组成三元合金的阳极具有很好的耐腐蚀性，随着 Ti 含量的增加，Pb 铅合金在硫酸溶液中的溶解降低，最好的耐腐蚀性的配比为 Pb-0.75% Ag-0.5% Ti。Pb-Ag-Tl 阳极，Tl 可以使元素银在合金中更均匀地分布，从而使这种合金具有好的耐腐蚀性。比如，在不含氯离子条件下，Pb-0.5% Ag-2.0% Tl 阳极的抗腐蚀性能是 Pb-1.0% Ag 合金的 33 倍；在含氯离子 500mg/L 的条件下，Pb-0.5% Ag-0.2% Tl 阳极的抗腐蚀性能是 Pb-1.0% Ag 合金的 6 倍多。但是 Tl 具有很高的毒性，不利于工业运用。在含氯离子 100mg/L 的条件下，Pb-1.0% Ag-0.02% Co-0.3% Sn 阳极是耐腐蚀性能最好的阳极；且在不含氯离子条件下，使用 Pb-1.0% Ag-0.02% Co-0.3% Sn 阳极电解产生的阴极锌含铅量为 3μg/g，而 Pb-1.0% Ag 阳极电解产生的阴极锌含铅量为 33μg/g。Pb-Ag-Bi 阳极，当合金中的 Bi 元素含量增加的时候，阳极的析氧电位会降低已被证实，当 Bi 含量达到 5% 时，阳极电位下降 60～80mV。但是如果要保证阳极的耐腐蚀性不下降，Bi 的含量不能超过 1%。但这个含量对于阳极电位的降低贡献很小。另外，当合金中的 Bi 溶解到电积液中时，Bi 离子会对阴极锌的沉积造成不利影响[11,12]。W. Zhang 等[7]研究 Pb-Ag-Zr-Ca 阳极认为变质剂元素 Zr 可以在硫酸中形成耐腐蚀性强的立方型 ZrO_2。铅合金熔炼时，合金中的铝能阻止铅的氧化以及熔融钙的氧化，工业试验发现：Pb-0.06% Ca-0.5% Ag-0.025% Al 的腐蚀速率比 Pb-0.06% Ca-0.5% Ag 腐蚀速率低，这说明加入少量铝可以提高阳极的寿命[13]。

Prengaman[14]在 1980 年首次研发了轧制的 Pb-Ca-Sn 阳极。到 1990 年，Pb-Sb 阳极大量地改用 Pb-Ca-Sn 合金。后者阳极一个关键的优点是减少阴极铅污染[15]。Pb-Ca-Sn 阳极强度高，元素分布均匀，无裂缝或浮渣。阳极的组成是大约 0.08% Ca 和 1.5% Sn 以及微量的 Bi、Al 和 Ag。阳极的平均使用寿命达到 4～5 年，它们的腐蚀速度是 0.5mm/a[16]。用于铜电积中，Pb-Ca-Sn 合金是目前最受欢迎的铅合金。在所有情况下，轧制合金增加合金的机械强度，这是一个阳极生产过程中必做的步骤。轧制能延迟晶粒使合金具有更高的屈服强度。Xu[17]认为

Sn 与 Ca 的比值的确定是使合金能成功应用的至关重要的步骤，因为它们形成一个金属间化合物 Sn_3Ca。Ca 含量最好是 0.07%，超过这个数，屈服强度降低。Sn 的增加也对屈服强度有一个积极的影响，从经济上考虑，可行的 Sn 含量是 1.0%。添加任何超过这并不产生显著增加屈服强度[18]。Sn 掺杂 Pb-Ca 合金中，金属间的第二相体积会增加，因为 $(PbSn)_3Ca$ 占据的等效体积比不掺锡合金略大。不管 Ca 含量多少，添加 Sn 一定能改善其力学性能。不仅如此，利用更稳定的 Sn_3Ca 析出相替代 Pb_3Ca 可使其具有更好的力学性能和低的蠕变性。人们普遍认为 Sn 对铅合金的电化学有利[10]。Sn 和 Ca 是最好的搭档，它们结合起来能减少阳极腐蚀的速率以及有利于[18]形成导电二氧化铅层。锡含量超过 1%，这将加速合金的腐蚀，尤其是在温度较高的电解液中。

加入 Co 能显著地降低电积过程中的能耗，所以它已引起许多研究者的关注。Co 在 Pb 系阳极的有利影响早在 1917 年[15]进行了研究，钴不溶于 Pb，因此获得理想的 Pb-Co 二元合金阳极是不可能的。因此各种方法来进行研究开发一种铅-钴合金阳极。这些方法包括：Co 与 Sn、Sb 或者 Bi 形成合金，然后这些合金再与铅结合。其他方法包括机械合金化或 Pb 与 Co 的高温熔融，然后快速冷却。虽然这些获得了不同程度的成功，但引进了新的问题。然而，即使 Co 的加入量非常小，它也可以使整个阳极有一个显著的效果。在 Pb-Ca-Sn 阳极电解槽中加入 Co 200μg/g 可以降低析氧电位 150mV[19]。采用喷涂轧制技术在 Pb 的阳极覆盖含有 Co 3% 的表面层，可降低析氧电位 90mV，其降低电压的效果与加入 1% Ag 的铅合金效果一致。理想的情况下，Co 熔入到铅合金里，要么一部分作为表面涂层或者嵌入在阳极的表面。RSR 技术已设计了一种新的轧制的 Pb-Ca-Sn-Co 阳极，其中钴不断地出现在阳极表面。这意味着，铜电积液中不需要添加钴盐也会保持正常操作，它对 PbO_2 的形成过程起到积极作用，这带来了显著的经济效益，降低成本可高达每槽每年 8 万美元[19]。Nikoloski 和 Nicol[15]认为钴改变了产生的 PbO_2 膜的孔隙率，以允许电流更好地传递到阳极深处。Co 的优势在于：钴催化过硫酸铅盐的分解，钴是通过 Co_2O_3 充当氧载体促进硫酸根离子放电以及钴在阳极表面帮助其产生目前未知的不可渗透的一种薄膜。

如果能够降低阳极电势的元素偏析到晶界，这是众所周知的具有比晶粒本身的化学活性更高的区域。在晶界中的元素，可以通过多种方法提高阳极的电化学性能以及保护阳极，例如降低阳极过电位和具有低电阻率的阳极膜有利于生长，同时保持良好的机械强度和抗蠕变性。为了更好地理解合金成分对阳极的电化学性能，这就需要更多地研究关于铅基合金氧化物的表面形貌特征、密度、厚度、阳极的生长形式以及微观组织结构。目前这个信息严重缺乏。长期来看，恒电流测试的方法能比较真实反映工业电解槽试验的结果，因为它能确定什么合金是值得追求的。此外，合金材料起到关键作用的是铅合金表面产生的 PbO_2 晶粒，因

为不同的 PbO_2 晶粒可以经历不同的吸附过程[3]。

1.2.1.2 铸造、加工/轧制的影响

锌电积用的阳极的力学性能和电化学性能在很大程度上与其制备的工艺条件有关。传统的铸造阳极是从顶部往下浇铸铅液到竖模具中，这样会不断地发生凝固与熔化，产生的金属层不延续，而且模具中的合金在铸锭中间和顶端出现严重收缩，这些缺陷严重的地方改变了整个阳极板的物理-化学-力学性能。铸造阳极不能在高电流密度下使用，例如铸造的 Pb-Ag 阳极在高于 $600A/m^2$ 条件下使用时，寿命短。一种替代传统铸造的方法是采用水冷磨具，并从磨具的底部或侧面来浇铸的。这种铸造体系的优势在于能够产生更均匀、低孔隙的长寿命阳极。南非锌业公司采用这种方法生产的 Pb-Ca-Ag 阳极，平均寿命接近 5 年[20]。但铸造的铅合金出现孔隙是不可避免的，这些孔隙会导致内部腐蚀，并可能引起阳极板局部产生裂纹甚至导致阳极板弯曲变形。

轧制铅合金阳极的优点：（1）伸长率显著降低；（2）断裂应力阻力增加；（3）相比铸造阳极，腐蚀更均匀；（4）轧制不含有孔隙率和夹杂物，因为用来轧制的铸坯冷却时间长，允许空气和渣上浮到顶端，并被除去。合金晶粒大小与所经受的快速冷却因素无关，因为合金一旦被轧制后，晶粒结构将被放大并被拉长。但是，必须了解铸造合金的一些特征。这些特征包括晶界、位错运动和力学性能。晶界的结构是整个合金强度和合金电化学性能的关键。如果晶界中占据大面积的晶粒尺寸减小，这反过来提高了合金的机械强度。然而，在高的温度下更大的晶界区域就意味着更容易变形[21]。较大的晶粒较小晶界区域其腐蚀性降低。晶界比晶粒本身更具有化学活性，因此必须注意变质剂元素对晶界的偏析状况。晶粒大小的问题是合金的电化学性能的关键，它是由该合金的组成、铸造过程中的冷却速度、环境和加工参数决定的[22]。

轧制合金比铸态形式具有更好的力学性能[9]，轧制合金还提供均匀的厚度和延展性[10]。轧制的影响是由合金中析出相的稳定性决定的，并且最终控制轧制的有利和不利影响。外来元素的加入可以改变合金对轧制的敏感度。例如，Ag 的添加能够防止变质剂晶粒在彼此之间滑动。不含 Ag，Sn/Ca 比率较高，Pb-Ca-Sn 合金可能会遭受晶间裂缝，这使得它们在许多应用中受阻。就腐蚀而言，轧制的合金具有良好耐腐蚀性，因为轧制阳极的晶粒取向明显，并且产生的二氧化铅层附着牢固，这比未轧制合金更好[7]。铸造阳极如 Pb-Ag 合金，冷却速度的变化会导致不均匀的微结构形成，缓慢冷却区域比其他区域的微组织结构更粗糙[23]。轧制退火后的高钙 Pb-0.52%Ag-0.50%Ca 阳极的析氧电位比铸造的 Pb-0.99%Ag 阳极低。虽然 Pb-0.99%Ag 中富银析出相晶粒细小、均匀地分布在晶界处；而 Pb-0.52%Ag-0.50%Ca 中富银析出相也分布在晶界处，但后者的银含量比前者高[24]。杨键等[25]研究了不同轧制工艺对铅钙锡合金性能的影响，结果

发现交叉方向轧制增强了合金微观组织结构的各向异性，提高了微观组织结构的均匀性，并改善了阳极的内部结构。当轧制温度在 100℃ 以上进行时，大部分轧制的方向感因重结晶而消失，晶粒结构以及力学性能均优于冷轧材料。在轧制过程中，保持一定的温度相当长时间，整个阳极（Pb-0.07% Ca-0.35% Ag）表面会出现均匀细致的晶体结构，暴露在阳极表面的细小晶粒具有多边界面，这样新产生的二氧化铅附着力更牢固，在预处理中，它能快速形成附着力强的膜层[20]。Pb-Ca-Ag 板坯热轧可控制钙的析出，产生均匀的晶体结构，保持高的力学性能。当热轧制时，钙的析出和晶界运动同时进行，在这种温度下，轧制和析出产生的热应力得以释放，这样轧制的阳极在高温电解液电解时，不存在重结晶、弯曲变形以及低的力学性能。因 Pb-0.07% Ca-1.3% Sn 重结晶温度在 120～150℃ 之间，为了避免阳极弯曲变形，必须在低于 45℃ 的条件下进行冷轧[26]。

在南非，锌厂为了避免阳极板在使用过程中变形弯曲而造成阴阳极短路，他们通常需要花费 2 周时间来清理、校正。这样做虽然有效地解决了阳极板的变形问题，但因热应力引起阳极短路的根本问题未得到解决，尤其是对有非工作面的阳极板（电解槽中边上的阳极板）。阳极表面打孔就非常有必要，它防止阳极板因热应力的不均匀引起阳极变形弯曲。通过实验发现，打孔之后的阳极板腐蚀速率低，孔的直径可以为 25mm 或者 32mm，但孔不能被阻塞，若阻塞了，其寿命降低[20]。

1.2.1.3　离子的影响

Zn 电解工业中，电解液中普遍含有 500mg/L 左右的 Cl^-。随着矿物成分的日益复杂和工业循环溶液中 Cl^- 的积累[27]，有些电解液 Cl^- 浓度甚至可以达到 1000mg/L[28]。因此，国内外越来越重视 Cl^- 对电解过程中铅基阳极性能的影响。Fraunhofer[29] 发现 Cl^- 会与 Pb^{2+} 沉淀生成 $PbCl_2$，在更高的电位下 $PbCl_2$ 会被氧化成 PbO_2，而且 Cl_2 可能与 O_2 一起析出。Ivanov 等[4] 综述了 Cl^- 对 Pb 及铅合金阳极性能的影响，其中报道了当 Cl^- 浓度为 100mg/L 时，Pb-Ag 阳极的腐蚀与无 Cl^- 电解液中的腐蚀相当，而纯 Pb 阳极即便在含低浓度 Cl^- 的电解液中也会剧烈腐蚀。500mg/L 的 Cl^- 则可以明显加剧 Pb-Ag 阳极的腐蚀。Hampson 等[30] 发现 Cl^- 会降低膜层中 SO_4^{2-} 的稳定性，降低氧化膜层的质量并抑制钝化过程，同时 Cl^- 可以降低阳极析氧过电位。Liu 等[27] 也认为 Cl^- 会降低膜层的保护性能，加速膜层的溶解。Cifuentes 等[31] 则发现，在 Cu 电沉积过程中，Cl^- 浓度低于 100mg/L 时，Cl^- 可以减少 Pb 的失重和腐蚀。Tunnicliffe 等[32] 也报道了 Cl^- 可以减少 Pb-Ag 阳极的腐蚀，其原因是服役过程中生成的 $AgCl_2$ 可以包围氧化膜层，提高膜层的耐腐蚀性能。钟晓聪等[33] 也报道了在 Cl^- 存在下，阳极的局部腐蚀严重，减少了阳极表面氧化膜层中 PbO_2 的含量，抑制了析氧反应中间产物的生成和吸附，增加了析氧反应的传荷电阻。超过 500mg/L 的 Cl^- 对阳极的耐腐蚀性能和析氧活性均会造成不利的影响。其也进一步研究了 Pb-Ag 阳极在 100mg/L 的 F^- 中受到的影响，结果发现在含 F^- 电解液中，Pb-Ag 阳极电位升高 35mV，并且加速阳极膜的脱落[34]。Lashgari 等[35]研究了 Cl^- 浓度低于 380mg/L，Pb-0.55% Ag 阳极的腐蚀规律，发现腐蚀速率与 Cl^- 浓度的增加并不成正比，其原因可能是阳极表面存在一个复杂的迁移现象，涉及电解溶解/析出/沉积的过程。Mohammadi 等[36]认为在镍电积溶液中 Cl^- 提高了三种阳极的耐腐蚀性，尤其是铸态 Pb-0.8% Ag 阳极；其原因可能是增加了表面层的孔隙率和不连续。因此，Cl^- 对铅合金阳极有利还是有害目前还无定论，需要进一步研究。

McGinnity 等[37]研究了在含有 Ag^+ 条件下铅阳极表面氧化物层出现了 Ag_2O_2，这说明 Pb-Ag 合金比 Pb 的电催化活性强的原因是在腐蚀层出现了 Ag_2O_2。Tunnicliffe 等[32]认为锌电积液中 Mn^{2+} 加入，减小了阳极的腐蚀电流密度和析氧过电位；当 Mn^{2+} 为 2.5g/L 时，其效果最好。Jaimes 等[38]研究了不同 Mn^{2+} 浓度（2~12g/L），Pb-0.5% Ag 阳极的极化行为，结果发现形成的 α-MnO_2 是一种电催化活性物质，其有利于阳极的析氧反应和 Mn(Ⅱ) 离子的氧化。有 Mn^{2+} 出现时，在 Pb-Ag 和 Pb-Ca-Sn 阳极上形成的 MnO_2 完全不同。在工业应用的条件下，Pb-Ag 阳极上沉积的 MnO_2 比 Pb-Ca-Sn 沉积的厚，其原因之一是各个电解液 Mn^{2+} 浓度不一样造成的。而实际上从做电化学 Pb-Ag 试样的非导电树脂上也会沉积二氧化锰，而在 Pb-Ca-Sn 试样的树脂上不会沉积二氧化锰，其原因是存在 Ag(Ⅰ/Ⅱ) 的影响，其首先将 Mn^{2+} 氧化成 Mn^{3+}，从而进一步氧化成 MnO_2。若 Pb-Ca-Sn 阳极放在存在 Co^{2+} 的电解液中也会出现以上情况，因为 Co^{2+} 也具有催化活性，另外 Co^{2+} 可以降低电极电势，从而降低铅的腐蚀速率[39]，抑制 $PbSO_4$ 的生成，提高阴极铜产品质量[40]。Co^{2+} 可提高 α-PbO_2 膜层的致密性，并抑制铅氧化为 α-PbO_2，这是因为有中间体 Co^{2+}/Co^{3+} 产生[41]。虽然添加 Co^{2+}、Ag^+、Fe^{3+}、F^- 可以减少阳极的腐蚀速率，但这对锌电积有害[4]。

1.2.1.4 成膜特性

关于不同类型铅基合金阳极成膜特性的研究很多。衷水平等[42]通过电化学方法研究了 Pb-1% Ag 和 Pb-0.3% Ag-0.03% Ca-0.03% Sr 两种合金阳极的成膜特性。研究体系是 160g/L H_2SO_4，60g/L Zn^{2+}，研究时间 24h。极化结束后，Pb-1% Ag 合金阳极腐蚀膜结构致密，与基体良好，主要腐蚀物相为 Pb 和 Ag_2SO_4，析氧电位（vs. SCE）为 1.835V。Pb-0.3% Ag-0.03% Ca-0.03% Sr 阳极表面疏松，主要腐蚀物相为 α-PbO_2，析氧电位（vs. SCE）为 1.835V。赖延清等[43]采取电化学方法在 72h 的恒电流极化中研究了 Pb-1% Ag 合金阳极的成膜特性。体系是 160g/L H_2SO_4，温度 35℃。72h 极化结束时，主要腐蚀物相为 α-PbO_2。张伟等[7]采取电化学方法在 5h 的恒电流极化中研究了 Pb-0.25% Ag-0.1% Ca、Pb-0.6% Ag、Pb-0.58% Ag、Pb-0.69% Ag 合金阳极成膜特性。体系是 180g/L

H_2SO_4，60g/L Zn^{2+}，8g/L Mn^{2+}，250mg/L Cl^-。随着极化时间的延长，析氧过电位逐渐降低。Petrova 等[44] 在 72h 的恒电流极化过程中研究了 Pb-(0.3% ~ 1%) Ag、Pb-(0.05% ~0.11%)Ca 和 Pb-(0.3% ~0.5%)Ag-(0.05% ~0.11%)Ca 阳极成膜特性。采取的研究方法是电化学及扫描电子显微镜。体系是 125g/L H_2SO_4，70g/L Zn^{2+}，3.7 ~4g/L Mn^{2+}。研究结果是 Pb-0.5% Ag-0.11% Ca 阳极具有和 Pb-1% Ag 阳极同样的耐腐蚀性和电化学性能。杨海涛[45] 对轧制的 Pb-0.8% Ag、Pb-0.3% Ag-0.06% Ca 和 Pb-0.3% Ag-0.6% Sb 合金阳极经过电化学预镀膜工艺处理，研究分析了在 15d 连续极化过程中不同阳极氧化膜的形成变化特性。结果发现 Pb-0.8% Ag 合金在 15d 的极化过程中，氧化膜微观颗粒尺寸先增大后减小，氧化膜主体物相由 α-PbO_2 向 β-PbO_2 转变。Pb-0.3% Ag-0.06% Ca 合金在 15d 的极化过程中，氧化膜主体物相由 $PbSO_4$ 向 α-PbO_2 转变。Pb-0.3% Ag-0.6% Sb 合金氧化膜在极化过程中变化不大，极化 3d 之后基本达到稳定状态，氧化膜主体物相为 α-PbO_2，衍射峰随极化时间逐渐增强。

1.2.2 铅基表面改性阳极材料

1.2.2.1 铅基表面复合阳极

田口正美等[46] 采用粉末压延法在铅表面制备了 Pb-RuO_2 阳极，结果表明，含 0.7% ~1.5% 的 RuO_2 的铅基阳极的阳极电位比纯铅的低 300 ~350mV，并且其析氧活化能比 Pb-0.7% Ag 阳极低 28% 左右。阳极析氧反应的结构示意见图1-1。

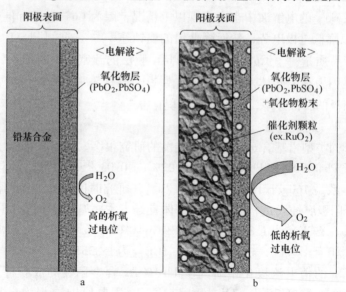

图 1-1 阳极析氧反应的结构示意[46]

a—传统阳极；b—含催化活性的复合阳极

1990年埃尔太彻系统公司[47]发展了用于电积铜的复合阳极材料,叫做Mesh-on-lead(MOL),它是在钛网上涂覆具有电催化活性的物质,然后将其附着在铅阳极表面。该阳极的优势是汇集了DSA涂层的稳定性、钛网具有可修复的特性以及铅阳极的良好导电性,与Pb-Ca-Sn阳极对比,前者节能12%~17%,提高电效5%,并且不需要添加Co^{2+}。但该阳极在锌电解工业中受阻[48],其原因是(1)制作成本高,传统铅合金阳极可以在现场制作;(2)在含有锰离子或氟离子的电解质中阳极使用寿命短;(3)不适合在高电流密度下操作。Schmachtel等[49,50]通过挤压复合技术制备了Pb/Pb-MnO_2复合阳极,此种阳极材料的二氧化锰颗粒是通过化学制备得到CMD颗粒,热分解制备得到β-MnO_2以及电沉积法制备得到γ-MnO_2,通过对比发现化学制备得到CMD颗粒所得的Pb/Pb-MnO_2复合阳极活性最佳,与传统Pb-1%Ag阳极对比,析氧过电位可以降低250mV,节省能耗5%~10%。Weems等[51]采用粉末冶金技术制备钛铅复合阳极材料,其制备工艺流程包括钛粉烧结和铅液(含量为20%~30%)的渗透,并制备了工业试验用的板状钛铅复合板以及栅栏型钛棒铅钛复合阳极板,这些阳极在铜电积中槽电压稳定,沉积的铜光滑平整,不用添加钴离子,且不会污染阴极产品。H. Beer等[52]发明了一种活性铅基复合阳极,是将涂覆有RuO_2的海绵钛颗粒嵌入铅合金基体中而制成的,因而兼具有Pb合金阳极和DSA的优点,其显著特点是具有较低的析氧过电位,而且明显地减小了产品中的Pb污染。Ma[53]采用常温挤压技术将Pb粉和不同含量的1%~7%MnO_2粉末混合制得复合阳极,结果发现,含2%MnO_2的Pb-MnO_2复合阳极的电催化活性以及耐腐蚀性能优于Pb-1%Ag阳极;但MnO_2的含量超过5%,电催化性能反而下降。Mohammadi等[54]发现在Pb-MnO_2复合阳极电沉积二氧化锰比较缓慢,而常规的Pb-Ag阳极出现这种现象较少,其可能是由所获得的二氧化锰层的不同的特性造成的。Karbasi等[55]采用了一种累积复合轧制技术的新方法,其工艺流程见图1-2,此方法制备的阳极的析氧电位大小如下:Pb-0pass > Pb-2% Co-11pass > Pb-0.5% Ag-9pass > Pb-2%MnO_2-8pass。

铅基Pb-MnO_2复合阳极是以纯铅为基体,在其表面复合电沉积Pb-MnO_2合金层[43,56]。研究发现MnO_2具有较好的催化活性,可以降低铅合金阳极的析氧电位。工业试验表明以Pb/Pb-MnO_2复合材料作阳极,在含H_2SO_4 150g/L溶液中,在常规锌电积的电流密度,槽电压相比传统Pb-1%Ag合金下降了120mV左右,不仅降低了能耗也节省了贵金属的消耗。但是在锌电积过程中晶界腐蚀较为严重,容易成片状脱落,寿命较短。

铅基Pb-Co合金阳极和铅基Pb-Co_3O_4复合阳极是以铅或铅合金为基体,在其表面复合电沉积Pb-Co或Pb-Co_3O_4合金层[57~60]。Co_3O_4被广泛用于电化学领域,具有优异的电催化活性。试验结果表明Co^{3+}和Co_3O_4在铜电积过程中具有优

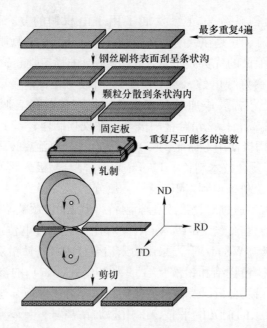

最多重复4遍

↓ 钢丝刷将表面刮呈条状沟

↓ 颗粒分散到条状沟内

↓ 固定板

重复尽可能多的遍数

↓ 轧制

ND

RD

TD

↓ 剪切

图 1-2   复合阳极的制备工艺流程[55]

异的电催化活性；工业试验表明以 Pb 合金为基体，在其表面复合沉积 Pb-Co$_3$O$_4$ 复合合金层制得的阳极在电积铜过程中槽电压比传统 Pb-Ca-Sn 合金阳极降低了大约 70mV，能耗降低了 4% 左右。工业试验表明以 Pb-Ca-Sn 合金为基体，在其表面复合沉积 Pb-Co$_3$O$_4$ 复合合金层制得的阳极在电积铜过程中槽电压比传统 Pb-Ca-Sn 合金阳极降低了大约 100mV，能耗降低了 6% 左右。试验结果表明以 Pb 合金为基体，在其表面沉积 Pb-Co 合金层制得的阳极在电积铜过程中槽电压比传统 Pb-Ca-Sn 合金阳极降低了大约 300mV。Co$_3$O$_4$ 和 Co 的掺杂不仅可以降低析氧过电位还可以增加阳极的耐腐蚀性。因此铅及铅合金基 Pb-Co、Pb-Co$_3$O$_4$ 复合阳极的研究在电积铜工业中具有深远的社会意义和较好的经济效益。

1.2.2.2   铅基表面预处理

众所周知，没有处理的新阳极板比旧的或用过的阳极板上更容易产生 MnO$_2$，其产生的阳极泥是旧的阳极板产生的 10 倍。在阳极板表面出现 MnO$_2$ 是有必要的，因为它能阻止阳极板腐蚀以及提高锌品质。但 MnO$_2$ 过量，对电积有很大的不利影响。新的阳极产生的 MnO$_2$ 颗粒非常细小，附着力不牢固，悬浮在电解液中，使槽液颜色变深，干扰沉积过程，使锌片出现针孔，降低了电效，并且针孔的锌片在熔铸时会增加渣量；有时在阴极上会产生气泡甚至产生水疱。水疱是阴极产品应力产生的结果，在恶劣的条件下，会使阴极锌脱落。旧的阳极由于长期浸泡在电解液中受到化学侵蚀，表面粗糙，形成稳定的 PbO$_2$ 层以及一层厚的

MnO_2 表面层。最后，MnO_2 以片状形式开始脱落。在这个阶段，MnO_2 产生的速率与材料脱落的速率相等。从 MnO_2 颗粒过渡到附着力好的 MnO_2 需要 2 周时间，而 MnO_2 稳定层的形成则需要 5 个月。而预处理能在很短的时间内确保新阳极像旧的阳极一样直接下槽，有效地消除了上述所存在的问题。

阳极的预处理方法可分为三类[20]：电化学、化学和物理方法。电化学处理是在含 KF-H_2SO_4 电解液中，温度高有利于产生更加稳定、附着力强的二氧化铅层。结果发现经 KF 处理的阳极表面的硬度是在纯硫酸溶液处理的硬度的 3 倍，并且表面是由 β-PbO_2 和 β-PbF_2 组成的[61]。但经 KF 处理镀膜，阳极在含锰离子电解液中阳极的耐腐蚀性能高，而在不含锰离子的电解液中，镀膜阳极的耐腐蚀性反而下降[62]。化学处理是浸入高温的 H_2SO_4-$KMnO_4$ 溶液中，阳极表面产生附着力稍微强的 MnO_2 层，从而下槽后阳极表面不会产生大量的 MnO_2 颗粒。物理处理包括喷砂和喷丸加工。喷砂[13]能迅速地生成一层附着力牢固的二氧化铅层，并有发亮的二氧化锰层产生，镀层逐渐变厚，几个月后脱落，相比其他的预处理，喷砂的优势在于它硬化合金并提高了阳极的力学性能，促进了外层的附着力变强。Jin 等[63]对喷砂和喷丸加工进行了对比研究，发现在无锰的硫酸锌体系中，喷丸加工处理的阳极耐腐蚀性明显优于喷砂处理的阳极，这可能是因为喷丸加工处理表面打击力度大，表面粗糙程度高。在含锰离子的硫酸锌体系中，两者的表面都生成一层致密的 MnO_2-PbO_2 保护膜。Gonzalez 等[64]采用平板和花纹板进行了对比，结果发现平板阳极应该在电解锌下槽之前进行喷砂或者电化学处理，花纹板应该喷砂或者在 H_2SO_4-$KMnO_4$ 溶液中进行处理。这是因为化学处理的平板阳极产生的阳极泥是花纹板的 10 倍。由于阳极泥在喷砂阳极表面上分布均匀，所以其短路现象减少且阳极的寿命长，而且喷砂对阳极的性能影响不大。在秘鲁卡哈马基亚锌精炼厂，使用喷砂技术，在 $450A/m^2$ 的电流密度下，能耗低于 $3000kW \cdot h/t$ Zn，电效高达 95%。

1.2.3 钛基 DSA 阳极材料

1.2.3.1 钛基贵金属 DSA 阳极材料

尺寸稳定阳极（DSA）由混合氧化物涂层和钛基体组成，其氧化物包括 RuO_2、IrO_2、MnO_2、Ta_2O_5、PbO_2、SnO_2 和 TiO_2 等。迄今为止，为了在酸性溶液中寻找析氧用的最合适的 DSA 电极，许多研究者对 DSA 的特点已进行了详细的研究。Morimitsu 等[65~68]课题组制备了一种新的电积用阳极，能显著地降低能耗，并将其称为盛光智能阳极（MSA），也就是一种新的贵金属涂层阳极。该涂层是由具有非晶态的纳米金属氧化物颗粒组成，分布均匀。其采用低温（小于 380℃）热分解制备的 Ti/Ta_2O_5-IrO_2 阳极，与传统的阳极相比，槽电压降低约 700mV，节能达到 36%，能抑制阳极泥的产生、钴的氢氧化物（CoOOH）产生、锰的氢氧化物（MnOOH）的沉积，以及 PbO_2 的沉积。在铜电积过程中，不需要加入 Co^{2+}。进一步研究采用280℃的低温热分解制备的 Ti/RuO_2 基的非晶态氧化物，比非晶态 Ti/Ta_2O_5-IrO_2 阳极的析氧电位还低 50~80mV。Piercy[69] 采用冷气喷涂技术制备含钛或钽的中间层，然后涂覆贵金属涂层，得到电催化析氧阳极，强化实验寿命表明，钽为中间层的钛基涂层的寿命最长。Kuznetsov 等[70] 通过电沉积在 Ti/IrO_2 上制备 $Mn_{1-x}Mo_xO_{2+x}$ 涂层，所得的阳极用在 Na_2SO_4 和 NaCl 溶液中，发现该阳极对抑制氯气的析出效果很好。相对于网状的贵金属涂层，板状的寿命长，最适合在铜电积中应用[71]。Moradi[72] 研究了钛基贵金属涂层阳极的时效机制。其原因如下：（1）机械的腐蚀是因为氧化物表面多孔，产生的气泡会对涂层造成物理冲刷；（2）活性氧化物的电化学氧化可能引起催化活性组成消耗，例如在 RuO_2 基氧化物的失效中，RuO_4 在钌的氧化物中就扮演重要角色；（3）在钛基和电催化层的界面形成高电阻的 TiO_2 氧化膜；（4）IrO_2 基氧化物失效是由于在高电势下产生了 IrO_4^{2-} 产物。实验发现 $Ir_{0.3}Ru_{0.3}Ti_{0.4}O_2$ 涂层阳极比 $Ru_{0.6}Ti_{0.4}O_2$ 的寿命长 5 倍，其原因是氧化铱的掺杂抑制了氧化钌的腐蚀，也就是抑制了 RuO_4 的产生，掺杂使得 Ir 和 Ru 之间形成了共同的能带。

　　Comninellis 和 Vercesi[73] 在钛基上研究了九种二元涂层（包括 RuO_2、IrO_2 和 Pt 导电成分和 TiO_2、ZrO_2、Ta_2O_5 惰性成分）的显微组织结构、电催化活性和阳极稳定性。这些作者认为在酸性介质中析氧最好的电极是 Ti/70% IrO_2-30% Ta_2O_5 阳极，其寿命估计达到 5~10 年。Cooper[74] 在 50g/L Cu^{2+} + 50g/L H_2SO_4 电解液进行了恒电位极化试验，与传统铅锑阳极对比，DSA 阳极的析氧电位降低 500~600mV，但使用的 DSA 阳极的成分并未透漏。Loutfy 和 Leroy[75] 采用 RuO_2/TiO_2 涂层 DSA 和 Pb-Sb 阳极在 200g/L H_2SO_4 中进行极化试验，发现铅合金阳极电位比 RuO_2/TiO_2 涂层 DSA 电极高 500mV。Kulandaisamy 等[76] 在 2mol/L H_2SO_4 进行恒电势研究，使用的 Ti/Ir-Co 阳极比铅阳极电势低 450mV。Ramachandran 等[77] 在锌电积中研究了 Ti/IrO_2 和 Pb-1% Ag 阳极，发现前者的电势降低了 500mV，从而能耗降低约 15%。Pavlovic 和 Dekanski[78] 分别在锌电解和镀硬铬溶液中研究了铅阳极 和 Ti/Pt-IrO_2、Ti/RuO_2、Ti/Pt-IrO_2-MnO_2、Ti/Pt-IrO_2-PbO_2、Ti/Pt-IrO_2-RuO_2、Ti/MnO_2、Ti/RuO_2-MnO_2 和 Ti-PbO_2 阳极，结果发现涂覆有 Pt 和 IrO_2 或 RuO_2 的钛阳极表现出低能耗、高电流效率的最佳性能。Li 等[79] 研究 IrO_2-Ta_2O_5 电极，发现随着 IrO_2 含量的增加，细小晶体数量就越多，析氧电催化能力得到提高。Moats[80] 在铜电积中对比研究了 DSA 阳极和 Pb-Ca-Sn 阳极，得出结论：DSA 阳极最可能是大规模使用的 Pb-Ca-Sn 阳极的替代品，通过计算能源成本和钴的价格，与当前大规模工业板相反，DSA 阳极的操作不需要钴添加剂。然而，在锌电解中，使用的 DSA 阳极几天后就失效。因为溶液中的 Mn^{2+} 离子氧化成 MnO_2，并在基体和活性层之间生长，使镀层易脱落[81]。以上大多数的研究方法是使用相同成分的贵金属混合物，金属盐反复地涂覆在钛电极表面并通过热分解生成金属氧化物，这个过程非常复杂，并极大地影响阳极的性能，且研究的工艺和制造时间长，所以非常昂贵。

1.2.3.2 钛基非贵金属 DSA 阳极材料

贵金属制作成本的增加使得非贵金属半导体氧化物层更有实际应用价值。而非贵金属半导体氧化物 MnO_2、SnO_2 和 PbO_2 等有较好的耐腐蚀性和较高的电催化活性，适宜作阳极材料的活性层。钛基二氧化锰涂层电极析氧的过电位很低，对于析氧反应有很高的催化活性，并且在许多介质中具有很好的耐腐蚀性，在电解过程中不易溶解，不会污染电沉积产品，可以减少阳极泥的生成。因此，钛基二氧化锰涂层电极被认为是一种有发展前途的阳极。二氧化锰涂层的制备方法有热分解法和电沉积法[82,83]，热分解法又分为热浸法和刷涂法。钛基 SnO_2 涂层阳极在有机物污水氧化处理过程中具有高的析氧过电位[84]，尽管其能高效地去除水中的有机污染物，但其主要的缺点是在中高电流密度下使用寿命短，从而限制了它们的实际应用。

二氧化铅有类似金属的良好导电性，在水溶液体系中具有析氧电位高、氧化能力强、耐腐蚀性好、可通过大电流等特征，很早就在电解工业中用作不溶性阳极。以钛为基体，在其表面用电沉积法沉积导电性和耐腐蚀性都比较好的 β-PbO_2，但是由于 β-PbO_2 具有较大的内应力，导致镀层出现裂缝，β-PbO_2 与基体的结合力下降，镀层易脱落。梁镇海等[85]得出：具有二元、三元中间层的钛基二氧化铅电极的性能优良；SnO_2 + Sb_2O_4 等多元氧化物形成的固溶体中间层能使电极的寿命明显增加，催化活性优良；具有不同复合氧化物多元中间层的钛基二氧化铅电极[86]，是酸性溶液中较理想的高析氧电位的耐酸阳极材料，比单纯地用 Pb 作阳极节约电能。有人对表面掺杂进行了研究，发现在镀液中掺杂某些外来离子或颗粒（例如 Bi^{3+}、F^-、Fe^{3+}、Co^{2+}、Ce^{2+}、Ru^{3+}、As^{3+}、Co_3O_4、RuO_2、PbO_2、Al_2O_3 和 TiO_2 等），会降低二氧化铅电极的阳极析氧电位，进一步改善电催化性和稳定性。掺杂添加剂后，PbO_2 沉积层的结晶更加致密，且催化活性也有所提高。

总之，大多数研究者普遍认为提高传统二氧化铅催化性能主要通过控制成分和晶体结构。固然增加催化剂的比表面积用于多维催化是非常重要的，然而大多数传统二氧化铅显示平板的微晶表面形态，导致有效活性区域很少以及活性基质的利用率小。相比平板电极，纳米结构和多孔电极可以提高表面积，其具有更多的活性区域，缩短离子传递的扩散路径和电子传导时间的特征。一种新型 3 维高度有序大孔二氧化铅（3D-PbO_2）通过电化学沉积方法获得[87]，见图 1-3。相比传统的平板微晶二氧化铅（Flat-PbO_2），具有 3D 结构的 β-PbO_2 纳米晶体，拥有较大的比表面积、较小的电子转移电阻、更多的晶体缺陷，产生更好的催化性能。

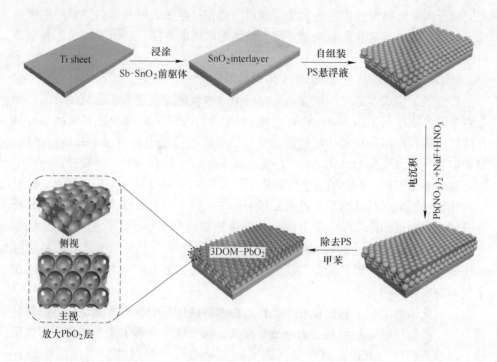

图 1-3　3D-PbO$_2$ 电极制备的工艺流程[87]

鉴于以上 3D 大孔二氧化铅的优势，郭忠诚等[88,89]制备了一种有色金属电积用栅栏型钛基 PbO$_2$ 阳极的制作方法，先将钛棒处理成一组 3D 结构状态；然后将这些钛棒组成栅栏结构体，再将栅栏结构体的钛基体经除油、喷砂、除去氧化膜、活化处理，然后电镀 β-PbO$_2$ 复合层，获得有色金属电积用栅栏型钛基 PbO$_2$ 阳极板。采用栅栏型阳极板替代传统的平板型阳极板，与传统平板型阳极板相比，可降低槽电压，改善电解液的流动性，降低阴极区金属离子（铜、锌、镍）的浓差极化，提高阴极金属的沉积量，从而提高了阴极电流效率。

1.2.4　铝基阳极材料

近年来，郭忠诚[90]教授及其团队对铝基活性阳极材料进行了系统的实验研究。郭忠诚，潘君益[91]研究了 CeO$_2$ 和 Ag 固体微粒对电沉积 Al/Pb-WC-ZrO$_2$ 活性阳极材料电化学性能的影响，结果表明当 CeO$_2$ 固体微粒的质量浓度为 10～20g/L，复合镀层 Al/Pb-WC-ZrO$_2$-Ag 综合性能较好；银粉的质量浓度为 3～4g/L 时得到的复合镀层 Al/Pb-WC-ZrO$_2$-CeO$_2$ 电化学性能较好。徐瑞东等[92,93]通过双脉冲复合电沉积在铝基上电沉积 Pb-PANI-WC 涂层，所得阳极与传统的 Pb-1% Ag 阳极对比，其槽电压下降 185mV。潘君益[91]对 Al/Pb-WC-ZrO$_2$ 活性阳极的工艺条件和性能进行了研究，结果表明该阳极析氧过电位低，槽电压低，电流效率高。曹梅[94]研究了 Al/中间层/PbO$_2$ 活性阳极材料工艺制备及其性能。中间层为 SnO$_2$ + Sb$_2$O$_3$ 和 SnO$_2$ + Sb$_2$O$_3$ + MnO$_2$。在酸性硫酸锌水溶液中，对 Al/SnO$_2$ + Sb$_2$O$_3$/PbO$_2$ 和 Al/SnO$_2$ + Sb$_2$O$_3$ + MnO$_2$/PbO$_2$ 两种阳极材料进行了测试，槽电压分别为 3.2V，3.2V；电流效率分别为 87%，86.5%；在加速腐蚀实验中寿命在 18h 以上。陈步明[95~99]研究了 Al/中间层/活性复合表层惰性阳极材料的工艺制备及其性能。研制了 Al/α-PbO$_2$-CeO$_2$-TiO$_2$/β-PbO$_2$-WC-ZrO$_2$ 和 Al/α-PbO$_2$-CeO$_2$-TiO$_2$/β-PbO$_2$-WC-ZrO$_2$-MnO$_2$ 两种活性阳极材料。在酸性硫酸锌水溶液中，对 Al/α-PbO$_2$-CeO$_2$-TiO$_2$/β-PbO$_2$-WC-ZrO$_2$ 阳极材料进行了测试，电流密度为 2A/cm^2 的加速腐蚀实验中寿命达到 441h，比传统的铅银合金阳极析氧过电位低，耐腐蚀性好。Hong 等[100]以铝为基体，在熔融氯化物盐中化学镀 Pb-Ca-Sn-Ag 合金，与传统的 Pb-0.1% Ca-0.2% Sn 阳极对比，质量减轻 55.4%，电催化活性提高 6.5%。

竺培显等[101~103]研究了一种铝-铅层状复合材料，该阳极在 Al 与 Pb 合金之间引入低熔点金属 Bi、Sb 或 Sn 使 Al 与 Pb 在结合界面生成微合金化层，改善了 Al 与 Pb 的相容性，实现了其冶金式结合，即可得到"三明治"型的铅合金包铝复合电极材料。由于采用多层金属复合"三明治"式的结构设计方案，提高了电极的导电性能，层状复合结构的铅-铝阳极从总体等效电路来看，它是 Pb/PbAl/Al 的并联结构，其总内阻小于或等于铝的内阻，这改善了电子流动的快速传输效应，使得电流通过高电阻铅的路径也最短，从而达到减小电极上的电压降落，使得电极反应速度加快，催化活性提高，再则内阻减小则电极电位降低，无功损耗则减少；均化了阳极及阴极表面的电流分布：在铅-铝阳极参加电化学反应时，电流首先是由内芯铝板导入，由于铝的内阻与铅相比较小，则在铝板表面形成等位电势面，这些等势线将电能均匀地穿过铅合金层导入电解液，直至均匀地分布在阴极表面上，这对提高电解过程中的电流效率、提高阴极产品的质量和减缓阳极的局部腐蚀有着直接的至关重要的作用；增加了铅电极的机械强度：采用铝板为基体内芯无疑增加了铅电极的强度，这对提高阳极板的抗蠕变性能起着重要的支撑骨架的作用；减轻了铅阳极板的质量：铝的密度约是铅的 0.24 倍，采用铅铝复合的电极比传统铅电极的质量减少，这对提高操作过程的灵活性都是有益的。

中南大学发明了一种有色金属电积用 Pb 基多孔节能阳极的制备方法，该多孔结构金属层组成的复合结构是三明治式的，即导电金属基板为中间层，多孔金属层分布于其两侧面形成复合结构。该发明利用反重力法制备 Pb 基多孔节能阳极。本方法不仅具备渗流铸造法的优点，而且 Pb 基熔体在外力驱动下朝着反重力方向渗流，有效克服了填料粒子和 Pb 基熔体的润湿性问题，并使得 Pb 基熔体在冷却过程中的补缩问题得到有效解决[104~106]。该法的主要优点是增加了阳极板的比表面积，降低了阳极板的电化学腐蚀，从而延长了阳极板的使用寿命。

众所周知，铝的导电性仅次于铜，是铅的 6 倍，而密度只是铅的 1/4；二氧化铅阳极在硫酸介质中具有良好的耐蚀性，特别是对于析氧反应具有很高的催化活性，被认为是一种很有前途的阳极。因此，申请者拟用铝及铝合金线为基体，浸锡后采用包覆挤压拉拔法在其表面复合铅及铅合金[107~109]（铅合金包覆铝线挤压拉拔示意见图 1-4），然后电化学氧化一层具有催化活性的二氧化铅膜层，形成复合材料。相比传统的大规模使用的铅合金阳极，其优势体现在：（1）提供一种质量轻、机械强度高和导电性好以及价格相对低廉的材料，降低了劳动强度，提高了电极的导通效率；（2）采用栅栏型阳极板替代传统的平板型阳极板，前者有利于提高电解液的流动性，降低了金属离子（铜、锌、镍）的浓差极化，从而有利于提高电流效率。

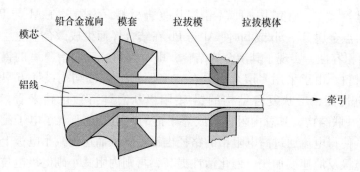

图 1-4　铅合金包覆铝线挤压拉拔示意

1.2.5　其他阳极材料

黄惠，郭忠诚[110~112]等进行了通过导电高分子制作阳极材料的研究，并制备了聚苯胺阳极材料。聚苯胺阳极与传统的合金阳极相比，具有很低的析氧过电位，高的催化活性，不会造成阴极产品污染，电流效率高的优点。通过压块成型的聚苯胺阳极，寿命较低，很难在工业中应用，聚苯胺阳极的材料成型工艺有待进一步的研究。聚苯胺导电高分子作为一种高催化活性物质在电沉积活性电极中已经得到了应用[93]。氢气扩散阳极（HGDA）被认为是替代析氧铅合金阳极的理想选择。尽管它们需要投入更高的成本，但能大幅降低电解沉积生产能耗，可能会在冶金工业得到应用[113]。氢气体扩散阳极可以在 $3kA/m^2$ 电流密度下操作。并且使用氢阳极在硫酸铬铵电解质中电积铬。氢阳极的电势比为 Pb-1% Ag 阳极低约 1V，并且阳极液中并没有生成 Cr^{6+}[114]。

参 考 文 献

[1] 衷水平. 锌电积用铅基多孔节能阳极的制备、表征与工程化实验[D]. 长沙: 中南大学, 2009.

[2] Felder A, Prengaman R D. Lead alloys for permanent anodes in the nonferrous metals industry [J]. JOM, 2006, 58(10): 28~31.

[3] Clancy M, Bettles C J, Stuart A, et al. The influence of alloying elements on the electrochemistry of lead anodes for electrowinning of metals: A review [J]. Hydrometallurgy, 2013, 131: 144~157.

[4] Ivanov I, Stefanov Y, Noncheva Z, et al. Insoluble anodes used in hydrometallurgy Part I. Anodic behaviour of lead and lead-alloy anodes[J]. Hydrometallurgy, 2000, 57: 109~124.

[5] Ivanov I, Stefanov Y, Noncheva Z, et al. Insoluble anodes used in hydrometallurgy Part Ⅱ-Anodic behaviour of lead and lead-alloy anodes[J]. Hydrometallurgy, 2000, 57: 125~139.

[6] Monahov B, Pavlov D, Petrov D. Influence of Ag as alloy additive on the oxygen evolution reaction on Pb/PbO₂ electrode[J]. Journal of Power Sources, 2000, 85(1): 59~62.

[7] Zhang W, Houlachi G. Electrochemical studies of the performance of different Pb-Ag anodes during and after zinc electrowinning[J]. Hydrometallurgy, 2010, 104(2): 129~135.

[8] Zim A A A, El-Sobki K M, Khedr A A. The effect of some alloying elements on the corrosion resistance of lead-antimony alloys—Ⅱ. Silver[J]. Corrosion Science, 1977, 17(5): 415~423.

[9] Albert L, Chabrol A, Torcheux L, et al. Improved lead alloys for lead/acid positive grids in electric-vehicle applications[J]. Journal of Power Sources, 1997, 67(1): 257~265.

[10] Prengaman R D. The metallurgy and performance of cast and rolled lead alloys for battery grids [J]. Journal of Power Sources, 1997, 67(1): 267~278.

[11] Zhong S P, Lai Y Q, Jiang L X, et al. Electrochemical behaviour of Pb-Ag-Bi alloys as anodes in zinc electrowinning[C]. EPD Congress 2008, Proceedings of TMS Annual Meeting. New Orleans: LA, United States, 2008: 95~101.

[12] Lai Y, Zhong S, Jiang L, et al. Effect of doping Bi on oxygen evolution potential and corrosion behavior of Pb-based anode in zinc electrowinning[J]. Journal of Central South University of Technology, 2009, 16: 236~241.

[13] Rodrigues J, Garbers D, Meyer E H O. Recent developments in the Zincor cell house[J]. Canadian Metallurgical Quarterly, 2001, 40(4): 441~449.

[14] Prengaman R D, Howard J L. Method of manufacturing electrowinning anode: U.S. Patent 4, 373, 654[P]. 1983-2-15.

[15] Nikoloski A N, Nicol M J. Addition of cobalt to lead anodes used for oxygen evolution—a literature Review[J]. Mineral Processing and Extractive Metallurgy Review, 2009, 31(1): 30~57.

[16] Camurri C P, López M J, Pagliero A N, et al. Deformations in lead-calcium-tin anodes for copper electrowinning[J]. Materials Characterization, 2001, 47(2): 105~109.

[17] Xu J, Liu X, Li X, et al. Effect of Sn concentration on the corrosion resistance of Pb-Sn alloys in H₂SO₄ solution[J]. Journal of Power Sources, 2006, 155(2): 420~427.

[18] Prengaman R D. Lead-acid technology: a look to possible future achievements[J]. Journal of Power Sources, 1999, 78(1): 123~129.

[19] Prengaman R D, Siegmund A. Alloy and anode for use in the electrowinning of metals: U. S. Patent 7, 704, 452 B2 [P]. 2010-4-27.

[20] Gonzalez J A, Rodrigues J, Siegmund A. Advances and application of lead alloy anodes for zinc electrowinning[C]. Lead & Zinc, 2005, 5: 1037~1059.

[21] Rand D A J, Boden D P, Lakshmi C S, et al. Manufacturing and operational issues with lead-acid batteries[J]. Journal of Power Sources, 2002, 107(2): 280~300.

[22] Ralston K D, Birbilis N. Effect of grain size on corrosion: a review[J]. Corrosion, 2010, 66 (7): 319~324.

[23] Jin S, Ghali E, St-Amant G, et al. The Effect of microstructure on the electrochemical behavior of lead-silver alloy anodes during zinc electrowinning[C]. Lead-Zinc 2000, 2000: 845~854.

[24] Takasaki Y, Koike K, Masuko N. Mechanical properties and electrolytic behavior of Pb-Ag-Ca ternary electrodes for zinc electrowinning[C]. Lead-Zinc 2000, 2000: 599~614.

[25] Yang J, Chen B, Hang H, et al. Effect of rolling technologies on the properties of Pb-0. 06 wt% Ca-1. 2 wt% Sn alloy anodes during copper electrowinning[J]. International Journal of Minerals, Metallurgy, and Materials, 2015, 22(11): 1205~1211.

[26] Camurri C, Araneda E, Pagliero A, et al. Optimal operational conditions during production of lead-calcium-tin anodes for improve their mechanical properties[C]. Materials Science Forum, 2005, 475: 2631~2634.

[27] Liu H, Wang Y Y, Chai L Y, et al. Effect of impurities in recycling water on Pb-Ag anode passivation in zinc electrowinning process[J]. Transactions of Nonferrous Metals Society of China, 2011, 21(7): 1665~1672.

[28] Yang H T, Guo Z C, Chen B M, et al. Electrochemical behavior of rolled Pb-0. 8% Ag anodes in an acidic zinc sulfate electrolyte solution containing Cl⁻ ions[J]. Hydrometallurgy, 2014, 147: 148~156.

[29] Von Fraunhofer J A. Lead as an anode-Part 2[J]. Anti-Corrosion Methods and Materials, 1968, 15(12): 4~7.

[30] Hampson N, Lazarides C, Henderson M. The planté formation process for lead—acid positive electrodes[J]. Journal of Power Sources, 1982, 7(2): 181~190.

[31] Cifuentes L, Astete E, Crisóstomo G, et al. Corrosion and protection of lead anodes in acidic copper sulphate solutions[J]. Corrosion Engineering, Science and Technology, 2005, 40(4): 321~327.

[32] Tunnicliffe M, Mohammadi F, Alfantazi A. Polarization behavior of lead-silver anodes in zinc electrowinning electrolytes[J]. Journal of the Electrochemical Society, 2012, 159(4): C170~C180.

[33] 钟晓聪, 蒋良兴, 吕晓军, 等. 氯离子对 Pb-Ag-RE 合金阳极电化学行为的影响[J]. 金属学报, 2015, 51(3): 373~384.

[34] Zhong X, Yu X, Jiang L, et al. Influence of fluoride ion on the performance of Pb-Ag anode dur-

ing long-term galvanostatic electrolysis[J]. JOM, 2015, 67(9): 2022~2027.

[35] Lashgari M, Hosseini F. Lead-silver anode degradation during zinc electrorecovery process: chloride effect and localized damage[J]. Journal of Chemistry, 2013: 1~5.

[36] Mohammadi F, Tunnicliffe M, Alfantazi A. Corrosion assessment of lead anodes in nickel electrowinning[J]. Journal of the Electrochemical Society, 2011, 158(12): C450~C460.

[37] McGinnity J J, Nicol M J. The role of silver in enhancing the electrochemical activity of lead and lead-silver alloy anodes[J]. Hydrometallurgy, 2014, 144: 133~139.

[38] Jaimes R, Miranda-Hernández M, Lartundo-Rojas L, et al. Characterization of anodic deposits formed on Pb-Ag electrodes during electrolysis in mimic zinc electrowinning solutions with different concentrations of Mn(Ⅱ)[J]. Hydrometallurgy, 2015, 156: 53~62.

[39] Yu P, O'Keefe T J. Evaluation of lead anode reactions in acid sulfate electrolytes. I. Lead alloys with cobalt additives[J]. Journal of the Electrochemical Society, 1999, 146(4): 1361~1369.

[40] Nikoloski A N, Nicol M J. Effect of cobalt ions on the performance of lead anodes used for the electrowinning of copper—A literature review[J]. Mineral Processing and Extractive Metallurgy Review, 2007, 29(2): 143~172.

[41] Nguyen T K T. Study of the mechanism by which cobalt ions minimize corrosion of lead alloy anodes during electrowinning of base metals [D]. Queensland: The University of Queensland, 2007.

[42] 衷水平, 赖延清, 蒋良兴, 等. 锌电积用 Pb-Ag-Ca-Sr 四元合金的阳极极化行为[J]. 中国有色金属学报, 2008, 18(7): 42~46.

[43] Lai Y Q, Li Y, Jiang L, et al. Electrochemical behaviors of co-deposited Pb/Pb-MnO₂ composite anode in sulfuric acid solution-Tafel and EIS investigations[J]. Journal of Electroanalytical Chemistry, 2012, 671: 16~23.

[44] Petrova M, Noncheva Z, Dobrev T, et al. Investigation of the processes of obtaining plastic treatment and electrochemical behaviour of lead alloys in their capacity as anodes during the electroextraction of zinc Ⅰ. Behaviour of Pb-Ag, Pb-Ca and PB-Ag-Ca alloys[J]. Hydrometallurgy, 1996, 40(3): 293~318.

[45] 杨海涛. 铅基合金阳极在锌电积过程中的成膜特性研究[D]. 昆明: 昆明理工大学, 2014.

[46] 田口正美, 永井雅也, 沢尾翼. Pb-based insoluble anode with dispersed catalyst powders of low oxygen evolution overpotential for zinc electrowinning [J]. Journal of MMIJ: Journal of the Mining and Materials Processing Institute of Japan, 2014, 130(8): 434~440.

[47] Moats M, Hardee K, Brown Jr C. Mesh-on-lead anodes for copper electrowinning[J]. JOM, 2003, 55(7): 46~48.

[48] Bestetti M, Ducati U, Kelsall G H, et al. Use of catalytic anodes for zinc electrowinning at high current densities from purified electrolytes[J]. Canadian Metallurgical Quarterly, 2001, 40(4): 451~458.

[49] Schmachtel S, Toiminen M, Kontturi K, et al. New oxygen evolution anodes for metal electrowinning: MnO₂ composite electrodes[J]. Journal of Applied Electrochemistry, 2009, 39(10):

1835 ~ 1848.

[50] Schmachtel S, Pust S E, Toiminen M, et al. Local process investigations on composite electrodes: on the way to understanding design criteria for spray coated anodes in Zn electrowinning [J]. Journal of the South African Institute of Mining and Metallurgy, 2008, 108(5): 273 ~ 284.

[51] Weems D, Schledorn M, Farmer M D. An insoluble titanium-lead anode for sulfate electrolytes [J]. Available via DIALOG: http://www. osti. gov/bridge/servlets/purl/840009-oPs btt/ 840009. PDF. Accessed, 2008, 24.

[52] Beer H B, Katz M, Hinden J M. Method of making a catalytic lead-based oxygen evolving anode: U. S. Patent 4, 543, 174[P]. 1985-9-24.

[53] Ma R, Cheng S, Zhang X, et al. Oxygen evolution and corrosion behavior of low-MnO_2-content Pb-MnO_2 composite anodes for metal electrowinning[J]. Hydrometallurgy, 2016, 159: 6 ~ 11.

[54] Mohammadi M, Alfantazi A. Evaluation of manganese dioxide deposition on lead-based electrowinning anodes[J]. Hydrometallurgy, 2016, 159: 28 ~ 39.

[55] Karbasi M, Alamdari E K. Electrochemical evaluation of lead base composite anodes fabricated by accumulative roll bonding technique[J]. Metallurgical and Materials Transactions B, 2015, 46(2): 688 ~ 699.

[56] Li Y, Jiang L X, Lv X J, et al. Oxygen evolution and corrosion behaviors of co-deposited Pb/ Pb-MnO_2 composite anode for electrowinning of nonferrous metals[J]. Hydrometallurgy, 2011, 109(3): 252 ~ 257.

[57] Barmi M J, Nikoloski A N. Electrodeposition of lead-cobalt composite coatings electrocatalytic for oxygen evolution and the properties of composite coated anodes for copper electrowinning[J]. Hydrometallurgy, 2012, 129: 59 ~ 66.

[58] Hrussanova A, Mirkova L, Dobrev T. Anodic behaviour of the Pb-Co_3O_4 composite coating in copper electrowinning[J]. Hydrometallurgy, 2001, 60(3): 199 ~ 213.

[59] Hrussanova A, Mirkova L, Dobrev T, et al. Influence of temperature and current density on oxygen overpotential and corrosion rate of Pb-Co_3O_4, Pb-Ca-Sn, and Pb-Sb anodes for copper electrowinning: Part I[J]. Hydrometallurgy, 2004, 72(3): 205 ~ 213.

[60] Hrussanova A, Mirkova L, Dobrev T. Influence of additives on the corrosion rate and oxygen overpotential of Pb-Co_3O_4, Pb-Ca-Sn and Pb-Sb anodes for copper electrowinning: Part II[J]. Hydrometallurgy, 2004, 72(3): 215 ~ 224.

[61] Cole E R, O'Keefe T J. Insoluble anodes for electrowinning zinc and other metals[C]. Bureau of Mines Report of Investigations, 1981, 8531: 1-25. http://hdl. handle. net/2027/mdp. 39015078473413.

[62] Newnham R H. Corrosion rates of lead based anodes for zinc electrowinning at high current densities[J]. Journal of Applied Electrochemistry, 1992, 22(2): 116 ~ 124.

[63] Jin S, Ghali E, Houlachi G, et al. Effect of sandblasting and shot-peening on the corrosion behavior of Pb-Ag alloy anodes in acid zinc sulfate electrolyte at 38℃ [C]. Environmental degradation of materials and corrosion control in metals, 2003. https://inis. iaea. org/search/searchs-

inglerecord. aspx? recordsFor = SingleRecord &RN = 36014298#.

[64] Gonzalez J A. Zinc electrowinning: anode conditioning and current distribution studies[C]. In Kelsall, Electrometallurgy 2001, 2001: 217. https: //inis. iaea. org/search/searchsinglere-cord. aspx? recordsFor = SingleRecord &RN = 35087989#.

[65] Morimitsu M. Performance and commercialization of the smart anode, MSA^{TM}, for environmental-ly friendly electrometallurgical process[C]. Electrometallurgy, 2012: 49 ~ 54.

[66] Ondrey G, Morimitsu M. Slash energy costs with this new electrowinning anode[J]. Chemical Engineering, 2014, 121 (11): 15. http: //ezproxy. library. ubc. ca/login? url = http: // search. proquest. com/docview/1628573624? accountid = 14656.

[67] Morimitsu M. Anode for use in zinc and cobalt electrowinning and electrowinning method: U. S. Patent 8, 357, 271[P]. 2013-1-22.

[68] Zhang T, Morimitsu M. A novel oxygen evolution anode for electrowinning of non-ferrous metals [J]. Electrometallurgy 2012: 29 ~ 34.

[69] Piercy B, Allen C, Gullá A F. Ta and Ti anti-passivation interlayers for oxygen-evolving anodes produced by cold gas spray [J]. Journal of Thermal Spray Technology, 2015, 24 (4): 702 ~ 710.

[70] Kuznetsov V V, Kladiti S Y, Filatova E A, et al. Electrochemical behaviour of manganese and molybdenum mixed-oxide anodes in chloride-and sulfate-containing solutions [J]. Mendeleev Communications, 2014, 24(6): 365 ~ 367.

[71] Msindo Z S, Sibanda V, Potgieter J H. Electrochemical and physical characterisation of lead-based anodes in comparison to Ti-(70%) IrO_2/(30%) Ta_2O_5 dimensionally stable anodes for use in copper electrowinning[J]. Journal of Applied Electrochemistry, 2010, 40(3): 691 ~ 699.

[72] Moradi F, Dehghanian C. Addition of IrO_2 to RuO_2 + TiO_2 coated anodes and its effect on elec-trochemical performance of anodes in acid media[J]. Progress in Natural Science: Materials In-ternational, 2014, 24(2): 134 ~ 141.

[73] Comninellis C, Vercesi G P. Characterization of $DSA^{®}$-type oxygen evolving electrodes: choice of a coating[J]. Journal of Applied Electrochemistry, 1991, 21(4): 335 ~ 345.

[74] Cooper W C. Advances and future prospects in copper electrowinning[J]. Journal of Applied Electrochemistry, 1985, 15(6): 789 ~ 805.

[75] Loutfy R O, Leroy R L. Energy efficiency in metal electrowinning[J]. Journal of Applied Elec-trochemistry, 1978, 8(6): 549 ~ 555.

[76] Kulandaisamy S, Rethinaraj J P, Chockalingam S C, et al. Performance of catalytically activated anodes in the electrowinning of metals[J]. Journal of Applied Electrochemistry, 1997, 27(5): 579 ~ 583.

[77] Ramachandran P, Nandakumar V, Sathaiyan N. Electrolytic recovery of zinc from zinc ash using a catalytic anode[J]. Journal of Chemical Technology and Biotechnology, 2004, 79(6): 578 ~ 583.

[78] Pavlović M G, Dekanski A. On the use of platinized and activated titanium anodes in some elec-trodeposition processes[J]. Journal of Solid State Electrochemistry, 1997, 1(3): 208 ~ 214.

[79] Li B S, An L, Gan F X. Preparation and electrocatalytic properties of Ti/IrO₂-Ta₂O₅ anodes for oxygen evolution[J]. Transactions of Nonferrous Metals Society of China, 2006, 16(5): 1193~1199.

[80] Moats M S. Will lead-based anodes ever be replaced in aqueous electrowinning[J]. JOM, 2008, 60(10): 46~49.

[81] Pajunen L, Aromaa J, Forsén O. The effect of dissolved manganese on anode activity in electrowinning[J]. Electrometallurgy and Environmental Hydrometallurgy, 2003, 2: 1255~1265.

[82] 张招贤. 钛电极工学[M]. 北京: 冶金工业出版社, 2003.

[83] 史艳华, 孟惠民, 孙冬柏, 等. SbOₓ + SnO₂ 中间层对 Ti/MnO₂ 电极性能的影响[J]. 物理化学学报, 2007, 23(10): 1553~1559.

[84] 崔玉虹, 冯玉杰, 刘峻峰. Sb 掺杂钛基 SnO₂ 电极的制备, 表征及其电催化性能研究[J]. 功能材料, 2005, 36(2): 234~237.

[85] 梁镇海, 张福元, 孙彦平. 耐酸非贵金属 Ti/MO₂ 阳极 SnO₂ + Sb₂O₄ 中间层研究[J]. 稀有金属材料与工程, 2006, 35(10): 1605~1609.

[86] Wang Y, Tong H, Xu W. Effects of precursors for preparing intermediate layer on the performance of Ti/SnO₂ + Sb₂O₃/PbO₂ anode[J]. The Chinese Journal of Process Engineering, 2003, 3(3): 238~242.

[87] Chai S, Zhao G, Wang Y, et al. Fabrication and enhanced electrocatalytic activity of 3D highly ordered macroporous PbO₂ electrode for recalcitrant pollutant incineration[J]. Applied Catalysis B: Environmental, 2014, 147: 275~286.

[88] 郭忠诚, 陈步明. 有色金属电积用栅栏型钛基 PbO₂ 电极及其制备方法: 中国, 201310129247. 9[P]. 2013-04-15.

[89] 郭忠诚, 陈步明. 有色金属电积用栅栏型钛基 PbO₂ 阳极及其制作方法: 中国, 201310565008. 8[P]. 2013-11-14.

[90] 常志文, 郭忠诚, 潘君益, 等. Al/Pb-WC-ZrO₂-Ag 和 Al/Pb-WC-ZrO₂-CeO₂ 复合电极材料的性能研究[J]. 昆明理工大学学报, 2007, 32(3): 13~17.

[91] 潘君益. 锌电积用铝基 Pb-WC-ZrO₂ 复合电极材料的研究[D]. 昆明: 昆明理工大学, 2005.

[92] Zhan P, Xu R D, Huang L, et al. Effects of polyaniline on electrochemical properties of composite inert anodes used in zinc electrowinning[J]. Transactions of Nonferrous Metals Society of China, 2012, 22(7): 1693~1700.

[93] Xu R D, Huang L P, Zhou J F, et al. Effects of tungsten carbide on electrochemical properties and microstructural features of Al/Pb-PANI-WC composite inert anodes used in zinc electrowinning[J]. Hydrometallurgy, 2012, 125: 8~15.

[94] 曹梅. Al 基 SnO₂ + Sb₂O₃、SnO₂ + Sb₂O₃ + MnO₂ 涂层二氧化铅阳极的制备及其应用[D]. 昆明: 昆明理工大学, 2005.

[95] Yang H, Chen B, Liu H, et al. Effects of manganese nitrate concentration on the performance of an aluminum substrate β-PbO₂-MnO₂-WC-ZrO₂ composite electrode material[J]. International Journal of Hydrogen Energy, 2014, 39(7): 3087~3099.

[96] 陈步明. 一种新型节能阳极材料的制备与电化学性能研究[D]. 昆明: 昆明理工大

学，2009.

[97] Chen B M, Guo Z, Huang H, et al. Effect of the current density on electrodepositing alpha-lead dioxide coating on aluminum substrate[J]. Acta Metallurgica Sinica (English Letters), 2009, 22(5): 373~382.

[98] Chen B M, Guo Z C, Yang X W, et al. Morphology of alpha-lead dioxide electrodeposited on aluminum substrate electrode[J]. Transactions of Nonferrous Metals Society of China, 2010, 20 (1): 97~103.

[99] Chen B M, Guo Z, Xu R. Electrosynthesis and physicochemical properties of α-PbO$_2$-CeO$_2$-TiO$_2$ composite electrodes[J]. Transactions of Nonferrous Metals Society of China, 2013, 23(4): 1191~1198.

[100] Hong B, Jiang L, Hao K, et al. Al/Pb lightweight grids prepared by molten salt electroless plating for application in lead-acid batteries[J]. Journal of Power Sources, 2014, 256: 294~300.

[101] 竺培显, 孙勇. 铝-铅层状复合材料: 中国, 200710065789.9[P]. 2007-04-06.

[102] 孙勇, 竺培显. 铝-铅复合电极材料的制备方法: 中国, 200710065788.4[P]. 2007-04-06.

[103] 周生刚. Pb-Al 层状复合节能阳极制备及其性能研究[D]. 昆明: 昆明理工大学, 2011.

[104] 赖延清, 李劼, 刘业翔, 等. 一种有色金属电积用节能阳极: 中国, 200710034340.6 [P]. 2007-01-29.

[105] 李劼, 王辉, 赖延清, 等. 一种有色金属电积用 Pb 基多孔节能阳极的制备方法: 中国, 200810031807.6[P]. 2008-07-18.

[106] Lai Y, Jiang L, Li J, et al. A novel porous Pb-Ag anode for energy-saving in zinc electro-winning: Part I: Laboratory preparation and properties[J]. Hydrometallurgy, 2010, 102(1): 73~80.

[107] 郭忠诚, 朱盘龙. 一种铝基铅及铅合金复合材料制备方法: 中国, 201210083989.8[P]. 2012-03-27.

[108] 郭忠诚, 朱盘龙. 一种铝基铅及铅合金复合阳极制备方法: 中国, 201210084089.5[P]. 2012-03-27.

[109] 郭忠诚, 陈步明, 朱盘龙. 有色金属电积用栅栏型阳极板: 中国, 201210381953.8[P]. 2012-10-10.

[110] 黄惠. 导电聚苯胺和聚苯胺复合阳极材料的制备及电化学性能研究[D]. 昆明: 昆明理工大学, 2010.

[111] Huang H, Guo Z C. Conductive composite of polyaniline and tungsten carbide[J]. Polymer Science Series B, 2011, 53(1-2): 31~34.

[112] Huang H, Zhou J Y, Chen B M, et al. Polyaniline anode for zinc electrowinning from sulfate electrolytes[J]. Transactions of Nonferrous Metals Society of China, 2010, 20: s288~s292.

[113] Bestetti M, Ducati U, Kelsall G, et al. Zinc electrowinning with gas diffusion anodes: State of the art and future developments[J]. Canadian Metallurgical Quarterly, 2001, 40(4): 459~469.

[114] Milonopoulos C, Wei S L, Duby P F. The hydrogen anode in chromium electrowinning. In Kelsall, G. H. (Ed.). Electrometallurgy, 2001. https://inis.iaea.org/search/searchsinglerecord.aspx? recordsFor=SingleRecord&RN=35087986#.

2 基础理论

2.1 概述

任何电化学反应过程都至少包括两种电极过程——阳极过程和阴极过程，以及液相中的传质过程，这些过程往往在不同的区域进行着，有不同的物质变化（或化学变化）特征，彼此具有一定的独立性。实际电极过程中，液相中的反应粒子通过液相传质不断向电极表面传输，反应产物通过液相传质不断地离开电极表面进入溶液，以保持电极过程的连续进行。液相传质过程是电极过程中的重要步骤，而且一般该步骤都比较慢，往往成为控制步骤，由它决定整个电极过程的动力学特征，因此对其动力学过程进行细致的讨论是必须和有意义的。

此外，电化学电极反应的重要特征是电极电位对电极反应速度的影响，而电极电位对电化学反应速率的影响主要通过影响反应活化能来实现。反应物质在电极/溶液界面得到电子或失去电子，从而还原或氧化成新物质的电子转移步骤（电化学反应步骤）包含了化学反应和电荷传递，是整个电极过程的核心步骤。研究电子转移步骤的动力学规律有重要的意义，尤其当该步骤成为电极过程的控制步骤，产生所谓电化学极化时，整个电极过程的极化规律就取决于电子转移步骤的动力学规律。

2.2 电极过程动力学

在冶金中，电解过程得到广泛的应用，主要有两个方面：一是从溶液（包括水溶液和熔盐）中提取金属，二是从粗金属、合金和其他中间产物（如锍）中提取金属。这样，在生产实践中就有两类不同的电解过程：不溶性阳极的电解，可溶性阳极的电解。但是，这两类电解过程的理论都是共同的电化学定律（即法拉第定律）、电动势、离子迁移理论、电极反应的电化学动力学和扩散动力学等。这里着重讨论电极过程的速度（电极过程的动力学）以及与电解过程有关的基本理论问题。这些理论问题既适用于水溶液体系，也适用于熔盐体系。

所谓电极过程，是指在与平衡电势不同的电势下，在电极表面上随着时间而发生的各种变化的综合，电极过程的速度，可利用固相与液相截面发生的多相化学反应的普遍规律来研究。例如，有离子参与而在电极上导致新物质生成的过程，经历以下几个阶段：

（1）扩散。离子由溶液主体向双电层外界移动，并继续经双电层分散部分向电极表面靠近。与此同时，若生成物在电解质中是可溶的，则同时发生生成物由电极表面向溶液本体的反扩散。扩散是由于溶质在溶液本体和双电层外界的浓度差而发生的。在双电层外界，物质的浓度由于参与反应被消耗而比溶液本体的浓度小。

（2）电化学反应。双电层的离子参与电化学反应，即离子失去溶剂化外壳以及改变其电荷。在阴极上，阳离子得到电子而被还原；在阳极上，阴离子失去电子而发生氧化。

（3）形成最终产物。如果产物是气体（如氢），那么它包括由原子生成分子，最后成为气泡由电极表面排除。如果过程的产物是固体（如还原出来的金属），则应考虑其晶格的形成。如果过程的产物是留在溶液中的离子（如 Fe^{3+} 还原为 Fe^{2+}），那么最终阶段应包括这个产物由电极表面向溶液本体的扩散。

上述各阶段中最慢的阶段的速度对整个过程的速度起着决定性的作用，如果电化学反应速度与扩散速度相比很小，那么电极过程的速度主要取决于电化学反应速度。相反，在扩散缓慢的情况下，电极过程的速度将取决于扩散速度。故研究电极过程的动力学包括电化学动力学和扩散动力学。

2.2.1 扩散动力学

2.2.1.1 扩散电流

图 2-1 为阴极极化时电极附近液层中阴阳离子的分布。在阴极表面为双电层，随着距离的增大逐渐进入扩散层，扩散层外为对流层。双电层中阴阳离子浓度随着厚度 l 的不同而不同。阳离子由于异电相吸而浓度偏高，阴离子则浓度偏低；在扩散层中，阴阳离子浓度相等，但 a 点最低，a 至 b 形成浓度梯度，考虑到对流传质的速度很快，一般较扩散大几个数量级，因此可以认为在 b 点的浓度

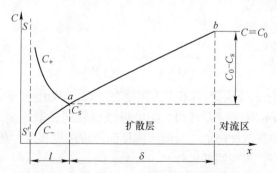

图 2-1　阴极极化时扩散层厚度示意

l—双电层厚度；δ—扩散层厚度；C_0—溶液本体浓度；C_s—电极表面附近浓度；
C_+ 和 C_-—分别为阳离子和阴离子浓度；S—S'—电极平面位置

与溶液本体的浓度相同，即为 C_0。如果 a 至 b 的浓度视为线性变化，则浓度梯度可表示为 $(C_0 - C_s)/\delta_0$。对流层中的浓度可视为是均匀的，等于本体浓度 C_0。

各层中传质的主要方式各不相同，对流层中主要为对流传质，而扩散层内尽管同时存在着电迁移传质，但相对于扩散过程而言它非常小，因此主要靠扩散传质。当过程稳定进行时，根据菲克扩散定律，单位时间内通过单位截面积的粒子的量为：

$$M = \frac{D(C_0 - C_s)}{\delta} \tag{2-1}$$

式中，D 为扩散系数。

当电极过程由扩散控制时，电流密度 i 与扩散到电极的离子的量成正比，每摩尔离子的电荷是 zF，所以扩散电流密度可写成：

$$i = MzF \tag{2-2}$$

式中，z 为离子电荷数；F 为法拉第常数。将式 2-2 代入式 2-1 得

$$i = \frac{DzF}{\delta}(C_0 - C_s) = K(C_0 - C_s) \tag{2-3}$$

此电流密度为扩散速度所制约，称为扩散电流密度。实际上粒子的运动不仅表现为扩散，同时也存在着电迁移现象，以上各式忽略了这一影响，仅为近似式。

如果电极反应速度足够快，可以使到达表面的离子立刻反应而消耗，这时可以认为 $C_s \approx 0$。i 达到最大值：

$$i_{扩} = \frac{DzF}{\delta}C_0 = KC_0 \tag{2-4}$$

式中，$i_{扩}$ 为增强阴极极化所能获得的最大电流密度。由于它受制于离子的扩散，称为极限扩散电流密度。

2.2.1.2 浓差极化方程

设有阴极反应：

$$[O] + ze \longrightarrow [R]$$

式中，[O] 为氧化态反应物；[R] 为还原态产物；z 为电极反应的电子数。

如果电化学反应的速度足够快，则电极过程受到扩散控制。[O] 在阴极被还原，表面液层中其浓度降低，与溶液本体间形成浓度梯度，所消耗的反应物从溶液内部扩散补充，出现浓差极化。

可由能斯特公式计算电极电势：

通电前：

$$\varphi_平 = \varphi^\ominus + \frac{RT}{zF}\ln\frac{a_{0[O]}}{a_{0[R]}}$$

通电后：
$$\varphi = \varphi^{\ominus} + \frac{RT}{zF}\ln\frac{a_{s[O]}}{a_{s[R]}}$$

式中，$\varphi_{平}$、φ、$\varphi^{\ominus}$ 分别为未发生极化的电极电势、极化过程中的电极电势和标准电极电势；$a_{0[O]}$、$a_{s[O]}$ 分别为反应物在溶液中和电极表面的活度；$a_{0[R]}$、$a_{s[R]}$ 分别为生成物在溶液中和电极表面的活度。两式的差值即为浓差极化。习惯上 $\eta_{浓差}$ 取正值，所以有：

$$\eta_{浓差} = \varphi_{平} - \varphi = \frac{RT}{zF}\ln\frac{a_{0[O]}\,a_{s[R]}}{a_{s[O]}\,a_{0[R]}} \tag{2-5}$$

当产物呈独立相，而不处于某种溶液状态时，其活度可以认为是 1，则式 2-5 变为：

$$\eta_{浓差} = \varphi_{平} - \varphi = \frac{RT}{zF}\ln\frac{a_{0[O]}}{a_{s[O]}} \tag{2-6}$$

根据式 2-3，在忽略电迁移的情况下，可以认为：

$$i_{阴} = i = \frac{DzF}{\delta}(C_{0[O]} - C_{s[O]}) = K(C_{0[O]} - C_{s[O]}) \tag{2-7}$$

根据式 2-4：

$$i_{扩} = \frac{DzF}{\delta}C_{0[O]} = KC_{0[O]}$$

将式 2-7 除以式 2-4，得：

$$\frac{i_{阴}}{i_{扩}} = \frac{K(C_{0[O]} - C_{s[O]})}{KC_{0[O]}}$$

进一步整理得：

$$C_{s[O]} = C_{0[O]}\left(1 - \frac{i_{阴}}{i_{扩}}\right) \tag{2-8}$$

将式 2-8 代入式 2-6 中，同时近似以浓度代活度，可得：

$$\eta_{浓差} = \frac{RT}{zF}\ln\frac{i_{扩}}{i_{扩} - i_{阴}} \tag{2-9}$$

这就是产物独立成相的浓差极化方程。如图 2-2 所示，当 $i_{阴}\to 0$ 时，$\eta_{浓差}\to 0$，即 $\varphi\to\varphi_{平}$；当 $\eta_{浓差}\to -\infty$ 时，$i_{扩} = i_{阴}$，出现了不随电极电势变化的极限电流密度，即随着电势的增加，则电流密度增加，趋近极限值 $i_{扩}$。

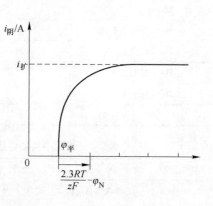

图 2-2 电极产物生成独立相的
浓差极化曲线

2.2.2 电化学过程动力学

溶液充分搅拌时扩散速度比电极反应速度快得多，电极过程取决于电化学反应的速度。现在讨论浸入在盐溶液（含熔盐）的金属电极上发生的电化学反应的速度。

2.2.2.1 基本概念

A 交换电流

当将一金属浸在含有该金属离子的溶液中时，在溶液与金属之间便进行着两个相反的过程，即金属离子化进入溶液而溶液中的金属离子在金属上还原。最初时刻，金属离子化过程的速度大于还原速度。

随着过程的进行，由于表面负电荷增多，金属离子化过程的速度减慢。相反，该金属阳离子还原的速度增大，直到这两种速度相等为止。在此情况下，金属表面原子与溶液中离子之间建立动态平衡，即金属离子化过程（即氧化过程）的速度（用电流密度 $i_氧$ 表示）与离子还原过程的速度（用电流密度 $i_还$ 表示）相等。此时的速度用电流密度表示称为交换电流 i_0。水溶液中某些电极在室温下的交换电流见表 2-1，熔盐中某些电极的交换电流和速度常数如表 2-2 所示。

表 2-1 某些电极在室温下的交换电流

电 极	溶 液 成 分	$i_0/A \cdot cm^{-2}$
镍	$1mol/L\ NiCl_2 + 2\%\ H_3BO_3$	$10^{-8} \sim 10^{-9}$
纯铁（在真空中重熔化）	$1.25mol/L\ FeSO_4$	10^{-8}
铜	$1mol/L\ CuSO_4 + 0.05mol/L\ H_2SO_4$	10^{-8}
纯锌（单晶）	$0.25mol/L\ ZnSO_4$，用 H_2SO_4 酸化	10^{-8}
汞齐中的锌 $x_{[Zn]} = 0.983\%$	$1.0mol/L\ ZnSO_4$	8×10^{-2}
汞齐中的铅 $x_{[Pb]} = 0.587\%$	$0.2mol/L\ Pb(NO_3)_2$	4×10^{-2}
H_2（在锌上）	$1.0mol/L\ H_2SO_4$	10^{-11}
H_2（在镍上）	$0.5mol/L\ H_2SO_4 + 1mol/L\ NiSO_4$	10^{-7}
H_2（在钯上）	$0.1mol/L\ H_2SO_4$	2×10^{-5}
H_2（在汞上）	$1.0mol/L\ H_2SO_4$	6×10^{-12}
Eu^{3+}/Eu^{2+}（在汞上）	$1.0mol/L\ H_2SO_4$	2×10^{-2}

表 2-2 熔盐中某些电极的交换电流 i_0 和反应速度常数 k

金 属	体 系	温度/℃	$k/cm \cdot s^{-1}$	$i_0/A \cdot cm^{-2}$	测量方法
Ag	LiCl-KCl-AgCl	450	0.65	190	双脉冲法
	KNO_3-ANO_3	350	2.4×10^{-3}	10.6	脉冲法
Ni	LiCl-KCl-$NiCl_2$	450	0.1	110	双脉冲法

金　属	体　系	温度/℃	$k/cm \cdot s^{-1}$	$i_0/A \cdot cm^{-2}$	测量方法
Pt	LiCl-KCl-PtCl$_2$	450	0.03	40	双脉冲法
Co	LiCl-KCl-CoCl$_2$	450	450	60	示波极谱
Mn	LiCl-KCl-MnCl$_2$	450	450	38	示波极谱
Zn	LiCl-KCl-ZnCl$_2$	450	—	1.8	阻抗法

注：金属离子在熔盐中浓度为 1mol/L。

交换电流本身只有在双电层内部发生，不产生任何实际效果，但交换电流的大小反映着电极上电子放电速度的大小，因此，交换电流是研究电化学反应的重要参数。

交换电流随电极材料、温度等因素而变，温度升高则速度增加，相应地交换电流增加。对比表 2-1 和表 2-2 可知，在高温熔盐中电极过程的交换电流密度就比水溶液高几个等级，相应地其极化比水溶液中小得多。

B　零电荷电势

假设将相对溶液正电荷的金属表面进行阴极极化，那么其正电荷便开始减少（对负电荷的金属则进行阳极极化）。在对该溶液和金属为特征的某种极化值下，表面电荷将等于零，即双电层将不复存在，进一步加大极化电势将使金属表面电荷有负电。金属在无双电层存在时的电势，叫做金属的表面零电荷电势，这是金属的非常重要的电化学特性数据。某些电极的表面零电荷电势见表 2-3。

表 2-3　某些电极在室温下的表面零电荷电势 φ_0（相对标准氢电极）　　（V）

电　极	φ_0	溶 液 成 分	测量方法
镉	-0.9	5×10^{-3} mol/L KCl	电容法
铊	-0.8	10^{-3} mol/L KCl	电容法
铅	-0.67	5×10^{-3} mol/L H$_2$SO$_4$	电容法
锌	-0.63	0.5mol/L Na$_2$SO$_4$	硬度法
铁	-0.37	5×10^{-4} mol/L H$_2$SO$_4$	电容法
汞	-0.19	稀溶液	电毛细法等
银	0.05	0.1mol/L KNO$_3$	吸附法
活性炭	0 ~ 0.2	0.5mol/L Na$_2$SO$_4$ + 5×10^{-3} mol/L H$_2$SO$_4$	吸附法
在氢气氛中 Pt(H$_2$)	0.11 ~ 0.27	0.5mol/L Na$_2$SO$_4$ + 5×10^{-3} mol/L H$_2$SO$_4$	吸附法、接触角法
在氧气氛中 Pt(O$_2$)	0.4 ~ 1.0	0.5mol/L Na$_2$SO$_4$ + 5×10^{-3} mol/L H$_2$SO$_4$	吸附法
二氧化铅 PbO$_2$	1.8	5×10^{-3} mol/L H$_2$SO$_4$	电容法

2.2.2.2　塔菲尔（Tafel）公式

1905 年塔菲尔根据氢离子放电的大量实验结果，提出了塔菲尔公式，指出了在浓差极化影响可以忽略的条件下，氢超电势与电流密度近似成对数关系：

$$\eta = a + b\lg i \tag{2-10}$$

式中，a 和 b 为常数，a 与电极材料、电极表面状况、温度、溶液成分有关；b 则约等于 $2.3 \times \dfrac{RT}{yF}$，$y$ 约为 0.5。

这个方程式具有普遍意义，即不仅对于氢的放电，而且对所有由电化学控制的过程都适用，即对电化学反应控制的电极过程而言，超电势与电流密度的关系都服从式 2-10。

在较大范围内塔菲尔公式都与实验结果相符合，但不适于电流密度很低的情况。按照塔菲尔公式，当 i 接近于零时，η 接近于无穷大，显然与 η 接近于零的事实不符。事实上一般当 $\eta < 70\text{mV}$ 左右时，与 i 成正比关系，即：

$$\eta = Bi \tag{2-11}$$

式中，B 为比例系数。

2.2.2.3 巴特勒-沃尔默（Buttler-Volmer）公式

Tafel 公式仅是表征电化学反应中超电势与电流密度关系的经验公式，Buttler-Volmer 公式则是进一步从理论上进行推导。

一般意义上的固/液界面化学反应速度可表示为：

$$v = KAC = Be^{-\frac{E}{RT}}AC$$

式中 K——反应的速率常数；

A——面积；

C——紧密双电层处液相反应物的浓度；

B——Arrhinus 公式中的频率因子；

E——活化能。

则以单位面积计的比反应速率为：

$$v/A = Be^{-\frac{E}{RT}}C$$

对于电化学反应，使用电流密度表示反应速率更方便。对于电极反应

$$[\text{O}] + ze \longrightarrow [\text{R}]$$

消耗每摩尔 $[\text{O}]$ 的同时 z 摩尔电子流过电极，因此电化学反应的电流密度 i 与比反应速率 v/A 成正比。故氧化和还原反应的电流密度可分别写成：

$$i_{\text{氧}} = zFK_{\text{氧}} C_{[\text{R}]} = zFB_{\text{氧}}\, e^{-\frac{E_{\text{氧}}}{RT}}C_{[\text{R}]} \tag{2-12}$$

$$i_{\text{还}} = zFK_{\text{还}} C_{[\text{O}]} = zFB_{\text{还}}\, e^{-\frac{E_{\text{还}}}{RT}}C_{[\text{O}]} \tag{2-13}$$

式中，$C_{[\text{R}]}$、$C_{[\text{O}]}$ 分别为还原态物质和氧化态物质的浓度。

与一般化学反应不同，界面电势差的变化会影响电化学反应或者说电子传递

反应的活化能。下面用活化配合物理论进行分析。图 2-3 为电极反应的势能变化示意图。在平衡电势时阴极和阳极方向的反应活化能分别为 $E_{0,还}$ 和 $E_{0,氧}$。界面电势改变 $\Delta\varphi$ 时，每摩尔反应的电子的势能变化了 $zF\Delta\varphi$，则（$O+ze$）体系的势能要降低 $zF\Delta\varphi$。因此其势能函数曲线将下移 $zF\Delta\varphi$，如图 2-3 中虚线所示。这样就导致了正逆反应活化能的改变。氧化反应（即图 2-3 中逆反应）方向的活化能减少了 $zF\Delta\varphi$ 的一个分数 β，β 值在 $0 \sim 1$ 之间变化。改变后的活化能为：

$$E_{氧} = E_{0,氧} - \beta zF\Delta\varphi$$

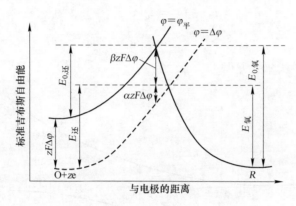

图 2-3 电位差对反应吉布斯函数的影响

而且由图 2-3，还原反应（正反应）的活化能变为：

$$E_{还} = E_{0,还} + zF\Delta\varphi - \beta zF\Delta\varphi = E_{0,还} + \alpha zF\Delta\varphi$$

式中，$\alpha + \beta = 1$。

两式分别代入式 2-12 和式 2-13 得：

$$i_{氧} = zFK_{氧} C_{[R]} = zFB_{氧} \mathrm{e}^{-\frac{E_{0,氧}-\beta zF\Delta\varphi}{RT}} C_{[R]} \tag{2-14}$$

$$i_{还} = zFK_{还} C_{[O]} = zFB_{还} \mathrm{e}^{-\frac{E_{0,还}+\alpha zF\Delta\varphi}{RT}} C_{[O]} \tag{2-15}$$

如果用 $i_{0,氧}$ 和 $i_{0,还}$ 分别表示超电势 η 为 0，或者说处于平衡电势时的氧化和还原反应电流密度，即

$$i_{0,氧} = zFB_{氧} \mathrm{e}^{-\frac{E_{0,氧}}{RT}} C_{[R]}$$

$$i_{0,还} = zFB_{还} \mathrm{e}^{-\frac{E_{0,还}}{RT}} C_{[O]}$$

而当 $\eta = 0$ 时，电极过程除于平衡状态，电极上氧化和还原速度相等，都等于交换电流密度，即 $i_{0,氧} = i_{0,还} = i_0$。则有：

$$i_{氧} = i_0 \mathrm{e}^{\frac{\beta zF\Delta\varphi}{RT}} \tag{2-16}$$

$$i_{还} = i_0 \mathrm{e}^{-\frac{\alpha z F \Delta\varphi}{RT}} \tag{2-17}$$

需要强调的是，$i_{氧}$、$i_{还}$ 指的是同一电极上发生的方向相反的还原反应和氧化反应的绝对速度，不可把 $i_{氧}$、$i_{还}$ 当做电化学体系中阳极上的阳极电流和阴极上的阴极电流。超电势的作用是使两个方向的速度变得不等，从而使某个方向的电流占优势而产生净电流。如图 2-4 中实线表示 $i_{氧}$ 和 $i_{还}$ 与超电势的关系，而虚线则为两者的代数和，即表示阴极实际电流与超电势的关系，在电极发生极化时，阴极和阳极的净速度可以分别表示如下：

$$i_{阴} = i_{还} - i_{氧} = i_0 \left[\mathrm{e}^{-\frac{\alpha z F \Delta\varphi}{RT}} - \mathrm{e}^{\frac{\beta z F \Delta\varphi}{RT}} \right] \tag{2-18}$$

$$i_{阳} = i_{氧} - i_{还} = i_0 \left[\mathrm{e}^{\frac{\beta z F \Delta\varphi}{RT}} - \mathrm{e}^{-\frac{\alpha z F \Delta\varphi}{RT}} \right] \tag{2-19}$$

以上就是巴特勒-沃尔默方程。

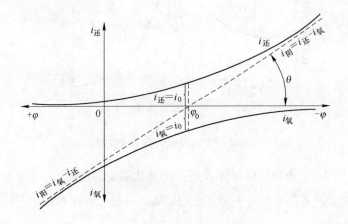

图 2-4 电化学反应的极化曲线
（实线—分极化曲线；虚线—总极化曲线）

而当电极阴极极化很强（$\eta \geqslant 120\mathrm{mV}$）时，电极上 $i_{氧}$ 部分可以忽略。同时由于 $\eta_{阴} = -\Delta\varphi$，则式 2-18 可变为：

$$i_{阴} = i_0 \mathrm{e}^{-\frac{\alpha z F \Delta\varphi}{RT}} = i_0 \mathrm{e}^{-\frac{\alpha z F \eta_{阴}}{RT}}$$

$$\eta_{阴} = -\Delta\varphi = -\frac{2.303RT}{\alpha z F}\lg i_0 + \frac{2.303RT}{\alpha z F}\lg i_{阴}$$

$$\eta_{阴} = a + b\lg i_{阴} \tag{2-20}$$

同理当阳极极化很强（$\eta \geqslant 120\mathrm{mV}$）时，电极上 $i_{还}$ 部分可以忽略。可导出：

$$\eta_{阳} = \Delta\varphi = -\frac{2.303RT}{\beta z F}\lg i_0 + \frac{2.303RT}{\beta z F}\lg i_{阳}$$

$$\eta_{阳} = a' + b'\lg i_{阳} \tag{2-21}$$

故从理论上导出了 Tafel 公式。

同时，从式 2-20 和式 2-21 可看出电化学反应过程中交换电流密度起着很大的作用，i_0 越大，则在同样极化电流的情况下需要的极化电势越小。

2.2.3 阴极过程

2.2.3.1 氢的阴极析出

氢析出的电极反应机理具有重要的理论和实践意义。电解水制备氢是许多合成工业的基础，氢的析出在燃料电池、金属腐蚀、湿法冶金中都十分重要。氢常常与金属离子共同放电，影响到金属沉积的电流效率。

大量的实验证实，氢的阴极析出受电化学步骤控制，符合 Tafel 公式。

氢在金属上析出的塔菲尔常数 a 和 b 的测定结果列于表 2-4 中。从表中可以看出，对于绝大多数金属，b 约为 0.12V。按表中 a 的大小，电极材料可以分为三类：

（1）高超电势金属（$a \approx 1.0 \sim 1.6V$），如铅、铊、汞、镉、锌、铍、铝、锑等；

（2）中超电势金属（$a \approx 0.5 \sim 0.8V$），如铁、钴、镍、铜、锰、铋、钼、铌、钨、钛等；

（3）低超电势金属（$a \approx 0.1 \sim 0.3V$），如铂、钯等铂族金属。

表 2-4 氢离子在金属阴极上还原时 Tafel 方程中常数 a 和 b

金　属	酸性溶液		碱性溶液	
	a/V	b/V	a/V	b/V
Pb	1.56	0.11	1.36	0.25
Tl	1.55	0.14	—	—
Hg	1.41	0.114	1.54	0.11
Cd	1.40	0.12	1.05	0.16
Zn	1.24	0.12	1.20	0.12
Sn	1.20	0.13	1.28	0.23
Be	1.08	0.12	—	—
Sb	1.00	0.12	—	—
Al	1.00	0.11	0.64	0.14
Ag	0.10	0.10	0.64	0.14
Cu	0.12	0.12	0.96	0.12
Bi	0.84	0.12	—	—
Ge	0.97	0.12	—	—

金 属	酸性溶液		碱性溶液	
	a/V	b/V	a/V	b/V
Ti	0.82	0.14	0.83	0.14
Nb	0.80	0.10	0.67	—
Mo	0.66	0.08	—	0.14
Ni	0.63	0.11	0.65	0.10
Co	0.62	0.12	0.60	0.14
Mn	0.8	0.1	0.90	0.12
W	0.43	0.10	—	—
Au	0.40	0.12	—	—
Pd	0.24	0.03	0.53	0.13
Pt	0.10	0.03	0.31	0.10

氢的超电势在实践中有很大意义，氢超电势的存在，使某些负电性金属如锌、锰可从水溶液中电积析出，而氢气则难以析出，同时在电解水制氢及氢-氧燃料电池中已经选择低超电势金属作阴极，出于经济原因，实际选用中等超电势金属及其合金。

pH 对氢析出的影响可以分别讨论如下。

在酸性溶液中，析出氢的总反应是：

$$2H_3O^+ + 2e \Longrightarrow H_2 + 2H_2O$$

当 $\alpha = 1/2$，$T = 298K$ 时，容易析出：

$$-\Delta\eta = \text{Const.} + 0.0591\text{pH} + \eta_0 + 0.1182\lg i_{阴}$$

则在碱性溶液中是：

$$2H_2O + 2e \Longrightarrow H_2 + 2OH^-$$

$$\Delta\eta = \text{Const.} + 0.0591\text{pH} - \eta_0 + 0.1182\lg i_{阴}$$

电流密度一定时，这一变化可示意于图 2-5。在金属的阴极还原过程中，为避免氢的析出，应尽可能调整 pH 值使之趋于中性。氢的超电势还随着温度的上升而降低。

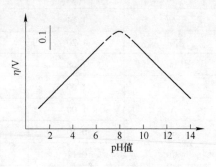

图 2-5 氢析出的超电势与溶液 pH 值的关系

2.2.3.2 金属的阴极析出

A 金属电解析出过程的主要阶段

金属从溶液中的析出，大致由以下三个阶段组成：

（1）水合金属阳离子由溶液本体迁移到双电层中；

（2）放电过程，在双电层密集部分发生阳离子的脱水并吸附在电极表面进而与电子结合而转变为原子；

（3）金属中性原子进入金属晶格中或者生成新的晶核。

B 金属在阴极析出的极化曲线

不同金属在阴极上析出的极化值与其一系列性质（交换电流的大小、零电荷电势、表面状况等）有关，也受电解条件（电解液的成分和温度等）的影响。

图 2-6 所示为某些金属阳离子放电的极化曲线。从图 2-6 可以看出，对 Hg、Cu、Pb、Zn 等交换电流较大的金属阳离子而言，放电速度甚至在极化值很小的情况下都很大，而为了提高交换电流小的铁族金属（Fe、Co、Ni）阳离子的放电速度，则要求更大的极化值。另外，升高温度有利于降低极化电势。

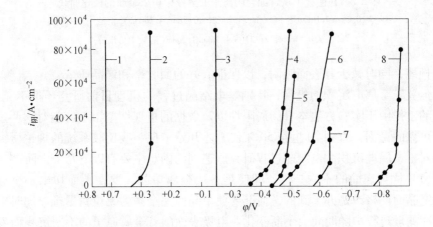

图 2-6 汞、铜、铅、锌、镉、钴、镍、铁等阳离子在室温下放电的极化曲线

1—Hg/（0.1mol/L HNO$_3$ +0.06mol/L HgNO$_3$）；2—Cu/0.5mol/L CuSO$_3$；3—Pb/0.5mol/L PbSiF$_3$；

4—Co/（0.5mol/L CoSO$_4$ +0.5% H$_3$BO$_3$）；5—Cd/0.5mol/L CdSO$_4$；6—Ni/（0.5mol/L NiCl$_2$ +

0.5% H$_3$BO$_3$）；7—Fe/（0.5mol/L FeSO$_4$ +0.5% H$_3$BO$_3$）；8—Zn/0.5mol/L ZnSO$_4$

如果金属在溶液中呈配合离子形态存在，则为了提高电流密度（提高阳离子在阴极上还原的速度）要求特别大的极化电势，如图 2-7 所示。

C 金属的电结晶

电结晶是指新生的吸附态金属原子沿电极表面扩散到生长点进入金属晶格生长，或其他新生原子集聚而形成晶核并长大，从而形成晶体。金属的电结晶的影响因素很多，如温度、电流密度、电极电位、电解液组成、添加剂等，这些因素对电结晶过程的影响直接表现在所获得电沉积层的各种性质上，如致密度、反光性、分布均匀性、结合力及力学性能。对湿法冶金过程而言，在沉淀除去杂质或从溶液中回收主金属时，往往要求结晶物的粒度比较粗大，使其具有良好的过滤

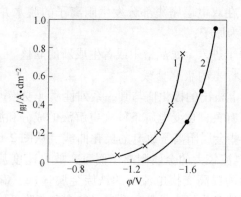

图 2-7 在阴极上从含配合阴离子的溶液中析出金属的极化曲线

1—从 0.25mol/L CuCN + 0.6mol/L NaCN + 0.5mol/L Na$_2$CO$_3$ 溶液中析出铜；

2—从 0.5mol/L ZnCO$_3$ + 4.3mol/L NaCN 溶液中析出锌

洗涤性能，同时减少其表面吸附，以保证有好的回收率和产品质量。

但关于金属电沉积的机理，特别是电结晶过程的机理目前研究还很不充分。早期的工作由于实验方法本身的局限性以及数据的重现性差，不可能对这些过程提供可靠的论据。直到 20 世纪 50 年代，才开始出现一些比较系统的理论研究工作。对于金属电沉积和电结晶过程研究所遇到的困难主要有以下几个方面：

（1）固体表面的不均一性。即使是一块金属单晶，要在上面切出一个纯粹的指定晶面严格讲是办不到的，何况要使单晶面完全做到无位错更难。同时电极表面在测量过程中随时间会不断变化。电极表面随着金属原子的不断沉积而发生变化，这不仅有使其真实表面增大的可能性，而且还会发生结晶形态的变化。这样就使实验条件难于维持真正的恒定。此外，固体表面的不均匀性往往使有些实验难以进行。如由于分布电容的干扰，使用交流电方法测双电层电容较难得到可靠的数据。

（2）电化学过程和电结晶过程的叠加。在金属电积过程中一般至少含有两个步骤，即金属离子的放电过程和随后的结晶过程，而两者往往不易区分，从而增加了分析实验数据的困难。

（3）其他离子的共同放电。大多数金属离子从水溶液中在电极上放电时，经常伴随着有氢的析出，实际的电流效率基本小于 100%，而有些过程如电镀铬则最大仅为 13% 左右，这不仅影响沉积的速度，而且往往会引起电极界面 pH 值的变化，从而增加分析问题的复杂性。

（4）金属表面的不稳定性。对大多数金属而言，在空气或水溶液中并不十分稳定，表面会形成多种形式的氧化物、氢氧化物或表面螯合物，特别是过渡金属。因此，电极表面的起始状态往往不够确定。

(5) 简单金属离子放电交换电流放大。对于大多数金属和它的简单（水合）离子组成的体系，除铁、钴、镍等几种金属外交换电流很大，决定整个反应速度的往往是与界面过程无关的液相传质过程。而液相传质过程是不能提供分析电化学反应主要机理所必要的知识的。上面所指出这些特点，还只是对于简单体系而言，若考虑到实用过程，则情况更为复杂，在这些溶液中常常有配离子存在，而配位体不仅能配合金属离子，而且多半是表面活性剂。同时电解液中经常加有有机或无机添加剂和各类导电盐，它们有的吸附在电极表面，有的与放电离子缔合作用，从不同程度上影响着电极反应的进程。

在水溶液电解过程中，有时要求得到致密平整的阴极沉积表面。粗糙的阴极表面对电解过程产生不良的影响，它会降低氢的超电势和加速已沉积金属的逆溶解作用。由此，由于沉积表面不平而会产生许多凸出部分，容易造成电极之间的短路，都会引起电流效率降低。但当电解的目的是制取金属粉末时，往往要求粉末有特定的粒度、粒形和粒度分布。因此，了解阴极沉积物形成的条件以及各种影响因素具有很大的意义。

在阴极沉积物形成的过程中，有两个平行进行的过程：晶核的形成和晶体的长大。在结晶开始时，金属并不在阴极整个表面上沉积，而只是在对阳离子放电活化能最小的个别点上沉积。被沉积金属的晶体，首先在阴极主体上金属晶体的棱角上生成。电流只通过这些点传送，这些点上的实际电流密度比整个表面的平均电流密度要大得多。

而这些正在生长的晶体附近的电解液中，被沉积金属的离子浓度贫化，于是在其边缘离子浓度大的区域放电，产生新的晶核。分散的晶核数量逐步增加，直到阴极的整个表面为沉积物所覆盖时为止。

沉积物的粒度和形状取决于晶核形成与晶体长大的相对速度，实际上，在电解过程中，有一部分原子形成晶核，而另一部分使晶体长大。设形成晶核和晶体长大的原子分别为 N_n 和 N_g，如 $N_n \gg N_g$，在阴极上将产生细结晶沉积物；如 $N_n \ll N_g$，则得到粗结晶沉积物。

阴极晶粒大小首先与金属本身交换电流密度有关，在金属从简单盐溶液中电结晶的情况下，交换电流密度大的金属，则产生粗结晶沉积物。属于这一类的金属有 Ag、Pb、Cd、Zn、Sn、Tl 等。

交换电流小以及极化值相当大的金属，照例是形成细结晶沉积物。属于这一类的金属有 Fe、Ni、Co。

有些金属如 Ag、Cu、Zn，如果它们在溶液中呈配合离子形态存在，则由于还原超电势相当大，故呈极细结晶沉积物形态析出。而且，极化值越大，沉积物析出的结晶颗粒越细。

此外，晶体的成长和沉积物的结构与电解过程的参数有关，主要是：

（1）电流密度。在电流密度小的情况下，靠近已生成晶体的地方，由于扩散作用能及时补充由放电引起的阳离子的减小，从而溶液中阳离子的贫化现象不甚显著，因此已生成的晶体能无阻地继续成长，结果得到由分散的粗粒结晶所形成的沉积物。

当电流密度高时，在晶体生成以后不久，靠近晶体部分的电解液就会发生局部贫化现象，晶体的成长暂时停止而产生新的晶核，在此情况下得到细结晶的沉积物。

然而，当电流密度很高时，阴极附近的电解液发生急剧的贫化现象，从而可能引起其他阳离子特别是氢离子强烈的放电，所得沉积物为松软和海绵状。

对给定的电解体系而言，往往存在一个最佳电流密度，其具体数值随温度、金属离子浓度及搅拌条件而异，当温度较高、浓度较好、传质条件好，则最佳电流密度高，因此应结合电解的其他参数（如温度、浓度）以及技术经济指标（如电流效率）综合选定最适宜的电流密度。

（2）金属离子浓度。根据实验，晶核数 N_n 与电流密度及溶液中金属离子浓度的关系可近似用下式表示：

$$N_n = K \frac{i_{阴}}{C_{Me}}$$

式中，K 为与金属特性及搅拌、温度等有关的常数。在 $AgNO_3$ 溶液中电积 Ag 时，能很好地符合上述方程，如图 2-8 所示。因此，在电流密度一定时，增加溶液中金属离子浓度，有利于得到粗颗粒产品。

（3）温度。温度的提高会引起溶液的许多性质改变，比电导提高、溶液中离子活度以及放电电势改变、金属析出和氢气放出的超电势都降低等。故温度的影响极为复杂，在不同情况下表现亦不相同。

首先，温度的升高使扩散速度加快，从而使阴极附近溶液不易产生贫化层。此外，金属的超电势也降低。这两种情况都导致极化曲线有更陡峭上升的趋势，因此，能促使获得粗结晶的沉积物。

另外，温度升高使氢的超电势降低，致使氢的析出变得容易。可是，有时主金属（如镍）析出的超电势随温度升高而降低的程度比氢更大，在此情况下氢的析出甚至会减弱。此外，氢在金属中

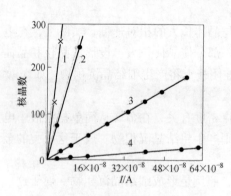

图 2-8 电流强度和 $AgNO_3$ 浓度对在
$0.528mm^2$ 阴极面积上形成的晶核数的影响
1—0.001mol/L $AgNO_3$ 溶液；2—0.01mol/L
$AgNO_3$ 溶液；3—0.1mol/L $AgNO_3$ 溶液；
4—1mol/L $AgNO_3$ 溶液

的溶解度随温度升高而降低。因此，在高温下，可能得到含氢低的沉积物。

（4）搅拌。搅拌溶液能使阴极附近的溶液均匀，因为使极化降低，有利于形成晶粒较粗的沉积物。此外，搅拌电解液可以消除浓度的局部不均衡、局部过热等现象，可以提高电流密度而不致发生沉积物成块不整齐的危险。

（5）氢离子浓度。氢离子的浓度或溶液的 pH 值是影响电结晶进行的极其重要的因素。阴极过程中氢渗入晶体的分数随 pH 值的减小而增加。渗入到晶体中的氢或相应形成的氢化物，强烈地影响到整个电结晶过程和超电势。此外，当 pH 值过高时，可能由于水解作用、阴极本身的氧化作用等产生金属的氢氧化物或氧化物，呈胶体形态或是呈悬浮的形态，可能被吸附在沉积晶体上，强烈地影响到整个结晶过程的进行。例如，当氢离子活度足够大和当覆盖层发生的可能性小时，便可得到有光泽、均匀的沉积物；当氢离子浓度降低（pH 值大）时，则形成海绵状沉积物，不能很好地黏附到阴极上，有时甚至从阴极脱落。

因此，调整 pH 值，对于控制电结晶过程具有极其重要的意义。

（6）添加剂。为了获得致密而平整的阴极沉积物，常常在电解液中加入少量添加剂，如树胶、动物胶和硅酸胶以及 α-萘酚、苯磺酸、铵盐等表面活性物质。

在电解过程中，许多胶体添加剂可以看作是两性电解质。在 pH 值低的介质中，它们离解出阳离子［胶质根$^+$］与阴离子 OH^- 和 Cl^- 等；这种阳离子吸附在阴极表面的凸出部分，形成导电不良的保护膜，使这些凸出部分与阳极之间的电阻增大，抑制了凸出部分的进一步生长，有利于得到均匀、致密的产品。

D　阳离子在阴极上的共同放电

冶金的电解工序要求产品达到一定纯度，并要求有较高的电流效率。因此必须研究杂质开始于主金属共同析出的条件以制取合格产品。而对合金电镀来说需要创造条件使待镀金属离子同时按一定比例析出。

几种离子共同放电的基本条件是析出电势即金属平衡电势与其超电势之和相等。金属的析出电势可表示为：

$$\varphi = \varphi^{\ominus} + \frac{RT}{nF}\ln a - \eta$$

可见标准电势、离子活度和超电势是决定金属析出电势的三个主要参数。可以分三种情况讨论：

（1）两种金属离子放电的超电势不大，标准还原电势大致相等的情况下，可以发生共沉积。如铅的标准电势 $\varphi_{Pb}^{\ominus} = -0.126V$，而锡的标准电势 $\varphi_{Sn}^{\ominus} = -0.140V$，仅相差 0.014V。只要将两种金属离子的浓度稍加调整，就可使它们从溶液中共同析出。

（2）标准电势不同，但两种离子析出的超电势可以补偿差额而使析出电势相接近。如20℃时锌和镍的共沉积。

（3）离子的活度不同而使析出电势接近。如电镀时溶液中加入氰根等配合物，通过它的强烈配合作用而使溶液中的游离金属离子浓度大幅度变化，进而导致析出电势的改变和金属离子的共同放电。

在提取冶金的电沉积过程中，杂质离子与主金属的共同放电导致主金属的纯度下降。氢离子的共同放电导致部分电流空耗于氢的析出，或者说导致电流效率下降。

E 电流效率

电流效率一般分为阴极电流效率和阳极电流效率，阴极电流效率是指金属在阴极上沉积的实际量与在相同条件下按法拉第定律计算得出的理论量之比值（以百分数表示），因此，金属的电流效率按下式计算：

$$\eta^* = \frac{b}{qI\tau} \times 100$$

式中 η^*——以百分数表示的电流效率，%；

b——阴极沉积物的质量，g；

I——电流强度，A；

τ——通电时间，h；

q——电化学当量，$g/(A \cdot h)^{-1}$。

相应地阳极电流效率是指可溶阳极电解时，阳极金属的溶出量与按法拉第定律计算值之比。实际上在可溶阳极电解时，一般其阳极电流效率和阴极电流效率并不相同，这往往造成电解质中金属离子浓度的不平衡。

电解过程中阴极电流效率往往低于100%，在水溶液电解时为90%~96%，而熔盐电解时则更低，造成电流损耗的主要原因有：

（1）其他阳离子的共同放电。正如前面介绍的，溶液中其他阳离子（特别是对水溶液而言 H^+）平衡电势与超电势之和与主金属相同时，则它将与主金属同时析出，消耗电流，因此应控制电解时的成分和电解参数，防止有其他离子的放电，特别是要防止 H^+ 的放电。

（2）变价离子的作用。当电解质中有某些变价金属离子存在时，它将在阳极和阴极间反复进行氧化还原反应，空耗电流，例如当有铁离子存在时，Fe^{3+} 首先在阴极得电子还原成 Fe^{2+}，Fe^{2+} 在扩散到阳极失电子氧化成 Fe^{3+}，后者又返回阴极还原成 Fe^{2+}，如此反复循环，空耗电流。

（3）由于各种原因造成短路或漏电。

（4）阴极已沉积的金属重新被阳极气体氧化，或溶于电解质中再扩散到阳极被氧化（这种情况主要是在熔盐电解时）。因此，电解过程中应控制好各种条件，以提高阴极电流效率。

2.2.4 阳极过程

2.2.4.1 金属阳极溶解

当过程为电化学反应速度控制时，根据式 2-21，阳极溶解时极化与电流密度的关系为：

$$\Delta\varphi = (\varphi - \varphi_0) = \frac{RT}{\beta zF}\ln\frac{i_{阳}}{i_0}$$

从上式可以看出，交换电流密度大的金属如银、铜、锌、镉、锡等所需极化很小；相反，交换电流密度小的金属如铁、钴、镍、锰等所需极化很大，这与阴极极化相似。

阳极极化时，随着电流密度的增大，生成的金属离子在阳极附近电解液层中的浓度不断增大，以致转化为扩散控制，此时浓差极化方程写为：

$$\eta = \Delta\varphi = \frac{RT}{zF}\ln\left(1 + \frac{i_{阳}}{DzFC_{0[O]}}\right)$$

这个公式没有数学极限，浓差极化不会产生极限电流，这是阳极极化不同于阴极极化的特点。然而阳极溶解引起电极附近金属盐的过饱和以及阳极钝化等都会使阳极电流增长缓慢，但这与阴极极化时存在极限电流的现象本质不同。

2.2.4.2 氧的析出

氧的析出在冶金和化学工业中经常遇到。如电解水制氢和氧、采用不溶阳极进行金属电沉积时都会涉及氧的析出。

在碱性溶液中，氢氧根离子在阳极放电而析出氧：

$$4OH^- - 4e = O_2 + 2H_2O$$

在酸性溶液中，则是由水分子在阳极放电而析出：

$$2H_2O - 4e = O_2 + 4H^+$$

而中性水溶液中，取决于具体条件，或是氢氧根离子或是水分子放电。氧析出或还原时，超电势总是很高。实验证明，它也服从塔菲尔公式：

$$\eta = a + b\lg i_{氧}$$

式中，a 和 b 的物理意义和前面讨论的相同。

2.2.4.3 合金的溶解

阳极金属通常不是纯金属，而是浓度不同的合金或含有杂质的金属。这些金属可分为单相或多相两种类型。单相合金如 α-黄铜，将具有自己的溶解电势，其值与纯金属有所差异。单相合金（固溶体）的组成改变时，其溶解电势亦随之而变。

多相合金溶解时，各项的电极电势不同，溶解时电势最负的相将首先被溶解。阳极电势即为该相的电极电势。该相继续溶解的过程中，电势基本不变，但若该相的量不多，溶解后将使金属表面上该相的数量减少，即通过电流的表面积减少，导致电流密度增大，极化现象显著，也会使电势变正，超电势增加，也就有可能使两相以不同速度同时溶解。电解速度不大时，阳极上电势最负的相虽已开始溶解，但同时电势较正的极仍可能进行某种还原反应而成为阴极，两相间构成短路的局部电池，从而促使电势最负的相更迅速地被溶解。很多金属在水中和潮湿的大气内腐蚀较快，就是由于形成这类局部电池所致。

2.2.4.4 钝化现象

在可以溶解的金属如 Fe、Ni、Co、Au、Pt、Cr、Mo 等阳极上，当电势为正且不太大时，电流密度随电势的升高而增加，即溶解速度加快，但当电势超过某一正值后，金属停止溶解，电流密度迅速下降，继续提高阳极电势通常也不能使金属继续溶解，即该金属变为惰性电极，此现象称为钝化。

钝化现象可分为两种类型。一种为机械钝化，从金属表面上可以观察到一层不能溶解、有保护性的较厚的无机物层。它可以是电极内原有的杂质，也可能是电解过程中生成的沉淀。它的导电性不良，所以导致较高的电阻极化，同时使生成的阳离子不能顺利地向电解液扩散，因而导致较高的浓差极化。铜电解精炼时，若阳极铜质量不佳，就可能产生钝化，表面加以清扫就可以消除钝化，说明是机械钝化类型。由于阳极附近有较浓的阳离子，同时氢离子减少，pH 值升高，故在阳极表面上可能生成氢氧化物或碱式盐，达到一定厚度就将产生机械钝化。另一种为化学钝化，它对电解的影响和机械钝化一样，但表面上观察不到可见的无机物层。提高电流密度能促使钝化，长时间电解也能使其钝化，NO_3^-、IO_3^-、ClO_3^-、CrO_4 等氧化剂的加入都能使其钝化，某些强氧化剂在无电流通过时也使金属钝化，但提高温度或加入各种卤离子将削弱钝化现象，在一定温度以上，可以完全防止钝化的出现。

曾经对化学钝化进行了广泛的研究，认为其主要原因是金属表面上生成肉眼不能见的氧化物薄膜，这些薄膜为致密的，将全部表面覆盖后，阳极反应即停止进行，故薄膜不能继续增厚。可利用钝化现象防止金属的腐蚀。铝金属在大气内不被腐蚀，就是因为其表面上常有一薄层附着力强而致密的氧化物薄层，因而产生钝化现象。还可以使用强的氧化剂或通过阳极处理使其进一步钝化，生成较厚的氧化层，以提高其防蚀性，在某些情况下还可利用其作为电绝缘层。

钝化作用在使用可溶性阳极的工业电解中常造成困难，它使阳极不溶，因而提高电能消耗，如金或镍的电解精炼。但在某些使用惰性电极的电解中，阳极钝化则为有利因素，因其能减少阳极的损耗。

2.2.4.5 电解氧化

电解氧化在工业上的使用颇为广泛，因为：（1）它可以达到较高的氧化程度；（2）制品较纯，没有氧化剂的掺杂；（3）在不同条件下可以得到不同产品。如锰酸钾电解氧化可得到过锰酸钾：

$$MnO_4^{2-} \longrightarrow MnO_4^- + e$$

又如 NaCl 电解氧化时，可按条件不同而得到 $NaClO$、$NaClO_3$ 或 $NaClO_4$。

2.2.4.6　阳极的自动溶解——电化学腐蚀

阳极的自动溶解是由于局部原电池作用引起的，这种现象叫做金属电化学腐蚀。在湿法冶金过程中，利用腐蚀电池原理可以加速金属矿和硫化矿的浸出。

以锌的腐蚀为例，在锌的表面有电势比锌更正的杂质如铜时，铜将发生氢离子放电：

$$2H^+ + 2e \longequal H_2$$

而金属锌发生离子化反应：

$$Zn \longequal Zn^{2+} + 2e$$

这一过程表示在图 2-9a 中，铜作为阴极，上面除了氢的放电之外，还可发生氧的离子化而降低阴极极化或者称去极化：

$$O_2 + 2H_2O + 4e \longequal 4OH^-$$

硫化矿的浸出类似于金属的腐蚀，如图 2-9b 所示。以方铅矿为例，阴极和阳极过程分别为：

$$0.5O_2 + 2H^+ + 2e \longequal H_2O$$

$$PbS \longequal Pb^{2+} + S + 2e$$

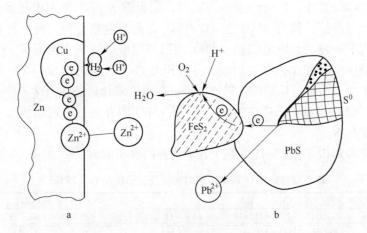

图 2-9　锌的腐蚀

a—和方铅矿的浸出；b—和硫化矿的浸出

可以用极化曲线来定量分析腐蚀电池的腐蚀速度。图 2-10 中初始电势分别为 $\eta_{阴}^{\ominus}$ 和 $\eta_{阴}$。腐蚀电池的电阻为 R，它是腐蚀电池的内电阻和外电阻之和。当腐蚀电流为 i 时，所产生的欧姆电压降为 iR，将 iR 与阴极极化曲线相叠加（当然也可以与阳极极化曲线叠加），得到虚线 KBD，交点 B 处的电流就是电池电阻为 R 时的腐蚀电流。

由于腐蚀量与腐蚀电流成正比，根据腐蚀电流的大小可以计算腐蚀速度：

$$v = [M/(zF)]i$$

式中，M 为金属的摩尔质量；z 为金属离子的价态；F 为法拉第常数。

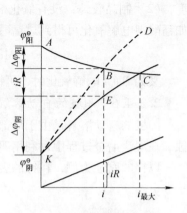

图 2-10 腐蚀电池的阴极的
极化电势与电流的关系

2.3 电沉积基础理论

2.3.1 电沉积 PbO_2 的热力学分析

国内外对有关制备二氧化铅电极材料的研究很多，大多数是在酸性体系下电沉积所得的二氧化铅[1~3]，其内应力很大，寿命短。由于二氧化铅的沉积层有 α 型和 β 型两种，一般认为[4] 在碱性镀液中沉积 α-PbO_2，酸性镀液中沉积 β-PbO_2。α-PbO_2 比 β 型沉积层牢固，但导电性和耐蚀性较差。因此，一种新型的电极以 α-PbO_2 作为中间层，β-PbO_2 为外层的研究受到广泛的关注[5]，其大大提高了电极的使用寿命。

采用铝作为基体，导电涂层作为底层，阳极镀 α-PbO_2 作为中间层，阳极镀 β-PbO_2 作为最外层，制得 Al/导电涂层/PbO_2 新型的电极材料，对电沉积二氧化铅进行热力学研究。其中电沉积 α-PbO_2 镀层的镀液：将氧化铅溶解于一定的氢氧化钠溶液中至饱和作为电沉积液，电沉积 β-PbO_2 镀层的镀液，在一定量的硝酸铅溶液中加入适量的稀硝酸。以前关于电沉积二氧化铅的热力学未作深入的研究[6~11]。计算和绘制了较完整的 Pb-H_2O 系 E-pH 图并进行了电沉积二氧化铅相关的热力学分析。

查手册得到 25℃ 下 Pb-H_2O 系中各个物种的自由能 G[12]，如表 2-5 所示。

表 2-5 Pb-H_2O 系中存在的物种及其自由能 G (25℃)

物 种	H_2	H_2O	H^+	e	O_2	Pb^{2+}	PbO_2	$Pb(OH)^+$	$PbO_4{}^{4-}$
$G_T^{\ominus}$/kcal[①] · mol^{-1}	-9.304	-73.299	1.491	-6.143	-14.611	1.94	-70.716	-64.533	-125.793
物 种	PbO	$HPbO_2{}^-$	$PbO_3{}^{2-}$	Pb_3O_4	Pb^{4+}	Pb	Pb_2O_3	$Pb_3(OH)_4{}^+$	—
$G_T^{\ominus}$/kcal[①] · mol^{-1}	-57.041	-110.99	-105.141	-186.874	92.254	-4.618	-127.036	-261.815	—

① 1cal = 4.1868J。

2.3.1.1 计算得出 E-pH 方程式

根据电化学计算原理[13,14]，得出 Pb-H$_2$O 系中存在的 E-pH 方程式如表 2-6 所示。

表 2-6　Pb-H$_2$O 系中存在的反应及其 E-pH 方程式（25℃和常压）

项目	反应方程式	$\Delta G_T^{\ominus}$	$E_T^{\ominus}$或 lg$K$	E-pH 方程式
a	$2H^+ +2e = H_2$	0.000	0.000	$E_T = 0 - 0.059pH - 0.0295 lg p_{H_2}$
b	$O_2 +4H^+ +4e = 2H_2O$	-113.379	1.2292	$E_T = 1.2292 - 0.0590pH + 0.148 lg p_{O_2}$
1	$Pb^{4+} +2H_2O = PbO_2 +4H^+$	-10.408	7.6285	$pH = -1.9071 - 0.25 lg[Pb^{4+}]$
2	$PbO_2 +H_2O = PbO_3^{2-} +2H^+$	41.856	-30.6783	$pH = 15.3392 + 0.5 lg[PbO_3^{2-}]$
3	$PbO_4^{4-} +2H^+ = PbO_3^{2-} +H_2O$	55.629	-40.7732	$pH = 20.3866 - 0.5 lg\dfrac{[PbO_3^{2-}]}{[PbO_4^{4-}]}$
4	$Pb^{4+} +2e = Pb^{2+}$	-78.028	1.6918	$E_T = 1.6918 - 0.0295 lg\dfrac{[Pb^{2+}]}{[Pb^{4+}]}$
5	$PbO_2 +4H^+ +2e = Pb^{2+} +2H_2O$	-67.62	1.4662	$E_T = 1.4662 - 0.118pH - 0.0295 lg[Pb^{2+}]$
6	$2PbO_2 +2H^+ +2e = Pb_2O_3 +H_2O$	-49.599	1.0754	$E_T = 1.0754 - 0.059pH$
7	$3PbO_2 +4H^+ +4e = Pb_3O_4 +2H_2O$	-102.716	1.1136	$E_T = 1.1136 - 0.059pH$
8	$3Pb_2O_3 +2H^+ +2e = 2Pb_3O_4 +H_2O$	-56.635	1.228	$E_T = 1.1136 - 0.059pH$
9	$3PbO_3^{2-} +10H^+ +4e = Pb_3O_4 +5H_2O$	-228.284	2.4749	$E_T = 2.4749 - 0.1475pH + 0.04425 lg[PbO_3^{2-}]$
10	$3PbO_3^{2-} +6H^+ +2e = Pb_2O_3 +3H_2O$	-133.311	2.8905	$E_T = 2.8905 - 0.177pH + 0.059 lg[PbO_3^{2-}]$
11	$PbO +H_2O = HPbO_2^- +H^+$	20.841	-15.2754	$pH = 15.2754 + lg[HPbO_2^-]$
12	$Pb^{2+} +H_2O = PbO +2H^+$	17.3	-12.68	$pH = 6.34 - 0.5 lg[Pb^{2+}]$
13	$PbO_3^{2-} +3H^+ +2e = HPbO_2^- +H_2O$	-71.335	1.5467	$E_T = 1.5467 - 0.0885pH + 0.0295 lg\dfrac{[HPbO_2^-]}{[PbO_3^{2-}]}$
14	$Pb^{2+} +2H_2O = HPbO_2^- +3H^+$	38.141	-27.9554	$pH = 9.3185 + 0.33 lg\dfrac{[HPbO_2^-]}{[Pb^{2+}]}$
15	$Pb_2O_3 +6H^+ +2e = 2Pb^{2+} +3H_2O$	-85.641	1.8569	$E_T = 1.8569 - 0.177pH - 0.059 lg[Pb^{2+}]$
16	$Pb_3O_4 +8H^+ +2e = 3Pb^{2+} +4H_2O$	-100.084	2.1700	$E_T = 2.1709 - 0.236pH - 0.0885 lg[Pb^{2+}]$
17	$PbO_3^{2-} +6H^+ +2e = Pb^{2+} +3H_2O$	-109.476	2.3737	$E_T = 2.3737 - 0.177pH + lg\dfrac{[Pb^{2+}]}{[PbO_3^{2-}]}$
18	$Pb_3O_4 +2H_2O +2e = 3HPbO_2^- +H^+$	14.279	-0.3096	$E_T = -0.3096 + 0.0295pH - 0.0885 lg[HPbO_2^-]$
19	$PbO_2 +H^+ +2e = HPbO_2^-$	-29.479	0.6392	$E_T = 0.6392 - 0.0295pH - 0.0295 lg[HPbO_2^-]$
20	$Pb_2O_3 +2H^+ +2e = 2PbO +H_2O$	-51.041	1.1067	$E_T = 1.1067 - 0.059pH$
21	$Pb_3O_4 +2H^+ +2e = 3PbO +H_2O$	-48.244	1.0461	$E_T = 1.0461 - 0.059pH$
22	$Pb^{2+} +H_2O = Pb(OH)^+ +H^+$	8.317	-6.0959	$pH = 6.0959 - lg\dfrac{[Pb^{2+}]}{[Pb(OH)^+]}$
23	$3Pb(OH)^+ +H_2O = Pb_3(OH)_4^{2+} +H^+$	6.574	-4.8184	$pH = 4.8184 - lg\dfrac{[Pb(OH)^+]}{[Pb_3(OH)_4^{2+}]}$
24	$Pb_3(OH)_4^{2+} = 3PbO +2H^+ +H_2O$	20.375	-14.9338	$pH = 7.4669 - 0.5 lg[Pb_3(OH)_4^{2+}]$
25	$PbO +2H^+ +2e = Pb +H_2O$	-11.572	0.2509	$E_T = 0.2509 - 0.059pH$
26	$Pb^{2+} +2e = Pb$	5.728	-0.1242	$E_T = -0.1242 + 0.0295 lg[Pb^{2+}]$
27	$HPbO_2^- +3H^+ +2e = Pb +2H_2O$	-32.413	0.7028	$E_T = 0.7028 - 0.0885pH + 0.0295 lg[HPbO_2^-]$
28	$Pb^{4+} +3H_2O = PbO_3^{2-} +6H^+$	31.448	-23.0614	$pH = 3.8437 + 0.167 lg\dfrac{[PbO_3^{2-}]}{[Pb^{4+}]}$

2.3.1.2 Pb-H$_2$O 系 E-pH 图

根据表 2-2 的计算结果，绘制 25℃下 Pb-H$_2$O 系中的 E-pH 图，如图 2-11 所示，反应 5 和 19 在不同温度下的标准电极电位 $E_T^{\ominus}$ 计算值列入表 2-7。

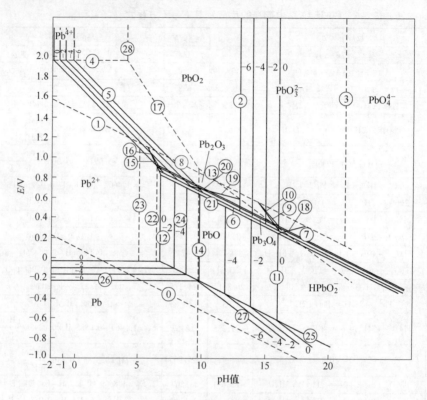

图 2-11 Pb-H$_2$O 系中的 E-pH 图

($t = 25℃$，$p_{H_2} = 1.01 \times 10^5 Pa$，$p_{O_2} = 1.01 \times 10^5 Pa$)

表 2-7 反应 5 和 19 在不同温度下的反应的标准电极电位 $E_T^{\ominus}$ （V）

$T/℃$	25	50	75	100
反应 5	1.4662	1.4602	1.4539	1.4474
反应 19	0.6392	0.6170	0.5920	0.5644

2.3.2 电沉积 PbO$_2$ 条件

2.3.2.1 二氧化铅的生成条件

从图 2-11 中可以清楚地看出各相的热力学稳定范围和各种物质生成的电位和 pH 值条件，若要生成 PbO$_2$，则必须满足线 1、5、8、2 所包围的范围内的电位和 pH 值。还可以了解金属腐蚀的倾向，在腐蚀学中，人为规定可溶性物质在

溶液中的浓度小于 10^{-6} mol/L 时，它的溶解速度可视为无限小，即可把物质看成是不溶解的。因此，金属电位-pH 图中的 10^{-6} mol/L 等溶解度线就可以作为金属腐蚀与不腐蚀的分界线。从以前的报道知[9,11]，在满足生成的二氧化铅条件下，在反应 28 画出的虚线的右边沉积的二氧化铅为 α-PbO$_2$，左边是 β-PbO$_2$ 区；也就是在 pH 值大于 9.3185（反应 14 对应的 pH 值），不会有 β-PbO$_2$ 出现，而 pH 值在小于 3.8431（反应 28 对应的 pH 值）时不会出现 α-PbO$_2$。Hyde 等[11]还认为当 pH 值接近 7 时，会有 Pb$_3$O$_4$ 产生。CaO 等[15]在碱性条件下通过化学反应发现了 Pb$_3$O$_4$ 的存在。这说明在强酸性下，Pb^{2+}(aq) 可直接氧化为 PbO$_2$；而随着 pH 值的增大可能会出现 Pb$_3$O$_4$ 和 Pb$_2$O$_3$ 的杂质。

2.3.2.2 酸性电沉积二氧化铅

表 2-7 表示反应 5 和 19 在不同温度下的标准电极电位。以反应 5 和 19 为研究对象，大多数文献[7,16~20]对电沉积二氧化铅的反应机理分酸性和碱性研究，而反应 5 和 19 分别代表它们的主反应。从表 2-7 可以算出反应 5 的标准电极电位由 25℃时的 1.4662V 减少到 100℃的 1.4474V，减少了 18.8mV；而反应 19 的减少了 74.8mV；即反应 19 在水溶液温度的影响下比反应 5 的大。这说明碱性电沉积二氧化铅更易受反应温度的影响。

由于电沉积 PbO$_2$ 是在阳极上发生氧化反应，并且阳极反应属于放热反应，此时的氧气和热量会阻止二氧化铅在电极表面的沉积，进而造成镀层的凸凹点，因此设法提高镀液的氧超电压[21]来抑制氧气的析出。所以在其他条件不变的情况下，针对析氧的影响根据表 2-6 画出反应 5，19，b 的 E-pH 的关系图，见图 2-12。从图 2-12 和表 2-6 可以看出，要满足反应 5 顺利进行，也即镀液中 [Pb^{2+}]

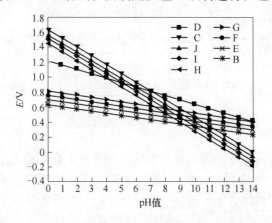

图 2-12 反应 5、19 和 b 的 E-pH 关系图

($t = 25$℃，$p_{O_2} = 1.01 \times 10^5$ Pa)

D—反应 b；C，J，I，H—lg[Pb^{2+}] 分别为 -6，-4，-2，0 的反应 5；

G，F，E，B—lg[HPO$_2^-$] 分别为 -6，-4，-2，0 的反应 19

存在，其 pH 值必须满足反应 12，所以 pH 值要小于 9.34。反应 b 的 E_T-pH 方程式为：$E_T = 1.2292 - 0.059 \text{pH}$；当 $\lg[\text{Pb}^{2+}] = -6$ 时，其反应 5 的 E_T-pH 方程式为：$E_T = 1.6432 - 0.118 \text{pH}$，此时与反应 b 相交的 pH 值为 7.0169，$E_T = 0.8152 \text{V}$；所以当 $0 < \text{pH}$ 值 < 7.0169，控制电位大于 0.8152 时，使氧的过电位大于 0.414V 能有效地抑制氧的析出。同理可得见表 2-8。

表 2-8　反应 5 中不同 $[\text{Pb}^{2+}]$ 浓度对氧的过电位的影响

$\lg[\text{Pb}^{2+}]$	pH 值范围	控制电位/V	氧的过电位/V
-6	$0 < \text{pH} < 7.0169$	>0.8152	>0.414
-4	$0 < \text{pH} < 6.0169$	>0.8742	>0.355
-2	$0 < \text{pH} < 5.0169$	>0.9332	>0.296
0	$0 < \text{pH} < 4.0169$	>0.9922	>0.237

2.3.2.3　碱性电沉积二氧化铅

从图 2-11 和表 2-6 还可看出，在碱性电沉积（反应 19）的电位比析氧电位（反应 b）低，要满足反应 19 顺利进行，也即 $[\text{HPbO}_2^-]$ 存在，其 pH 值必须满足反应 11，所以 pH 值要大于 9.2754，与文献[15]所说的 pH 值为 9.3 非常吻合。当 $9.2754 < \text{pH} < 14$ 时，其 $\lg[\text{HPbO}_2^-]$ 分别为 -6、-4、-2、0，反应 19 电位范围见表 2-9，此时反应 b 的电位范围为 $0.4032 \text{V} < E_T < 0.6982 \text{V}$；所以在 pH 值小于 14 的碱性条件下，控制电压在 $0.2262 \sim 0.4032 \text{V}$，能较好地抑制氧气的析出。又因为超电位服从 Tafel 公式：$\eta = a + b \lg i$。式中，阳极极化的 Tafel 斜率 b 大于 0；i 为电流密度，A/dm^2，其超电位随着电流密度的减小而降低。因此，减少电流密度或控制一定的超电压有利于抑制氧气的析出。

表 2-9　在 $9.2754 < \text{pH}$ 值 < 14 时反应 19 的电位变化

$\lg[\text{HPbO}_2^-]$	-6	-4	-2	0
E_T/V	$0.4032 \sim 0.6982$	$0.3442 \sim 0.4917$	$0.2852 \sim 0.6982$	$0.2262 \sim 0.6982$

2.3.3　二氧化铅沉积机理

二氧化铅电极的制备一般是采用电化学的方法，在阳极上氧化制备出二氧化铅。$\alpha\text{-PbO}_2$ 的沉积条件和反应机理研究较少，目前没发现 $\alpha\text{-PbO}_2$ 反应方程式。通过热力学分析，得出在碱性条件（$\text{pH} > 9.3$）下，黄色氧化铅的碱性体系可以制备 $\alpha\text{-PbO}_2$，减少电流密度或者控制一定的超电压有利于抑制氧气的析出。$\beta\text{-PbO}_2$ 一般是在酸性体系中制备的，其反应机理为[22,23]：

阳极反应：　　　　$\text{Pb}^{2+} + 2\text{H}_2\text{O} =\!\!= \text{PbO}_2 + 4\text{H}^+ + 2e$

副反应：　　　　　　　　$2\text{H}_2\text{O} =\!\!= 4\text{H}^+ + \text{O}_2 + 4e$

阴极反应： $\qquad$ $Pb^{2+} + 2e \mathrel{=\!=\!=} Pb$

副反应： $\qquad$ $2H^+ + 2e \mathrel{=\!=\!=} H_2$

总反应方程： $\qquad$ $2Pb^{2+} + 2H_2O \mathrel{=\!=\!=} PbO_2 + Pb + 4H^+$

关于二氧化铅的沉积机理，Johnson 认为：H_2O 在电极表面形成吸附态的羟基自由基（OH_{ads}）结合形成可溶性的中间产物（$Pb(OH)_2^{2+}$），最后中间产物转化成 PbO_2。

反应式： $\qquad$ $H_2O \mathrel{=\!=\!=} OH_{ads} + H^+ + e$

$$Pb^{2+} + OH_{ads} + OH \mathrel{=\!=\!=} Pb(OH)_2^{2+}$$

$$Pb(OH)_2^{2+} \mathrel{=\!=\!=} PbO_2 + 2H^+$$

Velichenko 认为：Pb^{2+} 首先与水形成配合物，生成 $Pb(OH)^+$，这种物质吸附到电极的表面上，形成 $Pb(OH)_{ad}^+$，然后这种物质再与水配合得到 $Pb(OOH)_{ad}^+$，最终被氧化形成 PbO_2。反应式如下：

$$Pb^{2+} + H_2O \mathrel{=\!=\!=} Pb(OH)^+ + H^+$$

$$Pb(OH)^+ \mathrel{=\!=\!=} Pb(OH)_{ad}^+ (吸附过程)$$

$$Pb(OH)_{ad}^+ + H_2O \mathrel{=\!=\!=} Pb(OH)_{2ad}^+ + H^+ + e$$

$$Pb(OH)_{2ad}^+ \mathrel{=\!=\!=} Pb(OOH)_{ad}^+ + H^+ + e$$

$$Pb(OOH)_{ad}^+ \mathrel{=\!=\!=} PbO_2 + H^+$$

任秀斌[24,25]研究钛基二氧化铅电沉积制备过程中的生长机理，结果发现：二氧化铅电极沉积制备过程中遵循一个立体定向生长机理，不是简单的氧化沉积过程。首先水电极生成具有吸附的羟基自由基 OH_{ads}，然后 Pb^{2+} 与羟基自由基发生反应，在电极的表面得到 O—Pb$^-$，伴随晶体的生长，吸附在电极表面的铅氧化物晶粒不断长大直到有 PbO 的出现，最终生成 PbO_2。反应式如下：

$$H_2O \mathrel{=\!=\!=} OH_{ads} + H^+ + e$$

$$OH_{ads} + Pb^{2+} \mathrel{=\!=\!=} O—Pb^+ + H^+$$

$$O—Pb^+ + H_2O \mathrel{=\!=\!=} O—Pb(OH) + H^+$$

$$O—Pb(OH) + Pb^{2+} \mathrel{=\!=\!=} 2PbO + H^+$$

$$PbO + H_2O \mathrel{=\!=\!=} PbO_2 + 2H^+ + 2e$$

陈玉峰[26]研究了以铂片为基体在 Pb(Ⅱ)水溶液中，用电沉积方法制备 PbO_2 电极的工艺，并通过循环伏安曲线测定其沉积机理。发现 PbO_2 电极的制备需要以下几步：第一步 Pb(Ⅱ)在本体溶液中水合；第二步水合后的离子吸附到电极基体表面；第三步水合离子被氧化成中间产物；第四步中间产物脱水生成 PbO_2。

$$Pb_{aq}^{2+} + H_2O \Longrightarrow Pb(OH)_{aq}^+ + H^+$$

$$Pb(OH)_{aq}^+ \Longrightarrow Pb(OH)_{ab}^+$$

$$Pb(OH)_{ab}^+ + H_2O \Longrightarrow Pb(OH)_2^+ + H^+ + e$$

$$Pb(OH)_2^+ \Longrightarrow Pb(OOH)^+ + H^+ + e$$

$$Pb(OOH)^+ \Longrightarrow PbO_2 + H^+$$

2.3.4 复合电沉积机理

关于复合电沉积的研究有不少报道，为复合电沉积的机理提供一定的帮助。但是，复合电沉积的机理也存在争议，目前最有代表性的沉积机理主要有三种[26]：

（1）吸附理论。该沉积机理认为颗粒基体共沉积到基体表面主要是通过范德华力的作用，使得颗粒黏附到基体表面，然后被沉积的主体二氧化铅掩埋，进而起到复合沉积的作用。

（2）力学理论。该沉积理论认为颗粒的沉积是力学性能的影响，受电荷的影响较小。首先可以被电镀液中流动的液体带动到阳极的表面，一旦触及到电极的表面，会有一部分停留到表面上，被生长的主体二氧化铅捕获，埋入到二氧化铅颗粒中。搅拌速度的大小不同，颗粒碰撞到阳极表面的力度和频率也不同。因此，认为共沉积是依靠流体力学和沉积速率的影响。

（3）电化学理论。该沉积理论认为电极与电镀液界面之间的场强和微粒表面所带电荷是复合电沉积的关键因素，颗粒在镀液中的电泳迁移速率是在复合电沉积过程中起到关键作用的；颗粒穿过电极表面上的分散层的速率以及电极表面上的静电吸附强度是控制该过程的关键因素；颗粒穿过电极表面的紧密层，吸附到颗粒表面的水化金属离子使得颗粒表面与沉积二氧化铅接触，这一过程的速率被认为是颗粒与二氧化铅共沉积的控制步骤。

总之，对以上三种复合沉积机理的理论，在实际解释问题时用到较多。但人们很难区分出哪个在解释沉积机理占主导地位，也无法形成一个统一的共识。人们只能通过某一体系或者现象，采取某一理论给予解释。如，pH值和温度等因素对复合电沉积的影响，使用电化学理论去分析和解释，采用力学就无法解释该因素的作用。搅拌速度对复合电沉积的影响，使用力学理论去分析；而电流密度更趋向于用吸附理论去解释，电流密度增大，二氧化铅沉积加快，在表面上的二氧化铅更易被埋入进去。总之，复合电沉积的机理还有待进一步的研究，还要从理论上确定复合镀层的组成和结构的作用。

2.3.4.1 Gulielmi 模型[27]

Gulielmi 模型认为复合共沉积分两步完成沉积过程。第一步，发生物理吸附，带电离子吸附在固体颗粒上，使得固体颗粒表面形成微弱的电子。第二步，在界面电场的作用下，带弱电的颗粒进入到电极表面，使颗粒的一部分进入到紧密层与电极直接接触，达到复合沉积过程。该复合沉积理论的方程式为：

$$\frac{(1-\alpha_v)C_v}{\alpha_v} = \frac{wi_o}{nFmv_o}\left(\frac{1}{k} + C_v\right)e^{(A-B)\eta} \tag{2-22}$$

式中，C_v 为镀液中颗粒的分散量；α_v 为共析量；F 为法拉利常数；w，m 为镀层中基质金属的相对原子质量和质量；n 为镀层金属离子的得失电子数目；i_o 为交换电流密度；η 为过电位；k，A，B，v_o 为常数。

该模型利用电化学理论，引入电场的因素进行解释复合沉积机理。并且大量的试验证明该模型的可靠性，但是该模型还存在一定的缺陷。如，该模型只考虑电场的影响，而忽略掉搅拌带动镀液流动导致力学因素的影响；认为吸附一旦发生就会完全进入到基质金属中，实际中会有一部分吸附上去的颗粒被流动的液体冲刷掉；颗粒从弱吸附到强吸附需要一定的能量，该能量没有解释从哪里来；该模型没有解释颗粒大小对复合沉积镀层中含量的影响。该模型还存在一定的不足，有待于进一步的完善和改进。

2.3.4.2 MTM 模型[28]

在 Gulielmi 模型的基础上，研究人员提出了 MTM 模型，认为复合沉积需要五步才能完成。第一步镀液中颗粒表面形成一层离子吸附层；第二步镀液在搅拌的作用下，颗粒在对流作用下游离到电极的边界层；第三步在扩散的作用下，颗粒扩散到边界层；第四步，进入到边界层的颗粒被吸附到电极表面；第五步，一定数量被吸附到电极上面的颗粒被沉积的二氧化铅埋入。

该模型的数学表达式为：

$$W_t = \frac{W_p N_p P_p}{W_i + W_p N_p P} \times 100\% \tag{2-23}$$

式中，W_t 为镀层中掺杂颗粒的含量；W_i 为单位时间内单位面积上由于金属沉积导致电极增加的质量；W_p 为单个颗粒的质量；N_p 为单位时间内单位面积上达到电极表面的颗粒数；P 为单个颗粒被镀层埋入的概率。

该模型相对于 Gulielmi 模型有一定的改进，考虑了搅拌产生的流体力学和颗粒吸附到电极表面的概率等因素。但该模型在数学处理和数学表达式上存在一定的不足，因此该模型没能很好地阐明颗粒在电极表面吸附作用的实际意义。

2.3.4.3 Valdes 模型[29]

为了避免颗粒/阴极之间作用机理认识不清楚，Valdes 等人提出了"完全沉降"模型，即假定颗粒到达电极表面一定距离时，颗粒便被生长的金属完全俘获，以圆盘电极为依据，按照传质质量平衡原理导出颗粒数目密度 n 的联系方程：

$$\left(\frac{\partial n}{\partial t}\right) + \left(\frac{\partial j}{\partial r}\right) = 0 \tag{2-24}$$

式中，t 为时间；r 为垂直于电积表面的单位矢量；j 为颗粒向电极表面传递流量矢量。但是该模型是在"完全沉降"的理论下得出的，存在一定的缺陷。在此基础上，导出颗粒沉积的电化学速率表达式：

$$I_p = K^o C_s \left[e^{\alpha n F \eta / (RT)} - e^{-(1-\alpha) n F \eta / (RT)} \right] \tag{2-25}$$

式中，C_s 为吸附在颗粒表面上电活化离子浓度；K^o 为反应速率常数，相似于交换电流密度。该模型的本质与 Gulielmi 模型相同，但是 C_s 在理论上概念较为模糊，不能做出定量性的分析，实用性不大。

2.3.4.4 运动轨迹模型[30]

该模型考虑到电极附近流体流动状况和颗粒在电极上受到各种力的作用，不考虑非布朗运动的颗粒，在圆盘电极上，通过极限轨迹方法分析，得到单位时间内碰撞到工作电极表面上的颗粒体积流量 J_p，要是碰撞到电极表面的颗粒有一部分黏附到电极表面上，便可求出共沉积速率。该模型相对于其他模型做了进一步的改进，但是没能很好地分析界面电场的影响，并且该模型只对大颗粒做了考虑。对于符合电沉积工艺的湍流场无法通过"极限轨迹法"解释。

2.4 电化学性能测试基础理论

2.4.1 稳态电化学极化

电化学稳态是指在指定的时间范围内，电化学系统的参量（如电位、电流、浓度分布、电极表面状态等）变化甚微，基本上可以认为不变。但稳态不等于平衡态。

电化学极化指的是当在电极反应过程中，电子转移步骤成为电极过程的控制步骤时。此时，如果具有一定大小的外电流通过电极的初期，电极上进行的还原反应来不及消耗单位时间内流入电极的电子，或者电极上进行的氧化反应来不及补充单位时间内电极流出的电子，这样电极表面就会出现多余的电荷，导致双电层结构发生改变，使电极电位偏离平衡电位，这样即发生了电极极化。与此同时，电极电位的变化同时会引起电极上发生的氧化反应和还原反应的速度，这种变化将会一直延续到电极的还原反应电流和氧化反应电流的差值和外电流密度相等时为止，此时认为电极过程达到了稳态。稳态是一种理想的状态，实际中要达到稳态是非常困难的。在实际研究中，认为只要电极过程中的几个基本值达到一定时，即认为达到了稳态。基于以上理论，Butler-Volmer 得到了电极稳态极化的基本方程为：

$$i = i^0 \left[e^{\beta z F \eta / (RT)} - e^{-\alpha z n F / (RT)} \right] \qquad (2\text{-}26)$$

式中，i^0 为交换电流密度；α 和 β 为传递系数；F 为法拉第常数；T 为温度；z 为电荷数。i^0、α 和 β 为三个电化学动力学参数，为了求解出这三个重要的参数，需要对方程 2-26 进行变换。

（1）当极化电流很小时，此时过电位很小，则方程 2-26 可简化为：

$$i = i^0 \left[1 + \frac{\beta z F \eta}{RT} - \left(1 - \frac{\alpha z F \eta}{RT} \right) \right] \qquad (2\text{-}27)$$

因为 $\alpha + \beta = 1$，可得：

$$i = i^0 \frac{zF}{RT} \eta \qquad (2\text{-}28)$$

（2）当阳极极化电流较大时，此时过电位也较大，则方程 2-26 可简化为：

$$i = i^0 e^{\beta z F \eta / (RT)} \qquad (2\text{-}29)$$

（3）对式 2-27 两边取对数，可以得到：

$$\eta = \frac{2.303RT}{\beta zF} \lg i^0 + \frac{2.303RT}{\beta zF} \lg i \qquad (2\text{-}30)$$

从式 2-30 可以看出，它很显然是 Tafel 公式 $\eta = a + b \lg i$ 的另一种表达形式，此时：

$$a = \frac{2.303RT}{\beta zF} \lg i^0 \quad b = \frac{2.303RT}{\beta zF} \qquad (2\text{-}31)$$

通过对实验数据进行分析，以 $\eta\text{-}\lg i$ 作图得到一条直线，如图 2-13 所示。对强极化区的数据进行测量和处理，并采用 Tafel 外推法求出传递系数 β 和 i^0，进

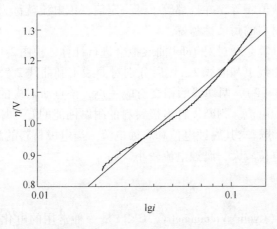

图 2-13　求解 a 和 b 的 $\eta\text{-}\lg i$ 关系示意图

而求解出 a 和 b。但是在实际实验中，通常对极化曲线进行线性拟合，即可得到 a 和 b。

在稳态极化方程的简化式中，η 为过电位，a 为单位电流密度下的过电位，其值与电解液的组成及温度、电极表面状态及电极材料等因素有关，b 为一个与温度有关的常数。在电解过程中，槽电压的高低以 a 的大小来体现，a 越小则槽电压越低，能耗越小；反之，a 越大则槽电压越高，能耗越大。阳极材料的过电位以 b 的大小来体现，b 越小，过电位越小，则能耗越低，反之 b 值越大，过电位越大，能耗越高；交换电流密度 i^0 常用来判断电极反应的可逆性和难易程度，i^0 越大表示电极的可逆性越好，电极反应容易发生，电极的催化活性越好，反之，则电极反应可逆性差，电极反应不易发生，电催化活性较差。

通过计算可以得出过电位，但在实际实验中均采用阳极极化曲线，去求过电位，进而得出不同材料的析氧动力学参数。对于阳极材料：

$$\eta = E - E_{平}$$

式中，E 为阳极极化曲线上直接读取的数值；$E_{平}$ 为该条件下析氧平衡电位，根据能斯特公式计算求得：

$$E_{平} = E^0 + \frac{2.303RT}{zF} \lg \frac{\alpha_{氧化态}}{\alpha_{还原态}}$$

2.4.2 腐蚀电位及腐蚀电流

腐蚀电位是指电极材料在电解液体系中发生相互作用而导致电极材料功能受到损伤的现象。电极材料的耐蚀性以腐蚀电位的高低来体现，腐蚀电位越高，电极材料越不易被腐蚀，耐蚀性越好，反之，耐蚀性就越差。腐蚀电流指的是在腐蚀电位作用下，但是腐蚀反应仍然保持一定的速率持续进行，此时阳极电流与阴极电流方向相反数值相等，并且都等于某一定值，该电流就称为腐蚀电流。腐蚀电流越小，电极材料的耐蚀性越好。

腐蚀电位的计算是通过对 Tafel 曲线拟合进行计算，把图 2-14 中的 Tafel 曲线分成两部分，即曲线 1 和曲线 2，然后分别对曲线 1 和曲线 2 做切线。如图 2-14 中的切线（1）和（2），两切线的相交对应一点，该点所对应的坐标为电极材料的腐蚀电位和腐蚀电流。判断一种电极材料的耐腐蚀能的好与坏，可以通过对电极材料做 Tafel 曲线，求其腐蚀电位和腐蚀电流。当电极材料的耐腐蚀性能较好，则该材料的腐蚀电位较大，腐蚀电流较小。

2.4.3 循环伏安

循环伏安法（Cyclic Voltammetry，CV）是一种常用的电化学研究方法。该法控制电极电势以不同的速率，随时间以三角波形一次或多次反复扫描，电势范

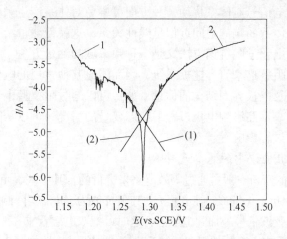

图 2-14 Tafel 曲线的腐蚀电位和腐蚀电流

围是使电极上能交替发生不同的还原和氧化反应，并记录电流-电势曲线。

电极在化学体系中有如下氧化还原反应发生：

$$O + ne \longrightarrow R$$

当在电极上加一随时间呈线性变化的电位进行正反向扫描，包含阳极极化曲线与阴极极化曲线的电流随电位变化的关系曲线图，即循环伏安图。

利用循环伏安图可以考察电极的充放电性能、电化学反应的难易程度、电极的可逆性、阳极的析氧特性以及电极表面反应物质变化等特性。同时，可以通过对同一电极材料进行多次的循环伏安扫描来确定材料的电化学稳定性。

任何特定的电极反应都会在一定的电位下与 CV 曲线上出现相应的电流峰，由电流峰电位的特性可以推断反应类型，由峰电位与电位扫描速度的关系以及 CV 曲线对应一对阴阳极峰电位之间的距离，可以推断电流峰的可逆性；另外，各种因素对电极反应的影响也可以从电流-电压曲线上反映出来。在对聚合物的研究中，CV 技术还可以用于测试体系发生电化学氧化还原反应的电位区间。

另外，伏安电荷为电极材料在析氧电位和析氢电位范围之间，其值与电极的电化学活性表面积成正比。因此，伏安曲线形状和伏安电荷是衡量电极材料的电催化活性的主要参数。通过对曲线进行积分，可以求出伏安电荷，可以用伏安电荷来判断电极的电催化活性，伏安电荷大，电极的电催化活性好，反之，电极材料的电催化活性差。

2.4.4 电化学阻抗谱

电化学阻抗谱（Electrochemical Impedance Spectroscopy，缩写为 EIS）方法[31]是一种以小振幅的电正弦波电位（或电流）为扰动信号的电化学测量方法。

由于以小振幅的电信号对体系扰动，一方面可避免对体系产生大的影响，另一方面也使得扰动与体系的响应之间近似呈线性关系，这就使测量结果的数学处理变得简单。同时，电化学阻抗谱方法又是一种频率域的测量方法，它以测量得到的频率范围很宽的阻抗谱来研究电极系统，因而能比其他常规的电化学方法得到更多的动力学信息及电极界面结构的信息。如：可以通过阻抗谱中含有的时间常数个数及其数值大小推测影响电极过程的状态变量的情况；可以从阻抗谱观察电极过程中有无传质过程影响等。

2.4.4.1 阻抗谱中的基本元件

交流阻抗谱的解析一般是通过等效电路来进行的，其中基本元件包括：纯电阻 R，纯电容 C，阻抗值 $1/j\omega C$，纯电感 L，其阻抗值为 $j\omega L$。实际测量中，将某一频率为 ω 的微扰正弦波信号施加到电解池，这时可把双电层看成一个电容，把电极本身、溶液及电极反应所引起的阻力均视为电阻，则等效电路如图 2-15 所示。

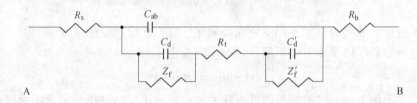

图 2-15 用大面积惰性电极为辅助电极时电解池的等效电路

图中，A、B 分别表示电解池的研究电极和辅助电极两端；R_s、R_b 分别表示电极材料本身的电阻；C_{ab} 表示研究电极与辅助电极之间的电容；C_d 与 C_d' 表示研究电极和辅助电极的双电层电容；Z_f 与 Z_f' 表示研究电极与辅助电极的交流阻抗，通常称为电解阻抗或法拉第阻抗，其数值取决于电极动力学参数及测量信号的频率；R_t 表示辅助电极与工作电极之间的溶液电阻。一般将双电层电容 C_d 与法拉第阻抗的并联称为界面阻抗 Z。

实际测量中，电极本身的内阻很小，且辅助电极与工作电极之间的距离较大，故电容 C_{ab} 一般远远小于双电层电容 C_d。如果辅助电极上不发生电化学反应，即 Z_f' 特别大，又使辅助电极的面积远大于研究电极的面积（如用大的铂黑电极），则 C_d' 很大，其容抗 X_{cd}' 比串联电路中的其他元件小得多，因此辅助电极的界面阻抗可忽略，于是图 2-15 可简化成图 2-16，这也是比较常见的等效电路。

2.4.4.2 阻抗谱中的特殊元件

以上所讲的等效电路仅仅为基本电路，实际上，由于电极表面的弥散效应的存在，所测得的双电层电容不是一个常

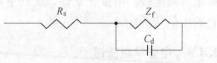

图 2-16 用大面积惰性电极为辅助电极时电解池的简化电路

数，而是随交流信号的频率和幅值而发生改变的，一般来讲，弥散效应主要与电极表面电流分布有关，在腐蚀电位附近，电极表面上阴极、阳极电流并存，当介质中存在缓蚀剂时，电极表面就会为缓蚀剂层所覆盖，此时，铁离子只能在局部区域穿透缓蚀剂层形成阳极电流，这样就导致电流分布极度不均匀，弥散效应系数较低。表现为容抗弧变"瘪"，如图 2-17 所示。另外电极表面的粗糙度也能影响弥散效应系数变化，一般电极表面越粗糙，弥散效应系数越低。

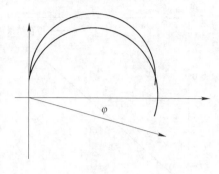

图 2-17 具有弥散效应的阻抗图

A 常相位角元件（Constant Phase Angle Element，CPE）

在表征弥散效应时，近来提出了一种新的电化学元件 CPE，CPE 的等效电路解析式为：$Z = \dfrac{1}{T \times (j\omega)^p}$，CPE 的阻抗由两个参数来定义，即 CPE-T，CPE-P，我们知道，$j^p = \cos\left(\dfrac{p\pi}{2}\right) + j\sin\left(\dfrac{p\pi}{2}\right)$，因此 CPE 元件的阻抗 Z 可以表示为 $Z = \dfrac{1}{T\omega^p}\left[\cos\left(\dfrac{-p\pi}{2}\right) + j\sin\left(\dfrac{-p\pi}{2}\right)\right]$，这一等效元件的幅角为 $\varphi = -p\pi/2$，由于它的阻抗的数值是角频率 ω 的函数，而它的幅角与频率无关，故文献上把这种元件称为常相位角元件。

实际上，当 $p = 1$ 时，如果令 $T = C$，则有 $Z = 1/(j\omega C)$，此时 CPE 相当于一个纯电容，波特图上为一正半圆，相应电流的相位超过电位正好 90°；当 $p = -1$ 时，如果令 $T = 1/L$，则有 $Z = j\omega L$，此时 CPE 相当于一个纯电感，波特图上为一反置的正半圆，相应电流的相位落后电位正好 90°；当 $p = 0$ 时，如果令 $T = 1/R$，则 $Z = R$，此时 CPE 完全是一个电阻。

一般当电极表面存在弥散效应时，CPE-P 值总是在 1 ~ 0.5 之间，阻抗波特图表现为向下旋转一定角度的半圆图。可以证明，弥散角 $\varphi = \dfrac{\pi}{2}(1 - \text{CPE-P})$。

特别有意义的是，当 CPE-P = 0.5 时，CPE 可以用来取代有限扩散层的 Warburg 元件，Warburg 元件是用来描述电荷通过扩散穿过某一阻挡层时的电极行为的。在极低频率下，带电荷的离子可以扩散到很深的位置，甚至穿透扩散层，产生一个有限厚度的 Warburg 元件，如果扩散层足够厚或者足够致密，将导致即使在极限低的频率下，离子也无法穿透，从而形成无限厚度的 Warburg 元件，而 CPE 正好可以模拟无限厚度的 Warburg 元件的高频部分。当 CPE-P = 0.5 时，$Z = \dfrac{1}{2T\sqrt{\omega}}(\sqrt{2} - j\sqrt{2})$，其阻抗图为图 2-18，一般在 pH > 13 的碱溶液中，由于生成致密的钝化膜，阻碍了离子的扩散通道，因此可以观察到图 2-18 所示的波特图。

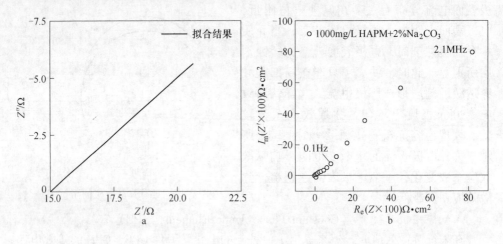

图 2-18 当 CPE-P 为 0.5 时（a）及在 Na_2CO_3 溶液中（b）的波特图

B 有限扩散层的 Warburg 元件-闭环模型

本元件主要用来解析一维扩散控制的电化学体系，其阻抗为：

$$Z = R \times \tanh[(jT\omega)^p]/(jT\omega)^p$$

一般在解析过程中，设置 $P = 0.5$，并且 $W_s - T = L^2/D$，（其中 L 是有效扩散层厚度，D 是微粒的一维扩散系数），计算表明，当 $\omega \geq 0$ 时，$Z = R$，当 $\omega \to +\infty$，在 $Z = \dfrac{R}{2\sqrt{T\omega}}(\sqrt{2} - j\sqrt{2})$，与 CPE-P $= 0.5$ 时的阻抗表达式相同，阻抗图如图 2-19 所示。

C 有限扩散层的 Warburg 元件-发散模型

本元件也是用来描述一维扩散控制的电化学体系，其阻抗为

$$Z = R \times \text{ctnh}[(jT\omega)^p]/(jT\omega)^p$$

式中，ctnh 为反正弦函数，与闭环模型不同的是，其阻抗图的实部在低频时并不与实轴相交。而是向虚部方向发散，即在低频时，更像一个电容。

2.4.4.3 常用的等效电路图及其阻抗图谱

进行着电化学反应的电解池是一个相当复杂的体系，电极表面进行着电量的转移，而体系中还发生着化学变化、组分浓度的变化等。这种体系显然与由简单的电学元件（如电阻、电感、电容等）组成的电路完全不同。然而，如果在电解池的两个电极上加载足够小的正弦波电压信号，所引起的交变电流也将是同一频率的正弦波。对于每一确定的电解池体系，外加正弦波电压与引起的正弦波电流的振幅成一定比例，相位相差一定的角度。若只考虑这一特性，则可用由简

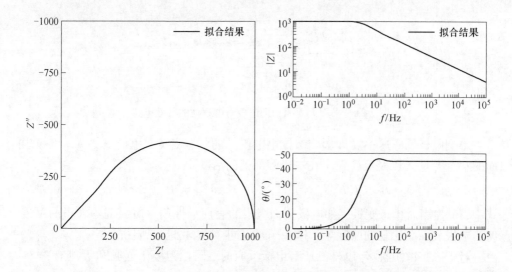

图 2-19　闭环的半无限的 Warburg 阻抗图

单的电学元件组成的电路来模拟电解池在小振幅正弦交流信号作用下的电性质。

电解池的等效电路由 R、C、L 等元件组成。当加载相同的正弦波电压信号时，通过电路的正弦波电流与通过电解池的正弦波电流具有完全相同的频率、振幅和相位角。

在正弦波信号通过电解池时，可以把双电层等效地看作电容器，把电极、溶液及电极反应所引起的阻力看成电阻。因此整个电解池的阻抗可分为如图 2-20 所示的几个部分。

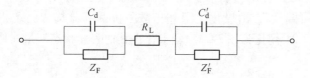

图 2-20　电解池阻抗的等效电路

图中，Z_F，C_d 分别为研究电极界面的法拉第阻抗和双电层电容；R_L 为溶液电阻；Z'_F 和 C'_d 分别为辅助电极界面的法拉第阻抗和双电层电容。若采用大的辅助电极，则电解池阻抗的等效电路可简化成图 2-21。

图 2-21 表示，当对一个电极系统进行电势扰动时，流经电极系统的电流分成两部分：一部分用于对双电层电容充电，即非法拉第电流；另一部分直接用于电极反应，且服从法拉第定律，称为法拉第电流。相应于法拉第电流的阻抗叫做法拉第阻抗，用 Z_F 表示。

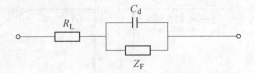

图 2-21　采用大面积辅助电极时电解池的等效电路

影响电极反应速率（即影响法拉第电流）的状态变量有电极电势 E、电极表面的状态变量 X 以及反应粒子在电极表面处的活度 a：

$$I_F = f(E, X_i, a_j) \quad i = 1, \cdots, n; j = 1, \cdots, m \tag{2-32}$$

式中，X 为表面状态变量，如电极表面吸附的表面活性剂、缓蚀剂等粒子的覆盖度，电极表面氧化膜的厚度等。这些因素也同样影响法拉第阻抗。

若把除扩散阻抗 Z_W 以外的所有电极反应的电阻称为极化电阻 R_P，则有：

$$Z_F = R_P + Z_W \tag{2-33}$$

比较式 2-32 和式 2-33 可知，Z_W 对应于反应粒子在电极表面处活度 a 的影响，而 R_P 包括状态变量 X 和 E 的影响。若用电荷转移电阻 R_t 表示电极电势的影响，用 R_X 表示其他表面状态变量的影响，则有：

$$Z_F = R_P + Z_W = R_t + R_X + Z_W \tag{2-34}$$

式中，$R_P = R_t + R_X$。

因此，只有当电极电势 E 是决定电极过程速变的唯一状态变量时，极化电阻 R_P 才与电荷转移电阻 R_t 相等。

A　溶液电阻不可忽略，无扩散阻抗时电解池阻抗的等效电路

由式 2-33 可知，Z_W 由极化电阻和扩散阻抗两部分构成，现扩散阻抗为零，故 $Z_F = R_P$，图 2-21 简化为图 2-22。若不存在其他表面状态变量，则 R_P 也可用 R_t 表示。

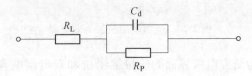

图 2-22　存在溶液电阻而无扩散阻抗时电解池的等效电路

B　同时存在电荷转移控制和扩散控制时的电解池等效电路

扩散阻抗 Z_W 也可称为浓差极化阻抗或 Warburg 阻抗。一般认为，Z_W 由电阻部分 R_W 和电容部分 C_W 串联组成。这样，图 2-21 中的 Z_F 为：

$$Z_F = R_P + R_W + C_W$$

此时的等效电路如图 2-23 所示。

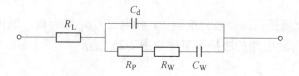

图 2-23 电化学极化和浓差极化同时存在时电解池的等效电路

C 溶液电阻不可忽略时电化学极化电极的电化学阻抗谱

这种情况的等效电路见图 2-22。R_P、C_d 并联后与溶液电阻 R_L 串联。等效电路的法拉第阻抗是一个圆的方程，其圆心在 Z' 轴上，坐标为 $(R_L + R_P/2)$，半径为 $R_P/2$，根据 Z' 和 Z'' 的取值范围可知，此图在第一象限，如图 2-24 所示。

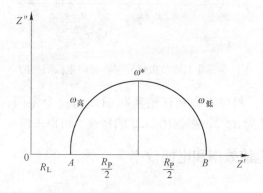

图 2-24 溶液电阻不能忽略时电化学极化电极的 Nyquist 图

由图 2-24 可知，溶液电阻 R_L 是坐标原点到 A 点的距离，由 AB 距离可得 R_P。

D 电化学极化和浓差极化同时存在时电极的电化学阻抗谱

在用一个振幅只有几毫伏的交变电流信号来极化电极时，若电化学步骤的反应速率远小于反应粒子的扩散速度，则电极的极化完全由电化学步骤所控制，不会出现可查明的反应粒子的浓度波动和平衡电势的波动。即使存在反应粒子的浓度波动，这种波动也与电流波动同相位。此时，交变的极化电流与电极电势波动有相同的相位（$\varphi = 0$），因此，电化学步骤控制时的法拉第阻抗只包括电阻部分。

如果电化学步骤的反应速率足够快，远超过反应粒子的扩散过程的控制，由于反应粒子的浓度波动在相位上落后于电流波动 $\pi/4$，而电极电势的波动与反应粒子浓度波动相位相同，故电极电势的波动也落后于电流波动 $\pi/4$。所以扩散控制时的法拉第阻抗由电阻部分和电容部分组成。

可以证明，当电化学极化和浓差极化同时存在时，电极的总阻抗由电化学极化阻抗和浓差极化阻抗串联组成，即：

$$Z = Z_c + Z_W$$

而浓差极化阻抗由浓差极化电阻 R_W 和电容 C_d 串联而成。电极的等效电路如图 2-23 所示。等效电路的法拉第阻抗如图 2-25 所示。

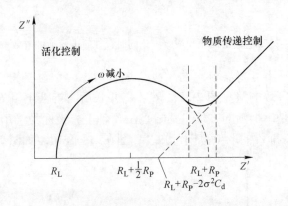

图 2-25 电化学极化和浓差极化同时存在时电极阻抗的 Nyquist 图

在复平面图上，相应于高频区的阻抗曲线是一个半圆，其圆心在 Z' 轴上 $R_L + R_P/2$ 处，半径为 $R_P/2$。根据图 2-25 的特征，可以求出 R_L 和 R_P。

2.5 槽电压、电流效率和电能效率

2.5.1 槽电压

对于一个电解槽来说，为了电解反应的进行所必须外加的总电压，通常称之为槽电压。阳极实际电位（ε_A）与阴极实际电位（ε_K）之差，即电解两极端点电位差或所谓电解电动势 E_f，是槽电压的一个组成部分，E_f 由两部分组成，即 $E_f = E_{ef} + E_\eta = (\varepsilon_{e(A)} - \varepsilon_{e(K)}) + (\eta_阴 + \eta_阳)$。$E_{ef}$ 是为了电解的进行而必须施加于电极上的最小外电压，也可称之为相应原电池的电动势。$E_\eta = \eta_阴 + \eta_阳$ 这部分外加电动势，叫做极化电动势。除此之外，还有由电解液的内阻所引起的欧姆电压降 E_Ω，以及由电解槽各接触点、导电体和阳极泥等外阻所引起的电压降 E_R，也都需要附加的外电压补偿。因此，槽电压是所有这些项目的总和，并可用下式表示：

$$E_T = E_f + E_\Omega + E_R \tag{2-35}$$

式中，右边第一项 E_f 所包括的 E_{ef} 由能斯特公式推出，E_η 中的 $\eta_阴$ 和 $\eta_阳$ 的理论分析和计算方法在前面讨论过，并常利用塔菲尔公式或通过交换电流数据进行计

算，也可从有关书刊中引用已有数据；E_Ω 无论是电解沉积或是在电解精炼中都是槽电压的组成部分。它与电解液的比电阻、电流密度或电流强度、阳极到阴极的距离（即极距）、两极之间的电解液层的纵截面积以及电解液的温度等因素皆有关系，现就以上有关问题分别讨论如下。

在电解实践中，每个电解槽内的电极是按一块阳极一块阴极相间地排列着，而最后一块也是阳极，故阳极比阴极板多一块。但是，靠电解槽两边的两块阳极各只有一个表面发生电极反应，因此进行电极过程的阳极表面和阴极表面的数目是相等的。电解槽与电解槽是串联的，但每个槽内的相同电极是并联的，从而构成了一个所谓的复联电解体系。在这样的电解体系中，每个电解槽内全部电解液所呈现的电阻与一个极间电解液层所呈现的电阻彼此有以下的关系：

$$\frac{1}{R} = \frac{1}{r_1} + \frac{1}{r_2} + \cdots = \frac{n_d}{r} \qquad (2\text{-}36)$$

式中　　R——一个电解槽内全部电解液的电阻，Ω；

r_1，r_2，$\cdots$——第一个，第二个，$\cdots$极间的电解液层的电阻，并且 $r_1 = r_2 = \cdots = r$，Ω；

n_d——一个电解槽内的极间数目，等于起反应的电极表面的数目，亦即 $n_d = 2n_阴 = 2(n_阳 - 1)$，其中 $n_阴$ 和 $n_阳$ 各为每个电解槽内的阴极板和阳极板的块数。

每个极间电解液层所呈现的电阻与极距成正比，而与其纵截面积（实际上可以电极表面积替代）成反比，亦即 $r \propto \dfrac{l}{A}$。由此，得到以下的关系：

$$r = \rho_r \times \frac{l}{A} \qquad (2\text{-}37)$$

式中　　ρ_r——比例系数，也叫做比电阻，$\Omega \cdot cm$，从其物理意义来说，所谓比电阻就是当 $l = 1cm$ 和 $A = 1cm \times 1cm$ 时 $1cm^3$ 电解液所呈现的阻力；

l——两极之间的距离，简称极距，cm；

A——起反应的电极的表面积，cm^2。

将式 2-37 代入式 2-36 便可得到：

$$R = \frac{r}{n_d} = \frac{1}{n_d} \times \rho_r \times \frac{l}{A} \qquad (2\text{-}38)$$

温度对 R 的影响是，随着温度的升高，电解液的电阻降低。它们的关系可以下式表示：

$$R_t = R_{tto}\Big[1 - \frac{dR}{dt}(t - t_0) \Big] \qquad (2\text{-}39)$$

式中，$\dfrac{\mathrm{d}R}{\mathrm{d}t}$ 为电解液电阻的温度系数。

至此，可得到用于计算一个电解槽内电解液欧姆电压的关系式：

$$E_{\Omega} = IR = I \times \frac{1}{n_{\mathrm{d}}} \rho \times \frac{l}{A} \tag{2-40}$$

式中 I——通入电解槽的电流强度，A。

若不用电流强度而用电流密度，而且往往是指阴极电流密度，则在此情况下：

$$D_{\mathrm{k}} = \frac{I}{2 n_{阴} A_{阴}} = \frac{I}{n_{\mathrm{d}} A_{阴}}$$

其中 D_{k} 的单位通常是以 A/m 表示。这样一来，式 2-40 可改写成以下的形式：

$$E_{\Omega} = \frac{D_{\mathrm{k}}}{10000} \times \rho_{\mathrm{r}} \times l \tag{2-41}$$

式 2-41 使用起来比式 2-40 更方便，因为除了极距以外不知道其他电解槽参数也可以用来进行计算（如果已知 ρ_{r} 的实测值）。ρ_{r} 也可以由计算求出，其计算方法及实测可参考有关专著。

至于槽电压的组成部分 E_{R} 通常不用公式计算，而分别取以下各数值：阳极上的电压降可取 0.02V，接触点上的电压降取 0.03V，阴极棒中的电压降取 0.02V，而槽帮导电板的电压取 0.03V，阳极泥中的电压降可取其等于电解液欧姆电压降的 25% ~ 35%。

2.5.2 电流效率

对于一切电解反应来说，法拉第定律皆是正确的。但是，实际上，析出 1mol 物质所需要通过电解液的电量往往大于 1F（96500C/mol）。这一事实，并没有违背法拉第定律，而正说明阴极上不仅有金属析出，还有氢气析出，阴极沉积物发生氧化和溶解，电解液中存在的杂质起作用以及电路上有漏电、短路等现象发生，致使通入的电量未能全部用于析出金属。于是，提出了关于有效利用电流亦即电流效率的问题。所谓电流效率，即指金属在阴极上沉积的实际量在与相同条件下按法拉第定律计算得出理论量之比（以百分数表示）。

在大多数情况下，金属的电流效率为 90% ~ 95%，只有在实验室条件下（库仑计）才能达到 100%。实际上，阴极电流效率与阳极的电流效率并不相同。这种差别对可溶性阳极电解有一定意义。在此条件下，测出的阳极电流效率，是指金属从阳极上溶解的实际量与相同条件下按法拉第定律计算应该从阳极上溶解的理论量或应该在阴极上沉积的理论量之比值（以百分数表示）。

一般来说，在可溶性阳极的电解过程中，阳极电流效率稍高于阴极电流效率，在此情况下电解液中被精炼金属的浓度逐渐增加，如在铜的电解精炼中就有此种现象发生。必须指出：在湿法冶金中，所谓电流效率通常是指阴极电流效率，因为阴极沉积物是主要的生产成品。因此，金属的电流效率按下式计算：

$$\eta = \frac{b}{qI\tau} \times 100 \tag{2-42}$$

式中　η——以百分数表示的电流效率，%；

b——阴极沉积物的质量，g；

I——电流强度，A；

τ——通电时间，h；

q——电化当量，g/(A·h)。

为了提高电流效率，应尽可能控制或减少副反应的发生，防止漏电和短路。为此，加强对诸如电解液的浓度和温度等技术条件的控制，使电解液中的有害杂质尽量除去，适当加入某些添加剂以保持良好的阴极表面状态以及选择适当的电流密度等，都是值得注意的途径。

2.5.3 电能效率

电能效率是电解生产中一项重要的技术经济指标。所谓电能效率，是指在电解过程中为生产单位质量的金属理论上所必需的电能 W^o 与实际所消耗的电能 W 之比值（以百分数表示），亦即：

$$\omega = \frac{W^o}{W} \times 100 \tag{2-43}$$

因为电能 = 电量×电压，所以得到：

$$W^o = I_o t \times E_{ef}$$

$$W = It \times E_T$$

以上述各关系代入式 2-43，得到：

$$\omega = \frac{I_o E_{ef}}{I E_T} \times 100 \tag{2-44}$$

式中，$\frac{I_o}{I} = \eta$，即电流效率。

因此，式 2-42 可改写成以下的形式：

$$\omega = \eta \frac{E_{ef}}{E_T} \times 100 \tag{2-45}$$

必须指出：电流效率和电能效率是有差别的，不要混为一谈。电流效率是衡量电量利用的情况，在工作情况良好的工厂，很容易达到 90% ~ 95%，在电解精炼中则可达到95%以上，并在特殊条件下可达100%。而电能效率所考虑的则是电能的利用，由于实际电解过程的不可逆以及不可避免地在电解槽内会产生电压降，所以它在任何情况下都不能达到100%。

从式2-45可以看出：若提高电能效率，除了靠提高电流效率外，还能通过降低槽电压的途径。为此，降低电解液的电阻、提高电解液的比电导、适当提高电解液的温度、缩短极间距以及减少电极的极化以降低槽电压，是降低电能消耗、提高电能效率的一些常用措施。

但是，应当指出：通用的"电能效率"这一概念，不能完全正确地说明给定电解过程的特征，因为电能效率计算式的分子部分并未考虑到电能消耗不可避免的极化作用。因此，在确切计算电能效率时，应当以消耗于所有电化学过程的电能 W' 替代 W^o。在此情况下，得到：

$$\omega' = \frac{W'}{W} \times 100\% = \eta \frac{E_{ef}}{E_T} \times 100\% \tag{2-46}$$

参 考 文 献

[1] González García J, Iniesta J, Expósito E. Early stages of lead dioxide electrodeposition on rough titanium[J]. Thin Solid Films, 1999, 352: 49~56.

[2] Shen Peikang, Wei Xiaolan. Morphologic study of electrochemically formed lead dioxide[J]. Electrochimica Acta, 2003, 48: 1743~1747.

[3] 蔡天晓, 鞠鹤, 武宏让, 等. β-PbO₂电极中加入纳米级 TiO₂ 的性能研究[J]. 稀有金属材料与工程, 2003, 32(7): 558~560.

[4] 王峰, 俞斌. 一种新型 PbO₂电极的研制[J]. 应用化学, 2002, 19(2): 193~195.

[5] Song Yuehai, Wei Gang, Xiong Rongchun. Structure and properties of PbO₂-CeO₂ anodes on stainless steel[J]. Electrochimica Acta, 2007, 52: 7022~7027.

[6] Jeanne B. Anodization of lead and lead alloys in sulfuric acid[J]. Journal of the Electrochemical Society, 1957, 104: 693~701.

[7] Carr J P, Hampson A. The lead dioxide electrode[J]. Chem. Rev., 1972, 72(6): 679~703.

[8] Michael E H, Robert M J J, Richard G C. An AFM study of the correlation of lead dioxide electrocatalytic activity with observed morphology[J]. J. Phys. Chem. B, 2004, 108: 6381~6390.

[9] Guo Yonglang. A new potential-pH diagram for an anodic film on Pb in H₂SO₄[J]. Journal of the Electrochemical Society, 1992, 139(8): 2114~2120.

[10] Suryanarayanan V, Nakazawa I, Yoshihara S, et al. The influence of electrolyte media on the depositon/dissolution of lead dioxide on boron-doped diamond electrode-A surface morphologic study[J]. J. Electroanal. Chem., 2006, 592: 175~182.

[11] Sandro C, Isabelle F, Paolo G, et al. Electrodeposition of PbO₂ + CoOₓ composites by simultaneous oxidation of Pb²⁺ and Co²⁺ and their use as anodes for O₂ evolution[J]. Electrochimica Acta, 2000, 45: 2279~2288.

[12] 杨显万，何蔼平，袁宝州．高温水溶液热力学数据计算手册［M］．第1版．北京：冶金工业出版社，1983.

[13] 李狄．电化学原理［M］．北京：北京航空航天大学出版社，1999.

[14] 李文超．冶金与材料物理化学［M］．北京：冶金工业出版社，2001.

[15] Cao Minhua, Hu Changwen, Ge Peng, et al. Selected-control synthesis of PbO_2 and Pb_3O_4 single-crystalline nanorodes［J］. J. Am. Chem. Soc. , 2003, 125: 4982~4983.

[16] Devilliers D, Dinhthi M T, Mahe′ E, et al. Electroanalytical investigations on electrodeposited lead dioxide［J］. Journal of Electroanalytical Chemistry, 2004, 573: 227~239.

[17] Marco M, Ferdinando F, Renzo B. Electrodeposited PbO_2-RuO_2: a composite anode for oxygen evolution from sulphuric acid solution［J］. Journal of Electroanalytical Chemistry, 1999, 465: 160~167.

[18] 陈振方，蒋汉瀛，舒余德，等．电沉积 PbO_2 工艺参数、结构组织、机械性能关系的研究［J］．化工冶金，1991，12(2)：122~128.

[19] Velichenko A B, Devilliers D. Electrodeposition of fluorine-doped lead dioxide［J］. Journal of Fluorine Chemistry , 2007, 128: 269~276.

[20] 庄京，邓兆祥，梁家和，等．β-PbO_2 纳米棒及 Pb_3O_4 纳米晶的制备与表征［J］．高等学校化学学报，2002，23(3)：1223~1226.

[21] 宋建梅，黄效平，陈康宁．高氧超电极在电解法生产氯酸盐中的应用［J］．氯碱工业，2000，6：3~6.

[22] 张招贤．钛电极工学［M］．北京：冶金工业出版社，2000.

[23] Wang Jianxiu, Li Meixian, Shi Zujin, et al. Electrocatalytic oxidation of 3, 4-dihydroxypenylacetic acid at a glassy carbon electrode modified with single-wall carbon nanotubes［J］. Electrochemical Acta, 2001, 47(1): 651~657.

[24] 任秀斌，陆海彦，刘亚男，等．钛基二氧化铅电极电沉积制备过程中的立体生长机理［C］．第十一届全国有机电化学与工业学术会议论文集，2008：73~79.

[25] 任秀斌，陆海彦，刘亚男，等．钛基二氧化铅电极电沉积制备过程中的立体生长机理［J］．化学学报，2009，67(9)：888~892.

[26] 陈玉峰，吴英绵，赵菁，等．电沉积 Pt 基二氧化铅电极的机理研究［J］．河北化工，2007，30(12)：18~19.

[27] 郭忠诚，杨显万．电沉积多功能复合材料的理论与实践［M］．北京：冶金工业出版社，2002.

[28] Guglielmi N. Kinetics of the deposition of inert particles from electrolytic baths［J］. Journal of Electrochem, 1972, 119(8): 1009~1012.

[29] Celis J P, Roos J P. Kinetics of the deposition of alumina particles from copper sulfate plating bath［J］. Journal of Electrochemical society, 1977, 124(10): 1508~1513.

[30] Valdes J L. Electrodeposition of colloidal particles［J］. Journal of the Electrochemical Society, 1987, 134(4): 223~225.

[31] 曹楚南，张鉴清．电化学阻抗谱导论［M］．北京：科学出版社，2004.

3 铅及铅合金改性阳极材料

3.1 概述

电解沉积是金属离子在水溶液中转化为金属的一种过程，该金属是通过导电液体导通的电流来获得的。导电液体通常指的是电解液。当通直流电于电解液中时，正离子移向阴极，负离子移向阳极，并分别在阴、阳极上放电。单个电解沉积槽的基本特征如图 3-1 所示。

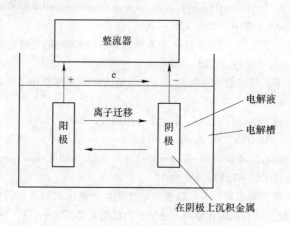

图 3-1 电解沉积槽的基本特征

3.1.1 锌电积

锌电解沉积是将净化后的纯硫酸锌溶液（新液）与一定比例的电解废液混合，流入电解槽内，用含有 0.5% ~ 1% Ag 的铅板作阳极，压延铝板作阴极，通入直流电后，在阴极上析出金属锌，阳极上放出氧气，溶液中硫酸再生，锌电积总反应如下：

$$ZnSO_4 + H_2O \xrightarrow{\text{直流电}} Zn + H_2SO_4 + 1/2O_2 \tag{3-1}$$

电化学反应是在电极和电解液界面之间发生的；随着电解过程的进行，溶液中锌离子浓度不断降低，硫酸浓度相应增加，当溶液含锌达 45 ~ 60g/L，H_2SO_4 135 ~ 170g/L 时，则作为废电解液，一部分返回浸出作溶剂，一部分返回电解循环使用。24~48h 后，将阴极锌剥下，经熔铸即得产品锌锭。

电解电积工序的能耗大约占总能耗的 80%，电积法生产锌的电积工序一般每吨锌耗电 2950~3200kW·h，有"电老虎"之称，因此电积工序的节电是湿法炼锌节能的关键。

在电积沉积过程中，每析出 1t 阴极锌需要的电能消耗可按下式计算：

$$W = \frac{1000VnIt}{Intq\eta} = 820\frac{V}{\eta} \tag{3-2}$$

式中，W 为电能单耗，kW·h/tZn；V 为槽电压，V；q 为锌的电化当量，g/(A·h)；η 为电流效率，%；I 为电流强度，A；n 为电积槽数。由式 3-2 可以看出，单位电能消耗取决于电流效率和槽电压，所以节电必须降低槽电压，同时提高电流效率。

电流效率受工艺条件、矿源及成本等因素的影响，其进一步提高的难度较大。因此，降低槽电压是降低电能消耗的主攻方向。

槽电压是电积过程的重要技术指标，它由硫酸锌分解电压以及电解质溶液电阻、接线的接触电阻、阳极泥电阻、极板电阻等引起的电压降组成，其分配情况见表 3-1。

从表 3-1 中可知，硫酸锌分解电压是构成槽电压的主要部分，占槽电压的 75%~80%，因此，要降低锌电积电耗必须降低硫酸锌分解电压。而硫酸锌的分解电压为理论分解电压与全部超电压之和。锌电积的阴极超电压值较小，仅为 0.02~0.03V。阳极超电压是氧在阳极上析出所引起的，其值约为 0.86V，占阳极总电压的 35% 左右，是无用电耗的主要根源。故要降低槽电压，降低氧的超电压为重中之重。选择适宜的阳极材料是降低氧的析出超电压的主要手段。

表 3-1 锌电积过程中的电压分配情况

项　　目	电压降/V	分配比/%
硫酸锌分解电压	2.4~2.6	75~85
电积液电阻电压降	0.4~0.6	13~17
阳极电阻电压降	0.02~0.03	0.7~0.8
阴极电阻电压降	0.01~0.02	0.3~0.5
接触点上电压降	0.03~0.05	1.0~1.4
阳极泥电压降	0.15~0.2	5.0~6.0
槽电压	3.1~3.4	100.00

锌电积阳极由阳极板、导电棒及导电头组成。阳极板大多采用含 Ag 0.8%~1% 的铅银合金压延制成，比铸造阳极强度大、寿命长。阳极尺寸由阴极尺寸而定，一般为长 900~1077mm、宽 620~820mm、厚 5~8mm，重 50~110kg，使用

寿命1.5~2年。为了降低析出锌含铅量、延长使用寿命及降低造价，加拿大特雷尔锌厂研究使用 Pb-Ag-Ca（Ag 0.25%，Ca 0.05%）的三元合金阳极，德国达特恩电锌厂和美国的 RSR 技术公司使用的 Pb-Ag-Ca-Sr（Ag 0.25%，Ca 0.05%~1%，Sr 0.05%~0.25%）四元合金阳极，强度大、硬度高、导电好、造价低，形成致密的 PbO_2 及 MnO_2 层（Zn^{2+} 45~60g/L，H_2SO_4 135-170g/L，Mn^{2+} 3~5g/L）使阴极析出铅降低，使用寿命长达 6~8 年。Rashkov 和 Dobrev 等[1]人研究发现 Pb-0.5% Co 阳极具有和 Pb-1% Ag 阳极相同的耐腐蚀性，而且 Pb-0.5% Co 阳极的析氧过电位低于 Pb-1% Ag 阳极；Co 含量为3%时，阳极析氧过电位比 Pb-1% Ag 阳极低 0.08~0.1V。但是钴在铅熔体中熔点极微，根据 H. Schenck 的测定[2]，1550℃的富铅液相中钴含量仅为 0.33%，这就极大地限制了它的应用。我国有昆明理工恒达科技股份有限公司、贵州凯里银福有色合金制造有限公司、沈阳新利兴有色合金有限公司、云南大泽电极科技有限公司等研究了 3.2~3.6m² 的铅银合金大阳极板并在西部矿业、紫金巴彦淖尔、株冶、江铜、中金岭南、驰宏锌锗、来宾冶炼厂等公司进行应用。铅银合金阳极制造工艺简单，但造价高，这主要是因为这种阳极含银量较高（约1%）。低银铅钙合金阳极具有强度高，耐腐蚀，使用寿命长，造价低（含银为 0.2%~0.3%）等优点，这种阳极现正被越来越多的电锌厂所重视，但其制造工艺较为复杂。

导电棒的材质为紫铜。为使阳极板与棒接触良好，并防止硫酸浸蚀铜棒，将铜棒酸洗包锡后铸入铅银合金中，再与阳极板焊接在一起。为了减少极板变形弯曲、改善绝缘，在阳极板边缘装有聚氯乙烯绝缘条。

3.1.2 铜电积

在铜电积中，铜在阴极上沉积，氧气在阳极上析出。在阴极上的主要反应是铜离子还原生成金属铜。若在电解液中存在其他杂质离子，在阴极上也会发生副反应。在电积铜过程中，阳极通常采用铅合金阳极，阴极采用不锈钢。

在阴极上：

$$Cu^{2+}(aq) + 2e \longrightarrow Cu(s), E^{\ominus}_{cathode}(SHE) = +0.34V \qquad (3-3)$$

$$M^{n+}(aq) + ne \longrightarrow M(s) \qquad (3-4)$$

式中，M 为 Mn, Fe, Co, Ca, Ni, Sn, Cr, Na 等。

在阳极上发生主要的反应是水的电解析出氧气：

$$2H_2O(l) \longrightarrow O_2(g) + 4H^+(aq) + 4e, E^{\ominus}_{anode}(SHE) = -1.23V \qquad (3-5)$$

硫酸铜电解液中电积铜总反应为：

$$2Cu^{2+} + 2H_2O \longrightarrow 2Cu + O_2 + 4H^+ \qquad (3-6)$$

铜电积的产物是：（1）阴极上产生金属铜；（2）在阳极上析氧，并在溶液中产生硫酸。

反应 3-6 的理论电势如下：

$$E_{cell}^{\ominus} = E_{cathode}^{\ominus} + E_{anode}^{\ominus} = 0.34V - 1.23V = -0.89V \tag{3-7}$$

从式 3-7 可以看出，整个铜电积反应的理论槽电压 $E^{\ominus} = 0.89V$。实际上大部分的能耗要求克服电路中的电阻、离子电阻以及阴阳极的极化电阻产生的电压降等因素。这些增加的电压称为过电位。实际的操作电压大约为 2.1V，其所占比例见表 3-2。

表 3-2　铜电积过程中的电压分配情况

项　目	电压降/V	分配比/%
理论电压	约 0.9	约 45
析氧过电位	约 0.5	约 25
阴极过电位	约 0.05	约 2.5
导电棒及阳极的电阻损耗	约 0.05	约 2.5
电解液电压降	约 0.5	约 25
实际槽电压	约 2.0	100.00

典型的电解作业主要操作参数如下：同极距 9.5 ~ 10.2cm，阴极表面电解液流速 0.12m³/(h·m²)，槽温 40 ~ 46℃。虽然许多厂的电流密度仍在 190 ~ 240 A/m²，但是高的已达 320 ~ 340A/m²。现在多数电积厂的阴极铜纯度达到 99.99%，甚至 99.999%，高于可溶阳极法的产品。表 3-3 内列出两家大型电积厂的工作参数。

表 3-3　两家大型电积厂的工作参数

工 作 参 数		圣 曼 纽 尔	恩 昌 加
生产能力/t·a⁻¹		66000	167000
电解槽	数量/个	188	1120
	材　料	水　泥	水　泥
	衬　里	PVC	Pb, 6%Sb, PVC
	长×宽×高/m×m×m	6×1.25×1.4	4.6×1.1×1.4
	阳极数，阴极数	61, 60	41, 40 或 61, 60
	巡查系统	红外线	目视
	清槽周期/d	60	150
	酸雾控制	聚乙烯小球	φ2cmPVC 球
	进液方式	底边盘管	上部进液

工作参数		圣曼纽尔	恩昌加
阳极	成分/%	Pb98.7，Sn1.25，Ca0.06	Pb93.9，Sb6.0
	制造方法	冷轧	浇铸
	长×宽×厚/mm×mm×mm	953×1160×6	880×1183×13
	同极距/cm	9.5	10
	寿命/a	10	3
阴极	材料	不锈钢板	铜始极片
	长×宽×高/mm×mm×mm	1000×1000×3	950×950×0.8
	电积时间/d	7	4～10
	铜板质量/kg	50	23～38
电解液	富液成分	Cu42g/L，硫酸166g/L，41℃	Cu45g/L，硫酸136g/L，29℃
	贫液成分	Cu42g/L，硫酸170g/L，43℃	Cu34g/L，硫酸150g/L，42℃
	Co浓度/mg·L^{-1}	100	≤200
	单槽流量/m^3·min^{-1}	0.2	0.02～0.3
	其他	Fe1.5g/L，Cl12mg/L，Mn50mg/L	Fe0.8g/L
能耗	电流密度/A·m^{-2}	200～300	150～180
	电流效率/%	93	86～88
	槽电压/V	>1.9	2.0
	槽电流/kA	25～36	14～48
	吨铜直流电耗/kW·h	1900	2000

表3-3中所列两家厂的铜产品质量都很好，杂质含量（10^{-4}%）：玛格玛公司的圣曼纽尔厂，Pb含量小于1%，S含量为2%～3%，Fe含量为2%，Ni含量小于1%，其他含量不大于1；赞比亚恩昌加联合铜业公司（ZCCM），Pb含量不大于10%，S含量为15%，Ca含量为2%，Fe含量为10%，Si含量为30%，Ag含量为5%，其他含量不大于3。

在铜电解沉积过程中，铅及铅合金一直是首选的阳极材料。Ivanov I[3]认为一个理想的阳极应具有高耐腐蚀、高导电性、高的机械强度和抑制二氧化铅的产生。阳极晶粒应该细小均匀，合金元素在晶界上应很少偏析或没有偏析。铜电解沉积的普通阳极是铅锑合金（Pb-6%Sb），其尺寸非常稳定。锑可以降低阳极的析氧过电位。但是，锑含量越高，阳极的耐腐蚀性能越差。1980年，Prengaman[4]首次采用轧制的铅钙锡（Pb-Ca-Sn）阳极来替代传统的Pb-Sb阳极，发现Pb-Ca-Sn阳极坚硬、均匀、无渣和裂纹，晶粒结构细致和腐蚀均匀。其中钙起到提高阳极的机械强度和阻止阳极板变形的作用。与传统Pb-Sb的阳极相比，含钙的铅阳极表面上的二氧化铅脱落率较低，从而使得阴极上产生的铅杂质比较低。

添加锡（Sn）增加阳极板的机械强度，防止阳极表面不导电层的形成，并提高了阳极的导电率。铅钙锡合金耐腐蚀性能很好，但是在有锰离子存在的条件下其耐腐蚀性能反而下降。添加钴离子（Co^{2+}）在电解液中进一步促进氧气析出，并能提高阳极的寿命。然而，因三元 Pb-Ca-Sn 合金相组织连接多，使得其组织结构比二元铅阳极复杂得多。Hrussanova[5]研究了一种新的复合阳极 $Pb-Co_3O_4$，发现其耐腐蚀性高于传统 Pb-Sb 阳极几倍。至于是否能在工业上应用需要进一步的研究。

针对传统阳极的缺点，研究者提出了其他几种阳极材料。钛基涂层阳极[6]用于电积有色金属是由于其过电位低、腐蚀速率低，但成本相当高。以钛网作为内衬的铅阳极在一些电解沉积过程中进行试验。许多金属和金属氧化物已经尝试过但实际应用中还未得到证实[7]。

传统铅银合金阳极主要存在两个问题：贵金属银的大量消耗和析氧过电位较高（860mV 左右）。为此，本章致力于开发新型铅合金阳极材料。归纳起来，主要有两个类型：（1）掺低价的变质剂制备新型铅合金阳极；（2）进行表面处理的铅合金阳极。

3.2 锌电积用新型铅基合金阳极的制备及性能研究

3.2.1 铅基合金阳极材料的制备工艺

3.2.1.1 Pb-Al、Pb-Ag、Pb-Ca、Pb-Sn、Pb-Cu 和 Pb-Ce 系相图分析

Pb-Al 相图如图 3-2 所示，Pb-Al 体系属于在液态产生混溶间隙且无中间相生成的体系，在 659℃以上形成宽广的双液区，双液区的最高温度为 1566℃，相当于含铝量（质量分数）为 13.8%。由此可知，在一般条件下，Al 在液态铅及固态铅中的溶解度极微，在熔融状态下 Al 加入铅中将产生明显的密度偏析。鉴于

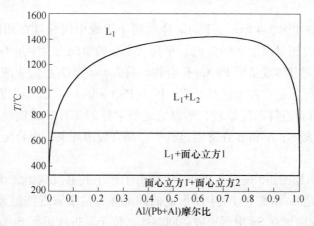

图 3-2 Pb-Al 相图

Al-Pb 系物理冶金上的特点，要想获得优良的 Al-Pb 系材料，关键在于克服制备过程中的重力偏析，控制各相的组织形态。在熔解和冷凝过程中应施加强烈的搅动，消除浓度梯度，细化形核液滴的尺寸，改善接触界面性能，提高冷却速度限制颗粒长大等，如采用超声波搅拌、电磁搅拌、悬浮搅拌、快速凝固、搅拌-速冷铸造等铸造方法。

Pb-Ag 相图如图 3-3 所示，Pb-Ag 体系属于产生共晶反应但无中间相体系，从铅银二元相图可知，银在铅中可以形成低熔共晶，在低温固态下为有限溶解。在液相合金凝固的过程中，当温度低于 304℃ 以下时[2]，银会首先凝固，这就导致合金非均匀形核，并提高了形核率，抑制了晶粒的长大，从而导致合金晶粒细化，在含银量低时，随着含银量的增加，材料的强度和硬度急剧的增加[8]，同时铅系合金的腐蚀和纯铅一样，通常发生在晶粒的晶间。

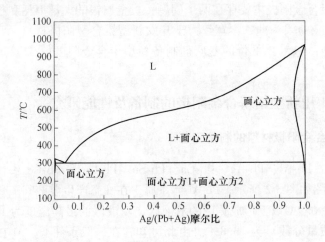

图 3-3 Pb-Ag 相图

Pb-Ca 相图如图 3-4 所示，Pb-Ca 体系属于生成中间相且在相图铅侧有共晶反应体系，当含钙量高于 0.07% 时，平衡状态下的组织为含少量的钙的铅固溶体基本上分布呈立方体或星形 Pb_3Ca 化合物。首先 Ca 与 Pb 反应生成 Pb_3Ca 包围起来而长大，因此，把它称为包晶反应。因为 Pb_3Ca 属 fcc（面心立方晶格）结构，与 Pb 相同，符合点阵匹配原理，所以它是非常好的非自发成核剂，使晶粒得以细化，这是主要的；α 和 β 在降温过程中，都有脱溶现象，使合金得以强化，这是次要的[9]。

Pb-Sn 相图如图 3-5 所示，Pb-Sn 体系属于产生共晶反应但无中间相的体系。从图可知，α 是 Sn 溶解在 Pb 中所形成的固溶体，位于靠近纯组元 Pb 的封闭区域内。β 是 Pb 溶解在 Sn 中所形成的固溶体，位于靠近纯组元 Sn 的封闭区域内。在每两个单相区之间，共形成了三个两相区，即 L + α、L + β 和 α + β。相图中

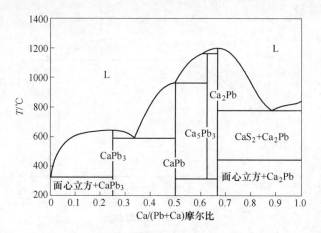

图 3-4 Pb-Ca 相图

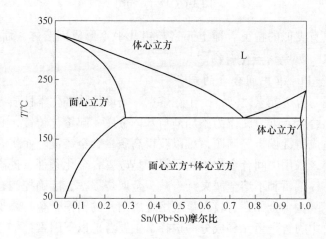

图 3-5 Pb-Sn 相图

的水平线称为共晶线，其对应的温度为 183℃。凡具有共晶线成分的合金液体冷却到共晶温度时都将发生共晶反应。Pb-Sn 合金的强度和硬度随锡含量的增加而增高，在大约共晶成分时达到最大值，此后随锡含量继续增加而降低。锡在铅中有相当大的固溶度，且其固溶度随温度降低而迅速减小至室温时的 1.3% Sn 左右，因而淬火的 Pb-Sn 合金在室温下会发生沉淀过程并应产生实效硬化现象[2]。

Pb-Cu 相图如图 3-6 所示，Pb-Cu 体系属于在液态产生混溶间隙且无中间相生成的体系。从图可知，铅及低合金化铅合金中加入低于 0.1% 的铜，可细化晶粒，提高加热时的组织稳定性并改善力学性能。相图（图 3-6）的铅侧，于 326℃发生共晶反应，共晶合金含铜量约为 0.06%，铜是许多铅合金的加入元素。

Pb-Ce 体系属于生成中间相且液相线由铅侧陡直上升的体系。铅与稀土元素

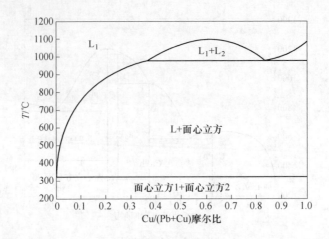

图 3-6 Pb-Cu 相图

形成的合金具有类似的特征。稀土元素与铅几乎不形成固溶体，而生成 Pb_3RE、$PbRE$ 及 Pb_3RE_2 型高熔点化合物[2]。

3.2.1.2 Pb-Ag 中间合金的制备

基体金属与合金元素之间，由于在熔点、密度等物理化学性质方面存在较大差异，直接将合金元素单质作为添加剂与基体金属一起熔化铸锭，必然会降低合金化过程，造成铸锭偏析等问题，难以获得高质量合金铸锭。而将合金元素先制备成中间合金，采用中间合金作添加原料，是改善合金化条件、提高合金成分均匀度、克服铸锭偏析和不熔金属夹杂、减少金属烧损率、准确控制合金成分的有效方法。对于某些合金如含有较大量难熔金属组元的铅银合金，添加中间合金是必不可少的。中间合金组元和成分的选择，主要考虑以下因素：

（1）化学成分稳定，分布均匀，杂质含量在合金的限额之内；

（2）熔点与基体金属熔点相近或低 50℃ 以内；

（3）密度、比热容、熔化潜热与基体金属相近；

（4）适应合金中有关组元的配料要求；

（5）最好是具有脆性、便于破碎；

（6）生产成本低。

Pb-1% Ag 中间合金制备工艺如下：在坩埚电阻炉中将铅块熔化，升温到 700℃，将经过预热到 700℃ 的银粉投入到铅液中，快速搅拌 10min，捞渣，浇铸，浇铸温度控制在 700℃ 左右，模具采用厚钢模，尺寸为 24mm × 100mm × 100mm，空气中冷却脱模。

3.2.1.3 Pb-Ca、Pb-Ce 中间合金的制备

Pb-1% Ca、Pb-1% Ce 中间合金制备工艺：在坩埚电阻炉中将规定量 2/3 的电

解铅块熔化升温到一定温度，在铅液表面覆盖一层约0.5cm厚的干燥木炭粉层，然后升高温度到700℃以上，真空保护条件下压入装有规定量钙（铈）的钟罩。待不再冒泡后搅拌5min，加入余量的铅后再搅拌1min，捞渣，浇铸，空气中冷却脱模。

3.2.1.4 Pb-Ag-Al合金的制备

采用常用的重力铸造法，采用厚钢模浇铸，浇铸过程采用大功率冷风机吹风。铅合金制备的示意图见图3-7。Pb-Ag-Al合金的制备工艺：将电解铅块加入到坩埚中，加热到750℃后加入Al-Ti-B合金，待Al-Ti-B合金完全熔化后加入规定量的Pb-1% Ag合金，强烈快速搅拌后立刻浇铸。

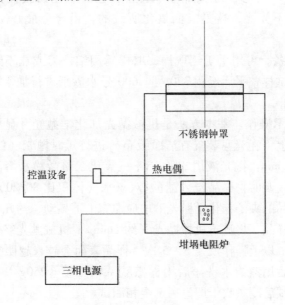

图3-7 铅合金制备示意图

3.2.1.5 Pb-Ag-Ca-Ce合金的制备

Pb-Ag-Ca-Ce合金的制备工艺：在石墨坩埚中将一定量的铅溶解，加热到550℃后加入计算量的Pb-1% Ca、Pb-1% Ce中间合金，快速搅拌0.5min左右立刻浇铸。

3.2.2 铅基合金金相及力学性能检测

3.2.2.1 铅基合金金相制备及分析

金相分析是研究金属及其合金显微组织形貌规律的一门科学。特别是金属和合金中，其成分变化、新工艺、冷、热加工过程无不与形貌变化规律相关。在具体应用中，对产品质量控制和产品检验以及制品失效分析等都是极其重要的一种方法。

　　铅及铅合金的金相试样制备，由于其自身的特性，有一定的技术要求和需要特别注意的事项。铅及铅合金一般硬度都很低，纯铅硬度仅为4~6HBS，板栅合金硬度为10~14HBS。铅的延展性好，在截取、磨光、抛光时特别容易发生表层流动。表层流动的结果，导致最终显示后出现严重的假象。此外，铅特别软，所以在磨、抛过程中易于嵌入磨粒，这是指在磨光时使用的砂纸上的磨料和在抛光过程中抛光液中的细微粉都易于嵌入试样表面形成假象。铅及其合金除机械强度低的特点外，还极易发生表面氧化，潮湿的空气、CO_2气氛或水都易使铅的表面被氧化，氧化后的表面为一层黑灰色的氧化物膜覆盖。抛光方法不当，试样总是抛不光亮，这是表面氧化所致的。铅合金最好使用机械-化学抛光法进行抛光。

　　(1) 样品准备。可用手工锯取样，取样后用细锉刀或在不断加水的预磨机上将试样磨平。试样整平后经用320号、600号水砂纸进行加水湿磨，至表面无明显粗的刻痕为止。

　　(2) 抛光显示操作。基本方法是机械抛光加化学抛光并显示。将已准备好的样品在抛光机上（抛光盘装置有洁净绒布）进行短时抛光（约1~2min），抛光盘转速为200r/min。抛光液用3%~5%三氧化二铬微粉水溶液。抛光后试样呈灰黑，不明亮。及时将样品浸入醋酸/双氧水（体积比80/20）的化学抛光溶液中，此时夹样品的夹子在化学抛光液中应左右上下晃动，约几秒钟即可，化学抛光停止后取下样品，再进行机械抛光（约1min），机械抛光终止后又如上述方法进行化学抛光，以上操作反复3~5次，样品表面会越来越明亮直至呈光洁镜面。样品呈镜面后用蒸馏水洗净后用柠檬酸+钼酸铵（250g/L+100g/L）浸蚀1min，酒精棉擦拭后冷风吹干即可用于金相测试。

　　从图3-8金相图中可以看出，纯铅的晶粒粗大，呈不规则的多边形排列，晶界明显、清晰；加入变质剂破坏了铅的大晶粒结构，Ag的加入显著细化了铅的晶粒，Pb-1%Ag的细化效果最为明显，晶粒分布也非常均匀。加入Ca、RE的合金晶粒呈条状交叉排列，晶粒分布较均匀。

　　从图3-8c可以看出，铝在铅基体中呈第二相形式存在，铝的颗粒较大，颗粒大小相差较大，较大颗粒约有60μm，较小的约20μm。对比图3-8c和图3-8b可以发现前者的晶粒较后者更为细小，大的铅晶粒基本消失，从而得出结论，Al-Ti-B合金加入Pb中起到了细化晶粒的作用。

3.2.2.2 铅基合金硬度测试

　　采用HBS10/250标准进行测试，钢球直径D为10mm，负荷P为2500N，负荷保持时间60s。每个试样取三个点测试硬度，取算术平均值得到最后的硬度。

　　从表3-4中可以看出，合金元素的加入提高了铅的硬度，相对而言，Pb-1%Ag

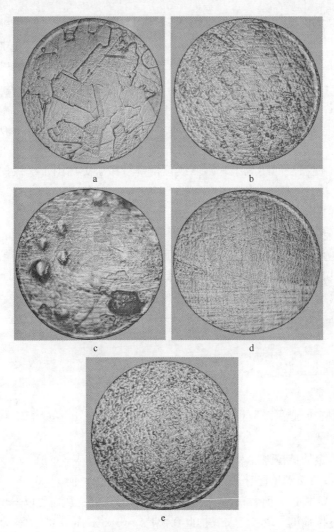

图 3-8　铅合金的金相图

a—纯铅；b—Pb-0.15% Ag；c—Pb-0.15% Ag-0.11% Al；
d—Pb-1% Ag；e—Pb-0.3% Ag-0.06% Ca-0.05% RE

表 3-4　铅及五种铅合金的布氏硬度

阳 极 成 分	压痕直径/mm		布氏硬度/kg·mm^{-2}	
Pb	8.55	8.53	8.57	3.30
Pb-0.11% Al	8.38	8.34	8.36	3.52
Pb-0.15% Ag	8.15	8.29	8.33	3.65
Pb-0.15% Ag-0.11% Al	8.06	8.03	8.09	3.90
Pb-0.3% Ag-0.06% Ca-0.05% Ce	6.33	6.35	6.34	6.80
Pb-1% Ag	6.27	6.25	6.37	7.13

合金具有最高的硬度。其中添加了铝的 Pb-0.11% Al 合金的硬度比纯铅的硬度要高 0.22kg/mm^2；Pb-0.15% Ag-0.11% Al 的硬度要比 Pb-0.15% Ag 高 0.35kg/mm^2，从而可以得出铝的加入确实增加了合金的硬度，其强化机理可以从两个方面来解释：一方面，高熔点铝合金加入铅中，在合金凝固过程中铝率先凝固，异质形核，细化了铅的晶粒，从而提高了合金的硬度；另一方面，从金相可以看出，Al 在铅中属于第二相不易变形的粒子，这种粒子对位错的斥力足够大，运动位错在粒子前受阻、弯曲，位错绕过此第二相粒子后，就留下一个位错环，位错环的存在，使粒子间距减小，则后续位错绕过粒子更加困难，致使合金宏观硬度提高。

3.2.2.3 铅基合金拉伸测试

铅基合金的拉伸试验是在室温条件下，在万能试验机上进行的，用拉力机施加拉伸力将试样拉伸，一般拉至断裂以测定其力学性能。样品采用铅基合金轧制板切割得到，总长 160mm，标距为 50mm，工作面尺寸为 3.5mm×15mm，加载速率为 1.5mm/min；由于铅基阳极材料质地较软，为了防止测试存在误差，在样品两端灌注树脂以增加夹持部分硬度。抗拉强度根据式 3-8 计算：

$$\sigma_m = \frac{F_m}{a \times b} \tag{3-8}$$

式中，σ_m 为抗拉强度，N/m；F_m 为最大拉应力，N；$a \times b$ 为试样工作面面积（横断面积），m^2。

铅及铅合金的抗拉强度及断后伸长率的测试结果如表 3-5 所示，从表 3-5 中可以看出，Pb-0.11% Al 的抗拉强度比纯铅的高 3.2MPa，而 Pb-0.15% Ag-0.11% Al 与 Pb-0.15% Ag 接近，前者稍高，断后伸长率相对较低；从而可以得出，铝的加入提高了铅的抗拉强度。Pb-1% Ag 与 Pb-0.3% Ag-0.06% Ca-0.05% Ce 合金的抗拉强度接近，但 Pb-0.3% Ag-0.06% Ca-0.05Ce 的断后伸长率明显小于 Pb-1% Ag。

表 3-5 铅及铅合金的抗拉强度及断后伸长率

阳 极 成 分	抗拉强度/MPa	断后伸长率/%
Pb	8.9523	70
Pb-0.11% Al	12.1815	34
Pb-0.15% Ag	15.2005	47
Pb-0.15% Ag-0.11% Al	16.26	44
Pb-1% Ag	24.781	29
Pb-0.3% Ag-0.06% Ca-0.05Ce	24.0887	15

3.2.3 铅基合金阳极的腐蚀行为研究

3.2.3.1 铅基合金阳极腐蚀速率

对于铸造及压延阳极，其腐蚀速率的测试一般采用阳极失重法。具体做法是：将已知面积的阳极称重，在一定的电解条件下电解一定时间后取出，置于20%的 NaOH 溶液中加热沸腾约 30min，去离子水冲洗，酒精棉拭净，滤纸包好，放入烘箱经 3h 烘干后称重。阳极极化前后质量之差为失重，即腐蚀的阳极量。利用阳极失重来计算腐蚀速率，即按下式进行计算：

$$V_K = \frac{m_1 - m_2}{S_a \times t} \tag{3-9}$$

式中，V_K 为腐蚀速率，$g/(m^2 \cdot h)$；m_1 为阳极极化前的质量，g；m_2 为阳极极化后的质量，g；S_a 为阳极工作表面积；t 为阳极极化时间，h。

腐蚀速率测试是在两种体系中进行即 $ZnSO_4$-H_2SO_4 体系和 $ZnSO_4$-$MnSO_4$-H_2SO_4 体系，具体实验条件见表 3-6。

表 3-6　实验条件

电解液成分	电流密度/A·m^{-2}	阴　极	电解时间/h	体系温度/℃
Zn^{2+} 50g/L、H_2SO_4 150g/L	500、1000	铅板	48	37 ± 0.5
Zn^{2+} 50g/L、Mn^{2+} 4g/L、H_2SO_4 150g/L	500、1000	铅板	48	37 ± 0.5

表 3-7 为四种铅基合金阳极在四种铅基合金分别在 $ZnSO_4$-H_2SO_4、$ZnSO_4$-$MnSO_4$-H_2SO_4 体系中电流密度 500A/m^2、1000A/m^2 电解 48h 的阳极腐蚀速率。

表 3-7　四种铅基合金在 $ZnSO_4$-H_2SO_4、$ZnSO_4$-$MnSO_4$-H_2SO_4 体系中
电流密度 500A/m^2、1000A/m^2 电解 48h 的阳极腐蚀速率

阳极腐蚀速率/g·(m²·h)$^{-1}$　　铅基合金成分	$ZnSO_4$-H_2SO_4		$ZnSO_4$-$MnSO_4$-H_2SO_4	
	500	1000	500	1000
Pb-0.15% Ag	3.663	6.852	2.875	5.147
Pb-0.15% Ag-0.11% Al	3.356	6.083	2.642	4.862
Pb-1% Ag	1.648	3.152	1.014	2.316
Pb-0.3% Ag-0.06% Ca-0.05% Ce	2.046	4.748	1.565	3.179

从表 3-7 中可以看出，无论是在 $ZnSO_4$-H_2SO_4 体系还是 $ZnSO_4$-$MnSO_4$-H_2SO_4 体系，阳极腐蚀速率规律相同，即随着电流密度的增大，阳极腐蚀速率增加。其中 Pb-1% Ag 具有最好的耐腐蚀性，Pb-0.3% Ag-0.06% Ca-0.05% Ce 次之。值得注意的是，在以上两种体系中 Pb-0.15% Ag-0.11% Al 的耐蚀性均要好于 Pb-0.15% Ag。其原因可能是：一方面 Al 的加入细化了晶粒，细化的晶粒具有更好

的耐蚀性；另一方面 Al 具有很好的导电性，镶嵌在铅基体中的 Al 分担了 Pb 上的电流，使 Pb 上的电流密度降低，从而降低了阳极材料的腐蚀速率。从表 3-7 中还可以看出，Mn^{2+} 的存在明显地减小了阳极的腐蚀速率，这是因为在有 Mn^{2+} 存在的锌电积溶液中，阳极发生如下反应：

$$MnSO_4 + 2H_2O - 2e \Longrightarrow MnO_2 + H_2SO_4 + 2H^+ \tag{3-10}$$

$$MnSO_4 + 4H_2O - 5e \Longrightarrow MnO_4^- + H_2SO_4 + 6H^+ \tag{3-11}$$

$$5PbO_2 + 2MnSO_4 + 3H_2SO_4 \Longrightarrow 5PbSO_4 + 2HMnO_4 + 2H_2O \tag{3-12}$$

$$3MnSO_4 + 2HMnO_4 + 2H_2O \Longrightarrow 5MnO_2 + 3H_2SO_4 \tag{3-13}$$

生成的 MnO_2 一部分沉降到电解槽槽底，形成阳极泥，另一部分与 PbO_2 一起在阳极表面形成一层结合比较牢固的保护膜，从而减小了阳极的腐蚀速率。

3.2.3.2 阳极极化后表面形貌及物相分析

图 3-9 ~ 图 3-11 分别为 Pb-1% Ag、Pb-0.15% Ag-0.11% Al、Pb-0.3% Ag-0.06% Ca-0.05% Ce 在 $ZnSO_4$-H_2SO_4 体系中，电流密度 500A/m^2 极化 48h 后的 SEM 图。

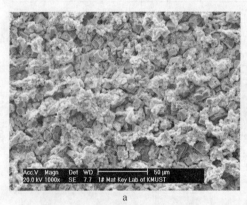

图 3-9 Pb-1% Ag 阳极的 SEM 图
a—1000 × ；b—2000 ×

从图 3-10 中可以看出，Pb-0.15% Ag-0.11% Al 阳极表面氧化膜疏松、多孔，基本呈单一结构。这种结构的阳极氧化膜容易脱落，使得阳极腐蚀速率增大，这与前面的腐蚀速率测试的结果吻合。Pb-1% Ag、Pb-0.3% Ag-0.06% Ca-0.05% Ce 阳极极化表面产物主要由两种形态组成，即呈疏松碎片的结构和呈立方体的结构，立方体晶粒排布紧密，疏松碎片镶嵌在立方体晶粒间隙中间，氧化膜整体较为致密，这种致密的氧化膜可以阻挡 Pb 的继续腐蚀，起到保护阳极的作用。从图 3-9 中还可以看出，Pb-1% Ag 阳极表面氧化膜均一，立方晶粒较为细小，且晶粒间没有发

图 3-10   Pb-0.15% Ag-0.11% Al 阳极的 SEM 图

a—1000×；b—2000×

图 3-11   Pb-0.3% Ag-0.06% Ca-0.05% Ce 阳极的 SEM 图

a—1000×；b—2000×

现有明显的裂纹；Pb-0.3% Ag-0.06% Ca-0.05% Ce 阳极表面疏松结构较 Pb-1% Ag 的少，但立方晶粒的尺寸较 Pb-1% Ag 的大，晶粒间局部裂纹明显，这可能是 Pb-0.3% Ag-0.06% Ca-0.05% Ce 的腐蚀速率较 Pb-1% Ag 大的原因之一。

图 3-12 ~ 图 3-14 为 Pb-1% Ag、Pb-0.15% Ag-0.11% Al、Pb-0.3% Ag-0.06% Ca-0.05% Ce 在 $ZnSO_4$-H_2SO_4 体系中恒电流极化 48h 后阳极氧化膜的 XRD 分析。

从图 3-12 ~ 图 3-14 中可以看出，三种阳极的阳极氧化膜物质组成基本相同，都存在β-PbO_2、$PbSO_4$、PbO。铅基合金电极在阳极极化过程中表面除了生成 PbO_2，同时内层生成 PbO，即基体金属 Pb→PbO，图 3-12 ~ 图 3-14 中可以看出阳极氧化膜中还含有 $PbSO_4$。其原因可能是：在阳极氧化过程中，阳极表面生成了一层稳定的 PbO_2，部分 $PbSO_4$→PbO_2 的反应一直在进行，另外，由于阳极氧

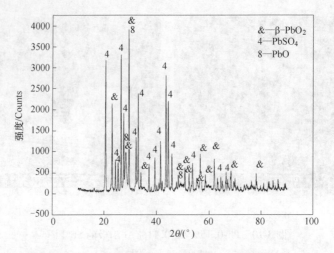

图 3-12   极化后 Pb-1% Ag 阳极 XRD 图谱

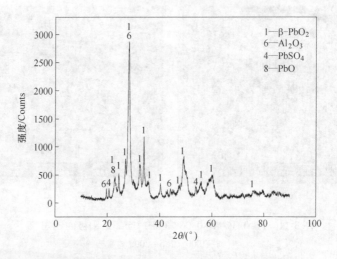

图 3-13   极化后 Pb-0.15% Ag-0.11% Al 阳极 XRD 图谱

化膜相对疏松,外层 PbO_2 未能完全覆盖内层的 $PbSO_4$。值得注意的是,Pb-0.15% Ag-0.11% Al 阳极表面氧化层物质出现了 Al_2O_3,这可能是由于在极化过程中铝发生了阳极极化。

3.2.4   铅基合金阳极的电化学行为

3.2.4.1   循环伏安法

A   未极化铅合金在 50g/L Zn^{2+} +150g/L H_2SO_4 溶液中的循环伏安

在 37℃ 的温度下,各种未阳极极化过的铅合金在 50g/L Zn^{2+} + 150g/L H_2SO_4 溶液中的循环伏安曲线如图 3-15 所示。

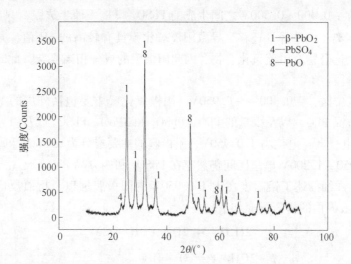

图 3-14 极化后 Pb-0.3%Ag-0.06%Ca-0.05%Ce 阳极的 XRD 图谱

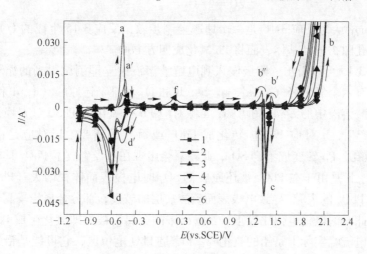

图 3-15 不同铅阳极在硫酸锌电解液中的循环伏安曲线

1—Pb-1%Ag；2—Pb-0.3%Ag-Ca-Ce；3—Pb-0.15%Ag；
4—Pb-0.15%Ag-0.11%Al；5—Pb；6—Pb-0.11%Al

通过循环伏安法在硫酸溶液中以 -1.0 ~ +2.4V （vs. SCE）电位区间内研究铅及铅合金的氧化和还原状态，激起了许多学者的研究兴趣。Pb 转变为 $PbSO_4$ 的氧化峰，根据 Pavlov 的描述，在 -0.960 ~ -0.40mV 的电位区间是 $PbSO_4$ 生成的区域，这个区域又包含两段子区域：

（1）在 -0.960V 生成的 $PbSO_4$ 疏松多孔，电解液中的离子可轻易透过而与金属基体接触。

(2) 在 $-0.400 \sim 0.500V$ 之间生成的 $PbSO_4$ 膜是一种半透膜，只允许 H^+ 和 OH^- 通过，离子的选择性迁移，导致阳极氧化膜具有较高的 pH 值，并形成各种不同的铅氧化合物及铅硫氧化合物，因此阳极膜的成分相当复杂，此时阳极处于稳态极化阶段。

PbO 电位区：$-0.400 \sim +0.950V$，阳极氧化膜主要包括外层的 $PbSO_4$ 以及内层的四方晶 PbO，以及少量的 $PbO \cdot PbSO_4$ 和 $3PbO \cdot PbSO_4$ 以及斜方晶 PbO。

PbO_2 电位区：电位高于 $0.950V$，阳极膜的主要成分为 $\alpha\text{-}PbO_2$ 和 $\beta\text{-}PbO_2$。

在 $0.950 \sim 1.200V$ 电位区间仍然存在 $PbSO_4$ 和四方晶 PbO。

Pavlov 详细描述了铅阳极在大于 $0.950V$ 的阳极腐蚀以及析氧反应机理。阳极表面/溶液界面的析氧反应如下：

$$2H_2O \Longrightarrow 2OH + 2H^+ + 2e \tag{3-14}$$

$$2OH \cdot \Longrightarrow O + H_2O \tag{3-15}$$

$$2O \Longrightarrow O_2 \tag{3-16}$$

Kabanov 认为反应 3-16 是一个速率控制步骤，反应 3-15 生成的 O 原子透过氧化膜的孔隙扩散到基体表面将 Pb 氧化成四方 PbO。

从图 3-15 可以看出，阳极浸入到电解液溶液中立即测试得到的循环伏安曲线，其中有六个氧化峰（a，a′，b，b′，b″和 f）和三个还原峰（c，d′和 d），结合铅在硫酸溶液中的 $E\text{-}pH$ 图可知，a 峰对应 Pb 被氧化成 $PbSO_4$，a′峰是 $PbO \cdot PbSO_4$ 的产生，b 对应 $PbSO_4$ 转化成 PbO_2 或氧气的析出。b′ 对应是由于透过 PbO_2 的微孔，Pb 转变成了 $PbSO_4$，此峰只会出现在已经生成了 PbO_2 且电位负移的状态下。b″是由于在 PbO_2 被还原成 $PbSO_4$ 时电极表面体积增大（$PbSO_4$ 的摩尔体积比 PbO_2 的大），导致电极表面硫酸盐层的破裂，部分金属铅暴露于电解液中，由于此时的电极电位比较正，暴露出来的金属铅被立即氧化生成 $PbSO_4$。因此，这一电流峰实际上是铅的氧化峰。f 峰是 PbO 电位区，它可能是铅的外层的 $PbSO_4$ 以及内层的四方晶 PbO，以及少量的 $PbO \cdot PbSO_4$ 和 $3PbO \cdot PbSO_4$ 以及斜方晶 PbO 的峰。

B 未极化铅合金在 $50g/L\ Zn^{2+} + 4g/L\ Mn^{2+} + 150g/L\ H_2SO_4$ 溶液中的循环伏安

在 37℃ 的温度下，各种未阳极极化过的铅合金在 $50g/L\ Zn^{2+} + 4g/L\ Mn^{2+} + 150g/L\ H_2SO_4$ 溶液中的循环伏安曲线如图 3-16 所示。

从图 3-16 可以看出，阳极浸入到电解液溶液中立即测试得到的循环伏安曲线，其中有四个氧化峰（a，a′，b 和 b′）和三个还原峰（c，d′和 d），f 和 b″峰都消失了；但 Pb 的 a 峰增大了四倍（相对图 3-15 中的 Pb 的 a 峰），整个还原峰值也提高了。

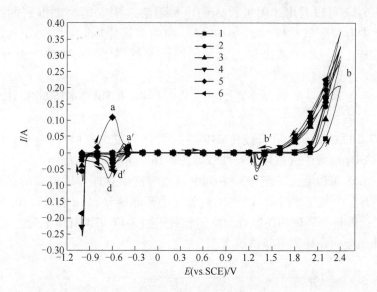

图 3-16 不同铅阳极在含锰离子的硫酸锌电解液中的循环伏安曲线

1—Pb-1% Ag；2—Pb-0.3% Ag-Ca-Ce；3—Pb-0.15% Ag；

4—Pb-0.15% Ag-0.11% Al；5—Pb；6—Pb-0.11% Al

C 极化后的铅合金在 50g/L Zn^{2+} + 150g/L H_2SO_4 溶液中的循环伏安

在 37℃的温度下，阳极极化 24h 后的铅合金在 50g/L Zn^{2+} + 150g/L H_2SO_4 溶液中的循环伏安曲线如图 3-17 所示。

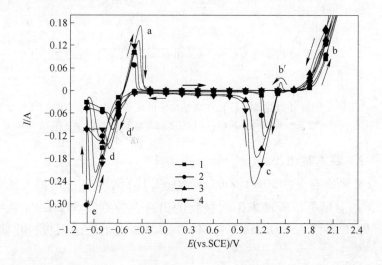

图 3-17 不同铅阳极（极化 24h 后）在硫酸锌电解液中的循环伏安曲线

1—Pb-1% Ag；2—Pb-0.3% Ag-Ca-Ce；3—Pb-0.15% Ag-0.11% Al；4—Pb-0.11% Al

从图 3-17 可以看出，阳极浸入到电解液溶液中立即测试得到的循环伏安曲线，其中有三个氧化峰（a，b 和 b′）和四个还原峰（c，e，d′和 d），f 和 b″峰都消失了，但整个氧化和还原峰的峰值都提高了。e 峰对应于 H_2 析出的反应。

D 极化 24h 后的铅合金在 50g/L Zn^{2+} +4g/L Mn^{2+} +150g/L H_2SO_4 溶液中的循环伏安

在 37℃的温度下，阳极极化 24h 后的铅合金在 50g/L Zn^{2+} +4g/L Mn^{2+} + 150g/L H_2SO_4 溶液中的循环伏安曲线如图 3-18 所示。

从图 3-18 可以看出，阳极浸入到电解液溶液中立即测试得到的循环伏安曲线，其中有三个氧化峰（a，b 和 b′）和三个还原峰（c，e 和 d），f，b″和 d′峰都消失了；但整个氧化和还原峰的峰值相对于图 3-17 来说有所下降，尤其是 Pb-0.11% Al 阳极的 a 峰值下降得最大。

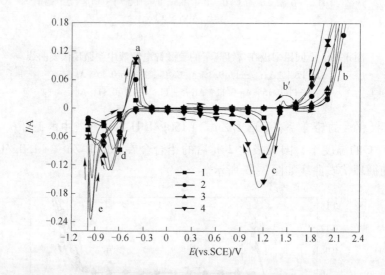

图 3-18 不同铅阳极（极化 24h 后）在含锰离子的硫酸锌电解液中的循环伏安曲线
1—Pb-1% Ag；2—Pb-0.3% Ag-Ca-Ce；3—Pb-0.15% Ag-0.11% Al；4—Pb-0.11% Al

3.2.4.2 稳态极化曲线

A 未极化铅合金在 50g/L Zn^{2+} +150g/L H_2SO_4 溶液中的阳极极化

在 37℃的温度下，各种未阳极极化的铅合金分别在 50g/L Zn^{2+} +150g/L H_2SO_4 和 50g/L Zn^{2+} +4g/L Mn^{2+} +150g/L H_2SO_4 溶液中的阳极极化曲线如图 3-19所示。

当溶液为 50g/L Zn^{2+} +150g/L H_2SO_4，温度为 37℃时，在各个电流密度下（100~800A/m^2）测定的电极电位见表 3-8。

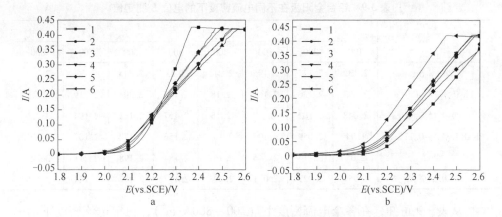

图 3-19 不同铅阳极在硫酸锌电解液中的阳极极化曲线图

a—0g/L Mn^{2+}; b—4g/L Mn^{2+}

1—Pb-1% Ag; 2—Pb-0.3% Ag-Ca-Ce; 3—Pb-0.15% Ag;
4—Pb-0.15% Ag-0.11% Al; 5—Pb; 6—Pb-0.11% Al

表 3-8 铅合金阳极在不同电流密度下的电位 E 测定值 (V)

电极	$J/A \cdot m^{-2}$							
	100	200	300	400	500	600	700	800
Pb-1% Ag	2.068	2.105	2.125	2.14	2.152	2.163	2.171	2.180
Pb-0.3% Ag-Ca-Ce	2.017	2.054	2.076	2.092	2.106	2.118	2.130	2.141
Pb-0.15% Ag	2.016	2.063	2.088	2.106	2.121	2.135	2.147	2.159
Pb-0.15% Ag-0.11% Al	1.995	2.04	2.067	2.086	2.103	2.118	2.131	2.144
Pb	2.051	2.085	2.104	2.119	2.132	2.143	2.153	2.163
Pb-0.11% Al	2.008	2.051	2.075	2.093	2.108	2.121	2.133	2.144

从表 3-8 可知，Pb-0.15% Ag-0.11% Al 阳极的电位最低，在 500A/m^2 时为 2.103V，而 Pb-1% Ag 阳极的电位最高，在 500A/m^2 为 2.152V，相差大约 0.05V；但从图 3-19a 可以看出，随着电流密度的升高，Pb-1% Ag 阳极电位上升的幅度很小，而其他阳极电位上升的幅度较大；Pb-0.15% Ag-0.11% Al 阳极电位上升的幅度与 Pb-0.3% Ag-Ca-Ce 的幅度基本一致。这说明铅合金中的添加元素（除银外）对铅合金阳极的表面影响很大，适当的添加元素有利于提高铅阳极表面的催化活性。

B 未极化铅合金在 50g/L Zn^{2+} + 4g/L Mn^{2+} + 150g/L H$_2$SO$_4$ 溶液中的阳极极化

当溶液为 50g/L Zn^{2+} + 4g/L Mn^{2+} + 150g/L H$_2$SO$_4$，温度为 37℃时，在各个电流密度下（100～800A/m^2）测定的电极电位见表 3-9。

表3-9 铅合金阳极在不同电流密度下的电位 E 测定值 　　　　（V）

电 极	$J/A \cdot m^{-2}$							
	100	200	300	400	500	600	700	800
Pb-1% Ag	2. 132	2. 172	2. 195	2. 213	2. 23	2. 245	2. 26	2. 274
Pb-0. 3% Ag-Ca-Ce	2. 083	2. 136	2. 161	2. 18	2. 195	2. 208	2. 219	2. 23
Pb-0. 15% Ag	2. 048	2. 102	2. 13	2. 15	2. 167	2. 181	2. 194	2. 206
Pb-0. 15% Ag-0. 11% Al	1. 94	2. 059	2. 109	2. 137	2. 156	2. 172	2. 187	2. 201
Pb	2. 05	2. 114	2. 146	2. 167	2. 184	2. 198	2. 211	2. 223
Pb-0. 11% Al	1. 951	2. 029	2. 071	2. 098	2. 117	2. 132	2. 144	2. 155

从表3-9可知，在各个电流密度下（100~800A/m²），恒定电流密度下的电势 E 大小为：Pb-1% Ag > Pb-0. 3% Ag-Ca-Ce > Pb > Pb-0. 15% Ag > Pb-0. 15% Ag-0. 11% Al > Pb-0. 11% Al。Pb-0. 11% Al 阳极的电位最低，而 Pb-1% Ag 阳极的电位最高。从图3-19b可以看出，随着电流密度的升高，Pb-0. 11% Al 阳极电位上升的幅度较小，而 Pb 阳极电位上升的幅度较大；Pb-0. 15% Ag-0. 11% Al 阳极电位上升的幅度与 Pb-0. 15% Ag 的幅度基本一致；这说明铅合金中的添加元素铝使电极表面细化，提高了电极的比表面积，所以添加元素 Al 有利于提高铅阳极表面的催化活性。

C　极化后的铅合金在 50g/L Zn^{2+} + 150g/L H_2SO_4 溶液中的阳极极化

在37℃的温度下，阳极极化24h后的铅合金分别在 50g/L Zn^{2+} + 150g/L H_2SO_4 和 50g/L Zn^{2+} + 4g/L Mn^{2+} + 150g/L H_2SO_4 溶液中的阳极极化曲线如图3-20所示。

当溶液为 50g/L Zn^{2+} + 150g/L H_2SO_4，温度为37℃时，在各个电流密度下（100~800A/m²）测定的电极电位见表3-10。

表3-10 铅合金阳极在不同电流密度下的电位 E 测定值 　　　　（V）

电 极	$J/A \cdot m^{-2}$							
	100	200	300	400	500	600	700	800
Pb-1% Ag	1. 85	1. 939	2. 026	2. 059	2. 081	2. 097	2. 112	2. 124
Pb-0. 3% Ag-Ca-Ce	1. 897	1. 971	2. 008	2. 032	2. 05	2. 066	2. 079	2. 09
Pb-0. 15% Ag-0. 11% Al	1. 718	1. 853	1. 909	1. 941	1. 971	2. 004	2. 036	2. 063
Pb-0. 11% Al	1. 627	1. 911	1. 964	1. 995	2. 018	2. 036	2. 052	2. 066

从表3-10可知，在各个电流密度下（100~800A/m²），恒定电流密度下的电势 E 大小为：Pb-1% Ag > Pb-0. 3% Ag-Ca-Ce > Pb-0. 11% Al > Pb-0. 15% Ag-0. 11% Al。Pb-0. 15% Ag-0. 11% Al 阳极的电位最低，而 Pb-1% Ag 阳极的电位最

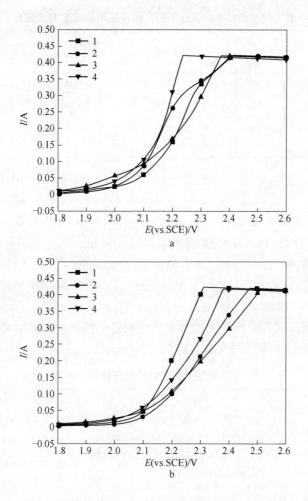

图 3-20 不同铅阳极（极化 24h 后）在硫酸锌电解液中的阳极极化曲线

a—0g/L Mn²⁺；b—4g/L Mn²⁺

1—Pb-1% Ag；2—Pb-0.3% Ag-Ca-Ce；3—Pb-0.15% Ag-0.11% Al；4—Pb-0.11% Al

高；从图 3-20a 可以看出，随着电流密度的升高，Pb-0.11% Al 阳极电位上升的幅度较小，而 Pb-1% Ag 阳极电位上升的幅度较大；这进一步说明铅合金中的添加变质剂铝会使电极表面细化，提高了电极的比表面积，有利于提高铅阳极表面的催化活性；但电流密度大于 1000A/m²，Pb-0.15% Ag-0.11% Al 阳极电位上升幅度更大，这说明 Al 在铅合金的分散均匀程度不高，有待于进一步研究。

D 极化 24h 后的铅合金在 50g/L Zn²⁺ +4g/L Mn²⁺ +150g/L H₂SO₄ 溶液中的阳极极化

当溶液为 50g/L Zn²⁺ +4g/L Mn²⁺ +150g/L H₂SO₄，温度为 37℃时，在各个电流密度下（100 ~ 800A/m²）测定的电极电位见表 3-11。

表 3-11　铅合金阳极在不同电流密度下的电位 E 测定值　　　　（V）

电　极	$J/A \cdot m^{-2}$							
	100	200	300	400	500	600	700	800
Pb-1% Ag	1.933	2.033	2.069	2.088	2.103	2.112	2.121	2.129
Pb-0.3% Ag-Ca-Ce	2.015	2.071	2.097	2.117	2.134	2.148	2.162	2.175
Pb-0.15% Ag-0.11% Al	1.805	1.946	2.025	2.071	2.101	2.125	2.144	2.16
Pb-0.11% Al	1.867	1.983	2.029	2.059	2.082	2.1	2.116	2.13

从表 3-11 可知，在各个电流密度下（100～500A/m²），恒定电流密度下的电势 E 大小为：Pb-0.3% Ag-Ca-Ce > Pb-1% Ag > Pb-0.11% Al ≥ Pb-0.15% Ag-0.11% Al。Pb-0.15% Ag-0.11% Al 和 Pb-0.11% Al 阳极的电位都较低，而当电流密度大于 500A/m²，Pb-1% Ag 阳极的电位逐渐降低，甚至在 800A/m² 之后的电位最低。从图 3-20a 可以看出，随着电流密度的升高，Pb-0.15% Ag-0.11% Al 阳极电位上升的幅度较大，而 Pb-1% Ag 阳极电位上升的幅度较小，这进一步说明 Al 在铅合金的分散均匀程度不高，产生局部腐蚀。

图 3-20b 所得极化曲线数据经处理，得到了电流密度与超电势的关系以及有关的电极过程的动力学数据见表 3-12。

表 3-12　不同电极上的析氧超电压和反应动力学参数

电　极	η/V			a/V	b/V	$i_0/A \cdot cm^{-2}$
	200 A/m²	500 A/m²	1000 A/m²			
Pb-1% Ag	0.673	0.741	0.783	1.305	0.427	8.78×10^{-4}
Pb-0.3% Ag-Ca-Ce	0.711	0.773	0.839	1.444	0.455	6.70×10^{-4}
Pb-0.15% Ag-0.11% Al	0.586	0.743	0.828	1.567	0.617	2.89×10^{-3}
Pb-0.11% Al	0.623	0.722	0.795	1.410	0.517	1.87×10^{-3}

从电化学催化角度来看，a 值越大，电解时槽电压越高，耗电量越大；b 值越大，过电位越大，电耗越大；i_0 值越大，电化学反应速度越快以及相同表观电流密度下的超电压 η 越低，其耗电量越小。

从表 3-12 可以看出，Pb-1% Ag 阳极 i_0 值小，则电化学反应速度慢。Pb-0.15% Ag-0.11% Al 和 Pb-0.11% Al 超电压 η 值在低的电流密度下低，i_0 值大，适合作为电催化活性阳极材料。

3.2.4.3　交流阻抗法

A　未极化铅合金的交流阻抗

在 37℃ 的温度下，各种未阳极极化的铅合金分别在 50g/L Zn^{2+} + 150g/L

H_2SO_4 和 $50g/L\ Zn^{2+} + 4g/L\ Mn^{2+} + 150g/L\ H_2SO_4$ 溶液中的阳极极化曲线如图 3-21所示。

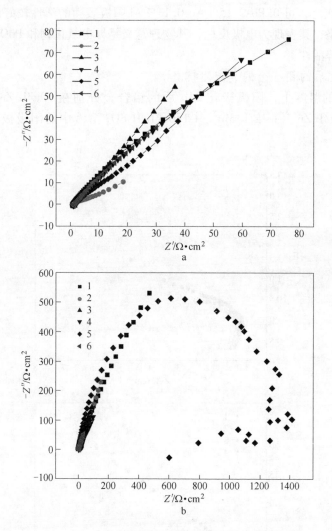

图 3-21　不同铅阳极在硫酸锌电解液中的交流阻抗曲线

a—0g/L Mn^{2+}；b—4g/L Mn^{2+}

1—Pb-1% Ag；2—Pb-0.3% Ag-Ca-Ce；3—Pb-0.15% Ag；

4—Pb-0.15% Ag-0.11% Al；5—Pb；6—Pb-0.11% Al

从图 3-21a 可以看出，阳极浸入到电解液溶液中测试得到的交流阻抗曲线，Pb-0.3% Ag-Ca-Ce 和 Pb 在低频区表现 Warburg 阻抗。一般来说，电极的催化活性由电荷传递电阻和扩散电容决定，而电极的催化活性与曲率的半径有关，半径越小，镀层的催化活性越好。从图 3-21a 中不难看出，Pb-0.3% Ag-Ca-Ce 的曲率半径最小，Pb-0.11% Al 的次之，可知 Al 的掺杂可以提高镀层的活性。

从图 3-21b 可以看出，Pb-0.15% Ag-0.11% Al 的曲率半径最小，Pb-0.3% Ag-Ca-Ce 的次之，可知 Pb-0.15% Ag-0.11% Al 阳极表面的活性较好。Pb 在低频出现感抗回路，其表现为电极反应，其物理意义是导电氧化物和 PbO(ad)之间通过电流的电势活性。

B 极化后的铅合金的交流阻抗

在 37℃的温度下，阳极极化 24h 后的铅合金分别在 50g/L Zn^{2+} + 150g/L H_2SO_4 和 50g/L Zn^{2+} + 4g/L Mn^{2+} + 150g/L H_2SO_4 溶液中的阳极极化曲线如图 3-22所示。

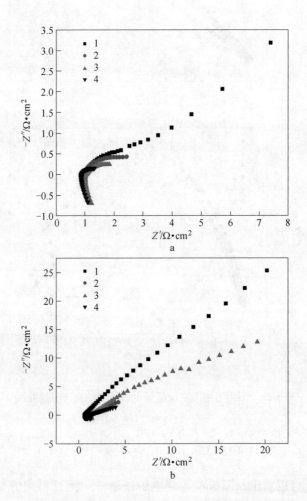

图 3-22 不同铅阳极（极化24h 后）在硫酸锌电解液中的交流阻抗曲线

a—0g/L Mn^{2+}；b—4g/L Mn^{2+}

1—Pb-1% Ag；2—Pb-0.3% Ag-Ca-Ce；3—Pb-0.15% Ag-0.11% Al；4—Pb-0.11% Al

从图 3-22a 可以看出，Pb-0.11% Al 的曲率半径最小，Pb-0.15% Ag-0.11% Al 的次之，可知 Pb-0.15% Ag-0.11% Al 和 Pb-0.11% Al 阳极表面的活性都好，并且在高频区出现感抗。其电感出现的原因还不很清楚，在其他氧化物电极中也曾观察到这一现象，并认为可能是由测试回路的干扰引起的。Pb-1% Ag 在低频区表现 Warburg 阻抗。

从图 3-22b 可以看出，Pb-0.11% Al 的曲率半径最小，Pb-0.3% Ag-Ca-Ce 的次之，可知 Pb-0.11% Al 阳极表面的活性最好。Pb-1% Ag 的曲率半径最大，活性最弱，并且在高频出现感抗。

3.3　锌电积用活性 PbO₂ 颗粒增强铅基合金阳极的性能研究

3.3.1　活性 PbO₂ 颗粒增强铅基合金阳极材料制备工艺

3.3.1.1　活性 PbO₂ 复合颗粒制备

以不锈钢为基体，在镀液组成为 NaOH（160g/L）、ZrO_2（20g/L），电流密度为 $10mA/cm^2$，沉积温度 40℃，沉积时间 4h 的工艺条件下制备出 α-PbO_2-ZrO_2；然后再在其表面制备出 β-PbO_2-ZrO_2-CNT，镀液组成及工艺条件为：镀液组成：250g/L 硝酸铅、10g/L 硝酸，CNT：10g/L，ZrO_2：30g/L；水浴温度：55℃，搅拌速率：400r/min，沉积时间：6h，电流密度：$30mA/cm^2$。

3.3.1.2　新型复合阳极材料制备

将制备好的 $\alpha(\beta)$-PbO_2 复合颗粒从不锈钢基体表面剥离、磨碎，再用筛子将其分为四个不同粒径级别，即大于 50 目、50 ~ 22 目、22 ~ 10 目、小于 10 目等四个粒径级别。然后将不同粒径级别的颗粒通过机械压制的方式压入到纯 Pb、Pb-0.8% Ag 及 Pb-0.8% Ag-0.06% Ca 合金中形成新型复合阳极材料，并将压入粒径为大于 50 目的 PbO_2 复合颗粒编号为 1 号、5 号、9 号阳极，压入 50 ~ 22 目 PbO_2 复合颗粒的编号为 2 号、6 号、10 号阳极，压入 22 ~ 10 目 PbO_2 复合颗粒的编号为 3 号、7 号、11 号阳极，压入小于 10 目 PbO_2 复合颗粒的编号为 4 号、8 号、12 号阳极。

3.3.2　新型复合阳极材料的性能测试

3.3.2.1　阳极电化学性能测试

利用电化学工作站（CS350），采用三电极体系，测试新型复合阳极材料在 $ZnSO_4$-H_2SO_4 溶液（35℃）中的阳极极化曲线（扫描速率：30mV/s）和塔菲尔曲线（扫描速率：10mV/s）。三电极体系为：以复合新型阳极材料为工作电极，有效面积为 $1cm^2$，其余部分用环氧树脂密封。石墨为辅助电极，Hg/Hg_2Cl_2 为参比电极。$ZnSO_4$-H_2SO_4 溶液组成为：50g/L Zn^{2+}，150g/L H_2SO_4。

3.3.2.2 新型复合阳极材料的硬度及力学性能测试

采用便携式硬度计（NDT280）测试新型复合阳极材料的布氏硬度，利用日本岛津 AGS-J 系列材料拉伸机，测试阳极材料的抗拉强度、断面伸长率。测试试样如图 3-23 所示。

图 3-23 新型复合阳极材料试样力学实验照片

3.3.3 α(β)-PbO₂ 复合颗粒增强纯 Pb 阳极的电化学性能

为了更好地了解制备的阳极材料的使用情况，对阳极进行了电催化活性和耐腐蚀性能的检测，具体如下。

3.3.3.1 阳极极化曲线

α(β)-PbO₂ 复合颗粒增强纯 Pb 阳极材料在 $ZnSO_4$-H_2SO_4 溶液（35℃）中的阳极极化曲线，如图 3-24 所示，对阳极极化曲线进行线性拟合，得到的析氧动力学参数如表 3-13 所示。

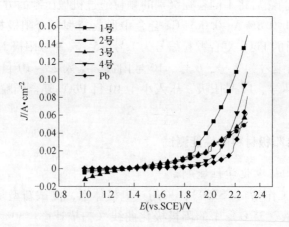

图 3-24 α(β)-PbO₂ 复合颗粒增强纯 Pb 阳极材料的阳极极化曲线（扫描速率：30mV/s）

1 号—PbO₂ 复合颗粒粒径大于 50 目；2 号—PbO₂ 复合颗粒粒径为 50～22 目；

3 号—PbO₂ 复合颗粒粒径为 22～10 目；4 号—PbO₂ 复合颗粒粒径小于 10 目

表 3-13　α(β)-PbO₂ 复合颗粒增强纯 Pb 阳极材料的析氧动力学参数

阳极类型	$\eta(500\mathrm{A/m^2})/\mathrm{V}$	a/V	b/V	$i^0/\mathrm{A \cdot cm^{-2}}$
1 号	1.025	1.74500	0.55342	7.0288×10^{-4}
2 号	1.269	2.36780	0.84413	1.5667×10^{-3}
3 号	1.236	2.28407	0.80586	1.4644×10^{-3}
4 号	1.190	1.57543	0.29588	4.7363×10^{-3}
纯 Pb	1.270	1.64671	0.28934	2.0358×10^{-6}

注：η 为析氧过电位；i^0 为交换电流密度。

从图 3-24 可以看出，当电位为 1.8 ~ 2.15V 时，在相同的电流密度下，铅基阳极析氧电位从高到低的顺序为：纯 Pb > 4 号 > 2 号 > 3 号 > 1 号；当电位为 2.15 ~ 2.3V 时，在相同电流密度下，析氧电位从高到低的顺序为：2 号 > 3 号 > 纯 Pb > 4 号 > 1 号。很显然，电位较低的区域，纯 Pb 阳极的析氧电位均高于压入活性 PbO₂ 复合颗粒的新型阳极材料，说明活性 PbO₂ 复合颗粒的压入，可以有效降低铅基阳极的析氧电位。并且当电位为 1.8 ~ 2.15V 时，呈现出活性 PbO₂ 复合颗粒的粒径越小，析氧电位越低，原因是 PbO₂ 复合颗粒的粒径越小，电化学反应的真实比表面积越大，单位面积上的电催化活性点数增加，析氧电位降低。

从表 3-13 可以看出，纯 Pb 阳极的析氧过电位值均比压入活性 PbO₂ 颗粒制得的铅基阳极的高，说明活性 PbO₂ 复合颗粒可以有效提高铅基阳极的电催化活性。原因是过电位越小，电极反应时受到的阻力越小，电极反应时的速度越快，电极的电催化活性就越好。

3.3.3.2　塔菲尔特性

α(β)-PbO₂ 复合颗粒增强纯 Pb 阳极材料在 ZnSO₄-H₂SO₄ 溶液（35℃）中的塔菲尔曲线，如图 3-25 所示，对 Tafel 曲线进行拟合，得到腐蚀电位和腐蚀电流

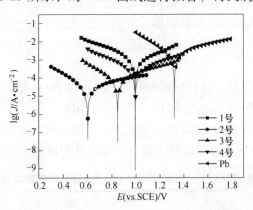

图 3-25　α(β)-PbO₂ 复合颗粒增强纯 Pb 阳极材料的 Tafel 曲线（扫描速率：10mV/s）

1 号—PbO₂ 复合颗粒粒径大于 50 目；2 号—PbO₂ 复合颗粒粒径为 50 ~ 22 目；

3 号—PbO₂ 复合颗粒粒径为 22 ~ 10 目；4 号—PbO₂ 复合颗粒粒径小于 10 目

如表 3-14 所示。

从表 3-14 可以看出，各铅基阳极的腐蚀电位值相差不大，在腐蚀电位值相差不大的前提下，腐蚀电流越大耐蚀性越差，腐蚀电流值越小，耐蚀性越好；压入活性 PbO_2 复合颗粒的 Pb 基阳极的腐蚀电流均比纯铅阳极的小得多，说明 PbO_2 复合颗粒可以增强 Pb 基阳极的耐蚀性，且耐蚀性从大到小的顺序为：1 号 >2 号 >3 号 >4 号 >纯 Pb，说明 PbO_2 复合颗粒的粒径越小，其耐蚀性越好。

表 3-14 $\alpha(\beta)$-PbO_2 复合颗粒增强纯 Pb 阳极材料的腐蚀电位和腐蚀电流

阳 极 类 型	腐蚀电位 E_{corr}/V	腐蚀电流 I_{corr}/A
1 号	0.99363	8.336×10^{-6}
2 号	0.60226	3.230×10^{-5}
3 号	0.84759	1.110×10^{-4}
4 号	0.99540	4.179×10^{-4}
纯 Pb	1.32040	2.609×10^{-3}

3.3.4 $\alpha(\beta)$-PbO_2 复合颗粒增强纯 Pb 阳极的力学性能

为了更好地了解制备的阳极材料的使用情况，对阳极进行了硬度、抗拉强度和断裂伸长率的检测，具体如下。

3.3.4.1 硬度分析

硬度是指材料抵抗局部变形，特别是塑性变形、压痕或划痕的能力，是衡量材料软硬的判据，是一个综合的物理量。材料的硬度越高，耐磨性越好，故常将硬度值作为衡量材料耐磨性的重要指标之一。硬度的测定常用压入法。把规定的压头压入金属材料表面层，然后根据压痕的面积或深度确定其硬度值。采用便携式硬度计（NDT280）测试铅基合金阳极的布氏硬度，测五点取平均值，测量结果如表 3-15 所示。

从表 3-15 可以看出，向 Pb 基阳极里压入活性 PbO_2 复合颗粒后，其硬度明显增加，其中 1 号阳极的布氏硬度达到 93.1HBW，与纯 Pb 阳极相比，增大 37.6HBW；2 号、3 号及 4 号阳极分别比纯 Pb 阳极增大 30.1HBW、20HBW 及 10.1HBW。说明 PbO_2 复合颗粒粒径越小，对铅基阳极硬度的增大作用越明显。

表 3-15 $\alpha(\beta)$-PbO_2 复合颗粒增强纯 Pb 阳极材料的布氏硬度值（HBW）

阳极类型	测 量 点 数					平均值
	1	2	3	4	5	
1 号	92.0	92.5	93.0	94.5	93.5	93.1
2 号	85.0	84.5	86.0	87.0	85.5	85.6

续表3-15

阳极类型	测 量 点 数					平均值
	1	2	3	4	5	
3 号	74.5	75.0	76.5	75.5	76.0	75.5
4 号	65.5	65.0	66.0	64.5	67.0	65.6
纯 Pb	54.5	55.0	56.0	55.5	56.5	55.5

3.3.4.2 拉伸实验分析

1 号阳极、4 号阳极及纯 Pb 阳极的拉伸曲线图和断面伸长率，分别如图 3-26 和表 3-16 所示。

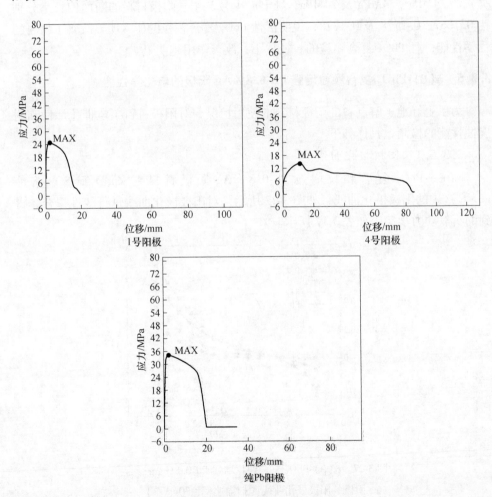

图 3-26 α(β)-PbO₂ 复合颗粒增强纯 Pb 阳极材料的拉伸曲线图

1 号—PbO₂ 复合颗粒粒径大于 50 目；4 号—PbO₂ 复合颗粒粒径小于 10 目

表 3-16   α(β)-PbO₂ 复合颗粒增强纯 Pb 阳极材料的断面伸长率

阳 极 类 型	断面伸长率
1 号	0.2778
4 号	0.1778
纯 Pb	0.1667

抗拉强度 R_m 指材料抵抗拉伸断裂的能力，材料的抗拉强度越大，抵抗断裂的能力越强；断面伸长率是用来衡量材料塑性的重要指标，其值越大，材料的塑性越好。从图 3-26 和表 3-16 可以看出，纯 Pb、1 号及 4 号阳极材料的抗拉强度分别为 14MPa、34MPa 及 24MPa，纯 Pb、1 号及 4 号阳极材料的断面伸长率分别为 0.1667、0.2778 及 0.1778，说明活性 PbO₂ 复合颗粒的压入明显改善了材料的力学性能，且 PbO₂ 复合颗粒的粒径越小，改善作用越明显。

3.3.5   α(β)-PbO₂ 复合颗粒增强 Pb-0.8%Ag 阳极的电化学性能

为了更好地了解制备的阳极材料的使用情况，对阳极进行了电催化活性和耐腐蚀性能的检测，具体如下。

3.3.5.1   阳极极化曲线

α(β)-PbO₂ 复合颗粒增强 Pb-0.8% Ag 阳极材料在 ZnSO₄-H₂SO₄ 溶液 (35℃) 中的阳极极化曲线，如图 3-27 所示，对阳极极化曲线进行线性拟合，得到的析氧动力学参数如表 3-17 所示。

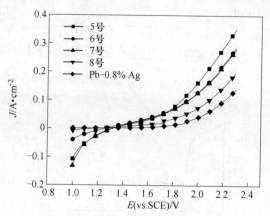

图 3-27   α(β)-PbO₂ 复合颗粒增强 Pb-0.8% Ag 合金
阳极的阳极极化曲线（扫描速率：30mV/s）
5 号—PbO₂ 复合颗粒粒径大于 50 目；6 号—PbO₂ 复合颗粒粒径为 50 ~ 22 目；
7 号—PbO₂ 复合颗粒粒径为 22 ~ 10 目；8 号—PbO₂ 复合颗粒粒径小于 10 目

表 3-17 α(β)-PbO$_2$ 复合颗粒增强 Pb-0.8%Ag 合金阳极的析氧动力学参数

阳极类型	$\eta(500A/m^2)/V$	a/V	b/V	$i^0/A \cdot cm^{-2}$
5 号	0.5815	1.64904	0.82059	9.78×10^{-3}
6 号	0.6622	1.73745	0.82648	7.90×10^{-3}
7 号	0.6634	1.75020	0.83531	8.03×10^{-3}
8 号	0.6691	1.75725	0.83638	7.92×10^{-3}
Pb-0.8% Ag	0.6697	1.75845	0.83681	7.91×10^{-3}

注：η 为析氧过电位；a，b 为塔菲尔常数；i^0 为交换电流密度。

从图 3-27 可以看出，往 Pb-0.8% Ag 合金阳极里压入活性 PbO$_2$ 复合颗粒后，在相同的电流密度下，析氧电位明显降低，表明压入 PbO$_2$ 复合颗粒后可以改善 Pb-0.8% Ag 合金阳极的析氧电位。在相同的电流密度下，析氧电位从高到低的顺序依次为：Pb-0.8% Ag > 8 号 > 7 号 > 6 号 > 5 号，表明 PbO$_2$ 复合颗粒的粒径越小，对 Pb-0.8% Ag 合金阳极的析氧电催化改善效果越好，其中 5 号（PbO$_2$ 复合颗粒粒径大于 50 目）阳极的析氧电位最低，原因可能是 PbO$_2$ 复合颗粒粒径越小，将其压入 Pb-0.8% Ag 合金阳极里后在表面分布较均匀，电化学反应的真实比表面积就越大，催化活性点数越多。

从表 3-17 可以看出，压入活性 PbO$_2$ 复合颗粒的 Pb-0.8% Ag 合金阳极与未压入颗粒的 Pb-0.8% Ag 合金阳极相比，a、b 值略有减小，过电位 η 也略有下降，说明 PbO$_2$ 复合颗粒可以提高电极的电催化活性，其中 5 号阳极的 a、b 值最小，过电位最小，交换电流密度最大，说明 5 号电极具有最佳的电催化活性，在进行电积锌实验时，其槽电压最低，能耗最小。

3.3.5.2 塔菲尔特性分析

α(β)-PbO$_2$ 复合颗粒增强 Pb-0.8% Ag 阳极材料在 ZnSO$_4$-H$_2$SO$_4$ 溶液（35℃）中的塔菲尔曲线，如图 3-28 所示，对 Tafel 曲线进行拟合，得到的腐蚀电位和腐蚀电流如表 3-18 所示。

表 3-18 α(β)-PbO$_2$ 复合颗粒增强 Pb-0.8%Ag 合金阳极的腐蚀电位和腐蚀电流

阳 极 类 型	腐蚀电位 E_{corr}/V	腐蚀电流 I_{corr}/A
5 号	0.99847	2.982×10^{-5}
6 号	0.77397	6.510×10^{-5}
7 号	0.87020	1.246×10^{-4}
8 号	1.15370	1.047×10^{-3}
Pb-0.8% Ag	0.87036	2.007×10^{-3}

从图 3-28 和表 3-18 可以看出，各阳极的腐蚀电位相差不大，这种情况下，主要比较腐蚀电流，腐蚀电流越小，耐蚀性越好，反之越差。压入活性 PbO$_2$ 复

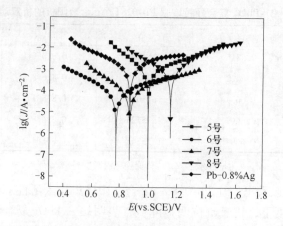

图 3-28   α(β)-PbO$_2$ 复合颗粒增强 Pb-0.8% Ag 合金

阳极的 Tafel 曲线 （扫描速率：10mV/s）

5 号—PbO$_2$ 复合颗粒粒径大于 50 目；6 号—PbO$_2$ 复合颗粒粒径为 50~22 目；

7 号—PbO$_2$ 复合颗粒粒径为 22~10 目；8 号—PbO$_2$ 复合颗粒粒径小于 10 目

合颗粒后 Pb-0.8% Ag 合金阳极的耐蚀性明显增强，5 号阳极的腐蚀电流与未压入活性 PbO$_2$ 复合颗粒的 Pb-0.8% Ag 合金阳极相比，腐蚀电流是 5 号阳极的 200 倍，是 6 号阳极的 30 倍，是 7 号阳极的 16 倍，是 8 号阳极的 1.9 倍，其中 5 号阳极的腐蚀电流最小，未压入活性 PbO$_2$ 复合颗粒的 Pb-0.8% Ag 合金阳极最大，表明 5 号阳极的耐蚀性最好，未压入活性 PbO$_2$ 复合颗粒的 Pb-0.8% Ag 合金阳极的耐蚀性最差。

3.3.6   α(β)-PbO$_2$ 复合颗粒增强 Pb-0.8％Ag 阳极的力学性能

为了更好地了解制备的阳极材料的使用情况，对阳极进行了硬度、抗拉强度和断裂伸长率的检测，具体如下。

3.3.6.1   硬度分析

表 3-19 是压入 α(β)-PbO$_2$ 复合颗粒和未压 PbO$_2$ 复合颗粒的 Pb-0.8% Ag 合金阳极的硬度值。从表 3-19 可以看出，往 Pb-0.8% Ag 合金阳极里压入 PbO$_2$ 复合颗粒后，合金阳极的硬度明显增加，与纯 Pb-0.8% Ag 阳极相比，5 号阳极增大 39.2HBW，6 号阳极增大 30HBW，7 号阳极增大 21.0HBW，8 号阳极增大 9.6HBW。说明 PbO$_2$ 复合颗粒的粒径越小，对 Pb-0.8% Ag 阳极的硬度的增强作用越明显。

3.3.6.2   拉伸实验分析

压入不同粒径的 α(β)-PbO$_2$ 复合颗粒的 Pb-0.8% Ag 阳极及纯 Pb-0.8% Ag 的拉伸曲线，如图 3-29 所示，Pb-0.8% Ag 合金阳极的断面伸长率，如表 3-20 所示。

表 3-19 α(β)-PbO₂ 复合颗粒增强 Pb-0.8%Ag 合金阳极的布氏硬度值（HBW）

阳极类型	测量点数					平均值
	1	2	3	4	5	
5 号	100.5	100.0	98.5	105.5	100.0	100.9
6 号	90.0	95.5	92.5	90.0	90.5	91.7
7 号	80.0	80.5	85.5	83.5	84.0	82.7
8 号	70.5	72.0	73.5	71.0	69.5	71.3
Pb-Ag	60.5	60.0	65.5	62.5	60.0	61.7

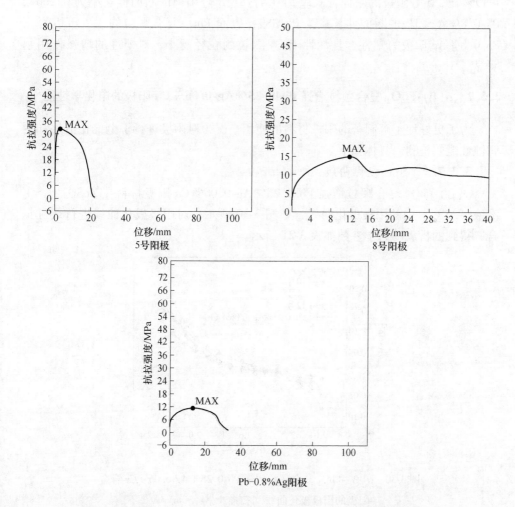

图 3-29 α(β)-PbO₂ 复合颗粒增强 Pb-0.8% Ag 合金阳极的拉伸曲线

5 号—PbO₂ 复合颗粒粒径大于 50 目；8 号—PbO₂ 复合颗粒粒径小于 10 目

表 3-20   α(β)-PbO₂ 复合颗粒增强 Pb-0.8%Ag 合金阳极断面伸长率

阳 极 类 型	断面伸长率
5 号	0.4778
8 号	0.2667
Pb-0.8% Ag	0.1889

从图 3-29 可以看出，5 号阳极和 8 号阳极与未压 PbO₂ 复合颗粒的 Pb-0.8% Ag 阳极相比，抗拉强度分别增大 20MPa 和 3MPa，说明 PbO₂ 复合颗粒的压入可以增加材料的抗拉强度，提高 Pb-0.8% Ag 阳极的抗拉伸断裂的能力。从表 3-20 可以看出，5 号阳极的断面伸长率为 0.4778，8 号阳极的断面伸长率为 0.2667，Pb-0.8% Ag 阳极的断面伸长率为 0.1889，表面 PbO₂ 复合颗粒的压入可以提高 Pb-0.8% Ag 阳极的塑性，且活性 PbO₂ 颗粒的粒径越小，对塑性的增强作用越明显。

3.3.7   α(β)-PbO₂ 复合颗粒增强 Pb-0.25%Ag-0.06%Ca 阳极的电化学性能

为了更好地了解制备的阳极材料的使用情况，对阳极进行了电催化活性和耐腐蚀性能的检测，具体如下。

3.3.7.1   阳极极化曲线

α(β)-PbO₂ 复合颗粒增强 Pb-0.25% Ag-0.06% Ca 阳极材料在 ZnSO₄-H₂SO₄ 溶液（35℃）中的阳极极化曲线，如图 3-30 所示，对阳极极化曲线进行线性拟合，得到的析氧动力学参数如表 3-21 所示。

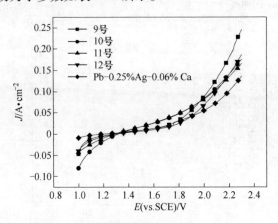

图 3-30   α(β)-PbO₂ 复合颗粒增强 Pb-0.25% Ag-0.06% Ca 合金
阳极的阳极极化曲线（扫描速率：30mV/s）
9 号—PbO₂ 复合颗粒粒径大于 50 目；10 号—PbO₂ 复合颗粒粒径为 50～22 目；
11 号—PbO₂ 复合颗粒粒径为 22～10 目；12 号—PbO₂ 复合颗粒粒径小于 10 目

表 3-21 α(β)-PbO₂ 复合颗粒增强 Pb-0.25%Ag-0.06%Ca 合金阳极的析氧动力学参数

阳极类型	$\eta(500A/m^2)/V$	a/V	b/V	$i^0/A \cdot cm^{-2}$
9 号	0.8582	1.65923	0.61564	2.02×10^{-3}
10 号	0.8083	1.95453	0.88102	6.05×10^{-3}
11 号	0.8028	2.02020	0.93573	6.93×10^{-3}
12 号	0.9279	1.72338	0.61138	1.55×10^{-3}
Pb-0.25% Ag-0.06% Ca	0.9706	1.95670	0.75793	2.62×10^{-3}

注:η 为析氧过电位;a,b 为塔菲尔常数;i^0 为交换电流密度。

从图 3-30 可以看出,当电位为 1.5~1.9V 时,在相同的电流密度下,各阳极析氧电位从高到低的次序为:12 号 > Pb-0.25% Ag-0.06% Ca > 9 号 > 10 号 ≈ 11 号;当电位为 1.9~2.2V 时,各阳极析氧电位从高到低的次序为:Pb-0.25% Ag-0.06% Ca > 12 号 > 11 号 > 10 号 > 9 号;当电位为 2.2~2.3V 时,各阳极析氧电位从高到低的次序为:Pb-0.25% Ag-0.06% Ca > 11 号 > 10 号 > 12 号 > 9 号;说明在电位范围为 1.9~2.3V 时,PbO_2 复合颗粒压入到 Pb-0.25% Ag-0.06% Ca 合金阳极后可以降低阳极的析氧电位,且在电位为 1.9~2.2V 时,PbO_2 复合颗粒的粒径越小,阳极的析氧电位越低。

从表 3-21 可以看出,9 号阳极的 a、b 值相对较小,结合 Tafel 公式 ($\eta = a + b\lg i$),可知 a、b 值越小,将该阳极用于电积锌时,其槽电压较低,能耗较小。Pb-0.25% Ag-0.06% Ca 阳极的过电位最大,说明该阳极在进行电化学反应时阻力较大,电极反应不易发生,催化活性较差,以上分析可知 PbO_2 复合颗粒压入到 Pb-0.25% Ag-0.06% Ca 合金阳极中可以提高阳极的电催化活性。

3.3.7.2 塔菲尔特性分析

α(β)-PbO₂ 复合颗粒增强 Pb-0.25% Ag-0.06% Ca 阳极材料在 $ZnSO_4$-H_2SO_4 溶液(35℃)中的塔菲尔曲线,如图 3-31 所示,对 Tafel 曲线进行拟合,得到的腐蚀电位和腐蚀电流如表 3-22 所示。

表 3-22 α(β)-PbO₂ 复合颗粒增强 Pb-0.25%Ag-0.06%Ca 合金阳极的腐蚀电位和腐蚀电流

阳极类型	腐蚀电位 E_{corr}/V	腐蚀电流 I_{corr}/A
9 号	0.91450	5.548×10^{-5}
10 号	0.93564	1.219×10^{-4}
11 号	1.04300	2.659×10^{-4}
12 号	1.15370	5.489×10^{-4}
Pb-0.25% Ag-0.06% Ca	1.17960	6.325×10^{-4}

从表 3-22 可以看出,各阳极的腐蚀电位值相差不大,这种情况下,判断阳极材料耐蚀性好坏的依据主要看腐蚀电流,腐蚀电流越小,耐蚀性越好,反之越

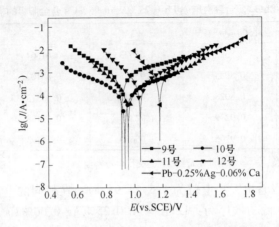

图 3-31   α(β)-PbO$_2$ 复合颗粒增强 Pb-0.25% Ag-0.06% Ca 合金

阳极的 Tafel 曲线（扫描速率：10mV/s）

9 号—PbO$_2$ 复合颗粒粒径大于 50 目；10 号—PbO$_2$ 复合颗粒粒径为 50 ~ 22 目；

11 号—PbO$_2$ 复合颗粒粒径为 22 ~ 10 目；12 号—PbO$_2$ 复合颗粒粒径小于 10 目

差；9 号、10 号、11 号、12 号 及 Pb-0.25% Ag-0.06% Ca 的腐蚀电流分别为 5.548×10^{-5} A、1.219×10^{-4} A、2.659×10^{-4} A、5.489×10^{-4} A 及 6.325×10^{-4} A，因此 9 号阳极的腐蚀电流最小，耐蚀性最好；纯 Pb-0.25% Ag-0.06% Ca 的腐蚀电流最大，耐蚀性最差；且 PbO$_2$ 复合颗粒的粒径越小，耐蚀性就越好。PbO$_2$ 复合颗粒压入到 Pb-0.25% Ag-0.06% Ca 合金阳极后，改变了电极表面的微电流，使其微电流减小，失电子能力减弱，其耐蚀性提高。

3.3.8   α(β)-PbO$_2$ 复合颗粒增强 Pb-0.25%Ag-0.06%Ca 阳极的力学性能

为了更好地了解制备的阳极材料的使用情况，对阳极进行了硬度、抗拉强度和断裂伸长率的检测，具体如下。

3.3.8.1   硬度分析

α(β)-PbO$_2$ 复合颗粒增强 Pb-0.25% Ag-0.06% Ca 合金阳极及纯 Pb-0.25% Ag-0.06% Ca 合金阳极的布氏硬度值，如表 3-23 所示。

从表 3-23 可以看出，9 号、10 号、11 号、12 号 及 Pb-0.25% Ag-0.06% Ca 阳极的平均硬度值分别为 110.1HBW、99.7HBW、88.5HBW、75.1HBW 及 69.2HBW，压入 PbO$_2$ 复合颗粒的四个阳极的硬度值均比 Pb-0.25% Ag-0.06% Ca 阳极的硬度值高，说明 PbO$_2$ 复合颗粒可以增强 Pb-0.25% Ag-0.06% Ca 合金阳极的硬度，而且 PbO$_2$ 复合颗粒的粒径越小，增强作用越明显。原因是 PbO$_2$ 复合颗粒压入以后，可能会对 Pb-0.25% Ag-0.06% Ca 合金起到第二相强化的作用，因此硬度增加。

表 3-23　α(β)-PbO₂ 复合颗粒增强 Pb-0.25%Ag-0.06%Ca 合金阳极的布氏硬度值（HBW）

阳 极 类 型	测 量 点 数					平均值
	1	2	3	4	5	
9 号	110.5	108.0	110.0	112.5	109.5	110.1
10 号	98.5	99.5	100.5	102.5	97.5	99.7
11 号	85.5	87.5	90.5	92.5	86.5	88.5
12 号	75.5	77.0	74.5	76.0	72.5	75.1
Pb-0.25% Ag-0.06% Ca	65.5	68.5	72.5	69.5	70.0	69.2

3.3.8.2　拉伸实验分析

α(β)-PbO₂ 复合颗粒增强 Pb-0.25% Ag-0.06% Ca 合金阳极及纯 Pb-0.25% Ag-0.06% Ca 合金阳极的拉伸曲线图，如图 3-32 所示；Pb-0.25% Ag-0.06% Ca 合金阳极的断面伸长率，如表 3-24 所示。

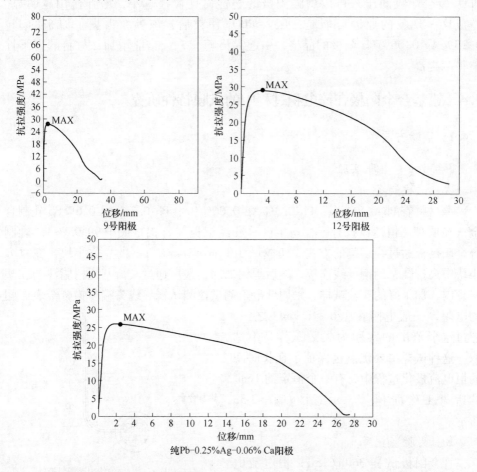

图 3-32　α(β)-PbO₂ 复合颗粒增强 Pb-0.25% Ag-0.06% Ca 合金阳极的拉伸曲线

9 号—PbO₂ 颗粒粒径大于 50 目；12 号—PbO₂ 颗粒粒径小于 10 目

表 3-24　α(β) -PbO₂ 复合颗粒增强 Pb-0. 25％Ag-0. 06％Ca 合金阳极的断面伸长率

阳 极 类 型	断面伸长率
9 号	0. 3000
12 号	0. 1667
Pb-0. 25% Ag-0. 06% Ca	0. 1453

从图 3-32 可以看出，9 号、12 号、纯 Pb-0. 25％ Ag-0. 06％ Ca 阳极的抗拉强度分别约为 29MPa、28MPa 及 26MPa，说明 PbO₂ 复合颗粒的压入可以增加材料的抗拉强度，提高阳极材料抗拉伸断裂的能力；9 号、12 号、纯 Pb-0. 25％ Ag-0. 06％ Ca 阳极的断面伸长率为 0. 3000、0. 1667 及 0. 1453，说明 PbO₂ 复合颗粒的压入可以增强阳极的塑性，且粒径越小，增强作用越明显。造成这一现象的原因可能是：压入 PbO₂ 颗粒后，该颗粒占据了原来的 Pb-0. 25％ Ag-0. 06％ Ca 阳极的晶格，引起晶格畸变，位错能增加，材料的力学性能得到提高。

3.4　铅基合金阳极在锌电积过程中的成膜特性研究

3.4.1　实验方法

3.4.1.1　电积实验

A　试样制备

原材料有 Pb-0. 8％ Ag；Pb-0. 3％ Ag-0. 06％ Ca；Pb-0. 3％ Ag-0. 6％ Sb 轧制合金（昆明理工恒达科技有限公司生产）和纯铝板（含铝量大于 99. 95％）。轧制合金阳极板通过线切割的方式，切成尺寸 1cm × 1cm × 1cm 的立方小块，在立方小块中央打孔，用铜导线连接，然后焊锡加固，最后通过义齿基托树脂注塑在塑料管内。加工好的实验试样，采用低电阻测试仪测试铜导线头端与铅合金表面间的电阻，一般电阻在 1. 6 ~ 1. 9mΩ 之间，超过这个范围的实验为失败试样，不选取。这种试样主要优点是保证了在长时间的恒电流极化过程中，有一个恒定的 1cm² 的析氧工作面积[10]，示意图如图 3-33 所示。

B　实验装置

合金阳极试样 360h(15d) 恒电流电积是在一个可以保温和循环的电积装置中进行，示意图如图 3-34 所示。电积温度为

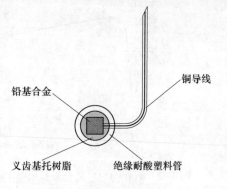

图 3-33　阳极实验试样示意

35℃，电积液体积为35L，电流密度为0.05A/cm²（500A/m²）。这种电积装置的优点是：在长时间的电积过程中，保持一个稳定的酸锌环境和温度环境。所用的阴极板尺寸为12mm×12mm×3mm。阳极试样和阴极铝板在第一次放入电积槽前，通过碳化硅耐水砂纸打磨（韩国，Suisun 有限公司），依次为600目、1000目、1500目。阴极锌的剥锌周期为24h。当预定的时间点（0d，1d，2d，3d，6d，9d，12d和15d）达到的时候，迅速地将阳极试样从电积槽中移出，在蒸馏水中浸泡20s，除去残留的酸锌，然后在电化学工作站（CS350，武汉科斯特）上，进行循环伏安、交流阻抗谱、阳极极化曲线测试。测试结束，继续放到电积槽中恒电流电积。所有的实验重复三次。

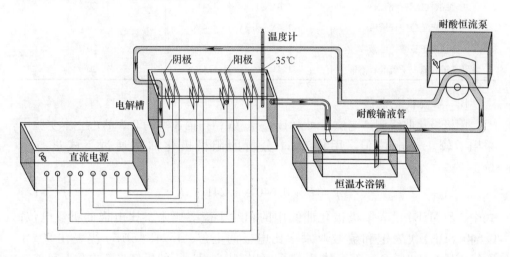

图 3-34　恒电流极化装置示意

C　电积液的配制

所用锌电积液组成如表 3-25 所示。将分析纯的浓硫酸在蒸馏水中稀释，冷却 1h，然后加入分析纯的硫酸锌（$ZnSO_4 \cdot 7H_2O$），搅拌。若溶液中需要 Mn^{2+} 和 Cl^-，则在配好的酸性硫酸锌电积液中加入浓盐酸或硫酸锰（$MnSO_4 \cdot H_2O$）。电积过程中，每天定时取样测试电积液浓度，根据情况及时调整，使其在目标范围内。

表 3-25　电积液的体系

类　型	配　比
纯酸性硫酸锌溶液	50g/L Zn^{2+}；150g/L H_2SO_4
含氯离子硫酸锌溶液	50g/L Zn^{2+}；150g/L H_2SO_4；600mg/L Cl^-
含锰离子硫酸锌溶液	50g/L Zn^{2+}；150g/L H_2SO_4；5g/L Mn^{2+}
含锰离子和氯离子硫酸锌溶液	50g/L Zn^{2+}；150g/L H_2SO_4；600mg/L Cl^-；5g/L Mn^{2+}

3.4.1.2 电化学行为

A 循环伏安曲线

循环伏安法是电化学测试中经常使用的一个方法。通过循环伏安法测试电极参数如峰电流、峰电位及峰电位差等，观察扫描电位范围内所发生的氧化还原反应，也可用于电极反应产物的研究[11]。本研究中循环伏安测试的条件如表 3-26 所示。

表 3-26 循环伏安曲线测试条件

类 型	电 位 区 间	扫描速率/mV·s^{-1}
纯酸性硫酸锌溶液	-1.4V→1.9V→-1.4V	20
含氯离子硫酸锌溶液	-1.4V→2.3V→-1.4V	20
含锰离子硫酸锌溶液	-1.4V→1.9V→-1.4V	20
含锰离子和氯离子硫酸锌溶液	-1.4V→2.3V→-1.4V	20

B 阳极极化曲线

阳极极化曲线测试电位区间为 1.4~1.7V；扫描速率为 0.5mV/s。本实验中采用了较正的电位值。用作 Tafel 分析的阳极极化曲线通过下式进行了校正[10,12~15]。

$$\eta = E + 0.640 - 1.241 - iR_s \tag{3-17}$$

式中，$E(\mathrm{MSE})$ 代表阳极极化曲线中的相对于硫酸亚汞参比电极的析氧电位；0.640(SHE) 代表饱和硫酸亚汞参比电极的电位；1.241(SHE) 代表在 50g/L Zn^{2+}，150g/L H_2SO_4，35℃体系下通过能斯特方程计算的析氧平衡电位，另外三种体系内由于添加的氯锰浓度较小，通过计算得到的数值没有变化；i 代表法拉第电流；R_s 代表参比电极和工作电极之间的溶液电阻[10,13~15]。

将经过公式 3-17 处理后的阳极极化曲线，转化为塔菲尔曲线形式（η-lgi）；然后在 Origin 7.5 软件中，进行线性拟合可以得到 Tafel 参数 a、b 值。通过塔菲尔公式 3-18，来计算特定电流密度下的析氧过电位。当 $\eta=0$ 时，可以计算表观交换电流密度（J_0）。根据电化学理论，电极极化和电极反应的可逆性可以通过表观交换电流密度来评估[10,12,15]。表观交换电流密度越大，预示着电极材料不容易被极化，电极可逆性提高，电化学反应越容易进行。塔菲尔公式如下：

$$\eta = a + blgi \tag{3-18}$$

C 交流阻抗谱

交流阻抗谱的测试条件为：测量电位为 1.4V(MSE)；频率扫描范围为 10^5~10^{-1}Hz；正弦电位扰动信号为 5mV。交流阻抗谱的分析采用 ZView 2.0 软件。采用如图 3-35 所示的等效电路拟合交流阻抗数据[10,16]。在等效电路中，R_s 代表参

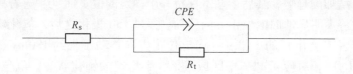

图 3-35　拟合交流阻抗的等效电路

比电极和工作电极之间的溶液电阻；R_t 代表电化学反应过程的电荷传递电阻。CPE 是描述电极和电积液界面行为的常数相元素。在论文中常数相元素替代电容，来拟合实验数据。CPE 的阻抗可以用公式 3-19 表示[17~19]：

$$Z_{CPE} = \frac{1}{Q(j\omega)^n} \tag{3-19}$$

式中，Q 为电容参数，$\Omega^{-1} \cdot cm^{-2} \cdot s^n$；$n$ 表示与完美电容器的偏差程度，当 $n = 1$ 表示完美电容器。有文献表明[14,20~23]，用 CPE 取代双电层电容是一个研究实际电极不同级别粗糙度（物理的不均匀性或者活性点的分布）的好方法。而且未经溶液电阻（R_s）补偿的双电层电容（C_{dl}）和电荷传递电阻（R_t）之间满足式 3-20 所示的公式关系[10,12,14,17,24,25]：

$$Q_{dl} = (C_{dl})^n [(R_s)^{-1} + (R_t)^{-1}]^{1-n} \tag{3-20}$$

所以根据公式 3-20 所描述的模型，双电层电容 C_{dl} 值可以通过 Q_{dl} 值计算获得。其中 Q_{dl} 值通过非线性最小二乘法（CNLS）拟合获得[12,14,17,25]。Alves 提出了一个表征氧化物电极粗糙度/孔隙率的新方法[10,24,25]。根据所提出的方法，C_{dl} 可以用作表征电极表面粗糙度的相对方法。有文献报道[10,24,26]阳极的粗糙度（RF）可以通过公式 3-21 计算得到：

$$RF = \frac{C_{dl}}{C^*} \tag{3-21}$$

式中，C^* 代表一个电容参比值，对于光滑的汞电极来说，C^* 是 $20\mu F/cm^2$。从阳极氧化膜获得的粗糙度值经常用于表征电极的微观形貌[27]。

3.4.2　铅合金阳极在纯硫酸锌溶液体系中的成膜特性研究

3.4.2.1　Pb-0.8% Ag 合金阳极的成膜特性研究

A　循环伏安曲线

Pb-0.8% Ag 轧制合金阳极在特定恒电流时间节点（未极化，1d，2d，3d，6d，9d，12d 和 15d）的循环伏安曲线如图 3-36 所示，循环伏安曲线呈现了典型的两个氧化峰（a，b）和两个还原峰（c，d）[28,29]。如图 3-36 所示，第一个氧化峰 a 对应于反应 Pb→PbSO₄。在前两天的恒电流极化中，氧化峰（Pb→PbSO₄）

呈现了一个增加的趋势，其后，基本保持一个稳定的值。而且，随着极化时间的延长，氧化峰 a 明显地向电位正方向移动。经过 15d 极化之后，氧化峰 a 的强度是新鲜试样（未极化）的 5 倍，并向电位正方向移动了大约 180mV。电位区间 [−0.7V，1.0V] 对应于 $PbSO_4$ 区域，是一个稳定的钝化状态。电位超过 1.0V 的区域对应于 PbO_2 生成和氧气的释放。随着极化时间的延长，氧化峰 b（PbO→α-PbO_2，$PbSO_4$→β-PbO_2）不断向电位负方向移动。这种现象可能是由阳极表面粗糙度不断增大，以及 β-PbO_2 含量不断增加引起的。这种推断在本节后面的分析得到了证实。最为明显的特征是在电位 1.0V（MSE）附近，一个新的氧化峰 b′出现。根据有关文献介绍，这是由 PbO_2 是多孔结构的，PbO_2 孔中的 Pb 氧化成 $PbSO_4$ 而导致的。也就是说，只有在正向扫描形成 PbO_2，反向扫描时才会出现氧化峰 b′[30~32]。另外一种观点认为[30~32]，氧化峰 b′的出现不仅仅是 O_2 的产生，也需要有 $PbSO_4$ 的形成，也就是氧化峰 a 的出现。根据上面的分析，也可以认为 b′的出现是 $PbSO_4$ 钝化膜被析出的氧气破坏，这样就为 SO_4^{2-} 离子和金属表面的接触提供了通道，发生了电化学反应 $Pb→Pb^{2-}+2e$，以及随后的沉淀反应 $Pb^{2-}+SO_4^{2-}→PbSO_4$[30~32]。随着极化时间的延长，氧化峰 b′的强度先增加，过一段时间后开始降低，没有发生左右移动。

如图 3-36 所示，第一个还原峰 c 对应于反应 α-PbO_2，β-PbO_2→$PbSO_4$[33]。随着极化时间的延长，轮廓清晰的还原峰 c 的强度主要呈现一个增加的趋势，而且逐渐地向电位负方向移动。15d 极化后还原峰 c 的强度大约是新阳极（未极化）的 5 倍，并向电位负方向移动约 700mV。还原峰 d 对应于反应 $PbSO_4$→Pb。在前

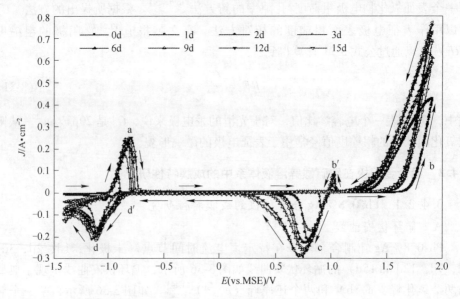

图 3-36   Pb-0.8% Ag 轧制合金阳极试样的循环伏安曲线

两天的极化中，还原峰（$PbSO_4 \rightarrow Pb$）的强度，呈现了一个增加的趋势，其后，基本保持在一个稳定的值。而且，随着极化时间的延长，还原峰 d 轻微地向电位负方向移动。15d 极化后还原峰 d 的强度大约是新阳极的 5 倍，并向电位负方向移动约 100mV。还原峰 d′对应于反应 PbO，$PbSO_4 \rightarrow Pb$。随着极化时间的延长，还原峰 d′的强度渐渐增加，还原峰 d′没有发生左右迁移。

    B   阳极极化曲线

图 3-37 所示为在特定极化时间节点（0d，1d，2d，3d，6d，9d，12d，15d）获得阳极试样的 R_s-修正塔菲尔曲线（η-$\lg i$）图。所有的拟合线呈现了双斜率行为。拟合数据和实验数据达到很好的吻合。

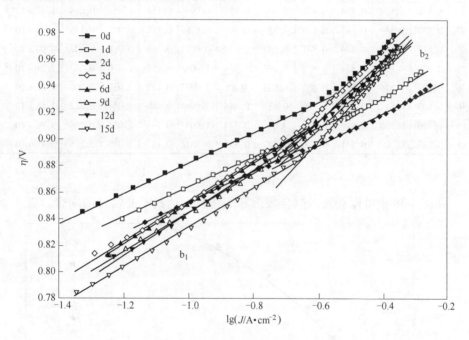

图 3-37   Pb-0.8% Ag 阳极试样拟合的塔菲尔曲线

如表 3-27 所示，随着极化时间的延长，表观交换电流密度 J_0 主要呈现增大的趋势。未经极化的新鲜试样的表观交换电流密度 J_0 值最小（$1.83 \times 10^{-9} A/cm^2$）。经过 12d 极化之后 J_0 值最大（$5.72 \times 10^{-7} A/cm^2$）。根据电化学理论，电极钝化和电化学反应的可逆性可以通过电极表观交换电流密度 J_0 来评估。一般情况下高的 J_0 值预示着电极不容易被钝化，电极反应可逆性提高，电极反应容易发生[10,12,15]。

15d 极化后的阳极试样在 $500A/m^2$，$600A/m^2$，$700A/m^2$，$800A/m^2$，$900A/m^2$，$1000A/m^2$ 电流密度下的析氧过电位值分别为：0.780V，0.801V，0.811V，

0.820V，0.827V，0.834V，相对于未极化的新阳极分别下降 68mV，56mV，53mV，51mV，50mV 和 48mV。总的说来，随着极化时间的延长，析氧过电位呈现逐渐降低的趋势，表观交换电流密度 J_0 呈现逐渐增高的趋势。这种去极化现象可能是因为不断增大的表面粗糙度和升高的 β-PbO$_2$ 含量[10,28,31]。

表 3-27　Pb-0.8%Ag 阳极试样极化不同时间后的析氧过电位和动力学参数

极化时间 t/d	析氧过电位 η/V						a_1/V	b_1/V	a_2/V	b_2/V	J_0 /A·cm^{-2}
	500 A/m²	600 A/m²	700 A/m²	800 A/m²	900 A/m²	1000 A/m²					
0	0.848	0.857	0.864	0.871	0.877	0.882	0.996	0.114	1.054	0.214	1.83×10^{-9}
1	0.830	0.839	0.847	0.853	0.859	0.864	0.976	0.112	0.991	0.149	1.93×10^{-9}
2	0.817	0.826	0.834	0.841	0.847	0.852	0.967	0.115	0.968	0.122	3.90×10^{-9}
3	0.809	0.821	0.831	0.839	0.847	0.854	1.005	0.151	1.076	0.243	2.21×10^{-7}
6	0.804	0.816	0.826	0.835	0.843	0.85	1.002	0.152	1.037	0.206	2.56×10^{-7}
9	0.800	0.812	0.821	0.830	0.837	0.844	0.990	0.146	1.041	0.222	1.66×10^{-7}
12	0.796	0.808	0.819	0.828	0.837	0.844	1.005	0.161	1.054	0.235	5.72×10^{-7}
15	0.780	0.801	0.811	0.820	0.827	0.834	0.981	0.147	1.059	0.266	2.12×10^{-7}

C　交流阻抗谱

在图 3-38 中可以看到，拟合数据和实验数据达到了非常好的吻合。表 3-28

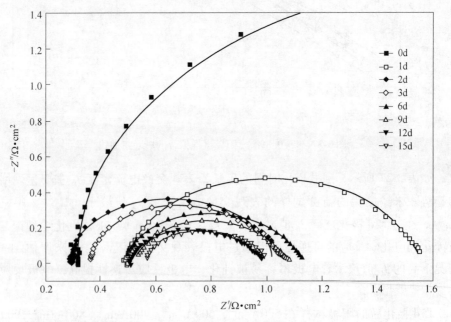

图 3-38　在特定电积时间节点测得阳极试样交流阻抗图谱（实验数据及拟合数据）

呈现了拟合电路参数。随着极化时间的延长，电荷传递电阻 R_t 降低，粗糙度 RF 值逐渐增大。未经极化的阳极电荷传递电阻为 $3.302\Omega \cdot cm^2$；极化 15d 之后电荷传递降为 $0.432\Omega \cdot cm^2$。电荷传递电阻越小，电化学反应越容易进行。粗糙度与氧化层的表面积有关，粗糙度越大，阳极析氧表面积就越大，电化学反应就越快。阳极的这种去极化行为可能是由氧化层中不断增加的 PbO_2 含量以及逐渐增大的粗糙度引起的。PbO_2 在酸性溶液中具有较高的导电性和析氧活性。粗糙度的增加与表面微观形貌分析获得的结果是一致的。

表 3-28　在特定极化时间点获得的交流阻抗谱等效电路参数

极化时间 t/d	R_s /$\Omega \cdot cm^2$	R_t /$\Omega \cdot cm^2$	Q_{dl} /$\Omega^{-1} \cdot cm^{-2} \cdot s^n$	n	计算的双电层电容和粗糙度	
					C_{dl} /$\mu F \cdot cm^{-2}$	RF
0	0.311	3.302	0.568	0.997	5571	279
1	0.503	1.038	4.496	0.946	35408	1770
2	0.292	0.729	5.468	0.993	52982	2649
3	0.361	0.688	7.123	0.965	61427	3071
6	0.489	0.630	8.916	0.921	64874	3244
9	0.527	0.540	8.450	0.910	58071	2904
12	0.495	0.485	22.609	0.833	126578	6329
15	0.560	0.432	11.903	0.906	82446	4122

D　扫描电镜

不同极化时间（3d，6d，9d，12d，15d）获得的阳极氧化层的微观形貌的扫描电镜图如图 3-39 所示。随着极化时间的延长，阳极氧化层微观形貌发生了显著的变化。极化 3d 之后，阳极氧化层主要是由层状结构组成，带有一些晶须状结构，布满孔洞。颗粒结构和结构趋向不明显（图 3-39a）。极化 6d 之后，阳极氧化层的微观结构发生了明显的变化，与极化 3d 相比，阳极氧化层主要由大的颗粒组成，孔洞减少。颗粒轮廓和结构趋向变得明显（图 3-39b）。极化 9d 之后，阳极氧化膜的微观结构和极化 6d 获得的很相似，颗粒尺寸变大。事实上，在研究的这 5 个时间点中，极化 9d 获得的颗粒是最大的（图 3-39c）。极化 12d 后，和极化 9d、6d 结构很相似，但是颗粒尺寸变小，出现了深深的腐蚀孔洞（图 3-39d）。极化 15d 后，阳极试样的微观形貌再次发生显著的变化：氧化层具备了最致密的微观结构，结构趋向性最好。氧化层主要由四方晶系的微观结构组成，基本上没有孔洞（图 3-39e）。通过微观结构可以看出，随着极化时间的延长，与阳极去极化密切相关的表面粗糙度逐渐增加。总的说来，在前 9d 的极化中，阳极氧化层的微观颗粒呈现了形成和稳定的过程。其后，颗粒逐渐细化，直到孔洞全被填堵。

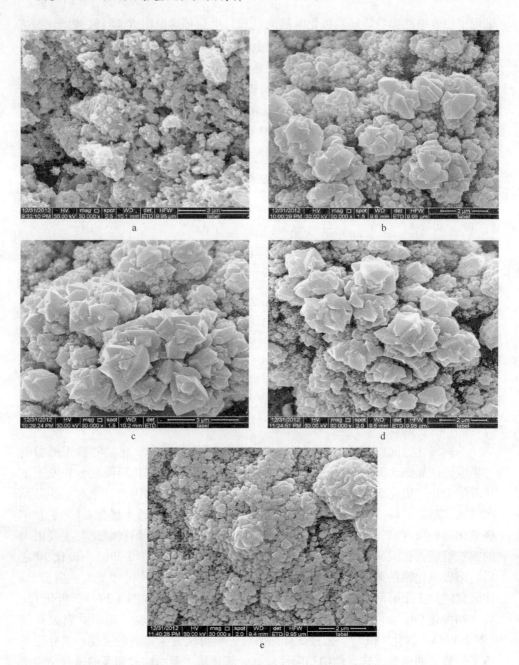

图 3-39 不同电积时间阳极氧化层微观结构

a—3d; b—6d; c—9d; d—12d; e—15d

E XRD 分析

对不同极化时间的阳极氧化层结构进行了 XRD 探测，结果如图 3-40 所示。阳

极氧化层主要有 α-PbO$_2$，β-PbO$_2$，PbSO$_4$ 和 PbO 物相组成。然而随着极化时间的延长，这些物相的比例发生了显著的变化。计划 3d 之后，阳极氧化层的主要物相是 α-PbO$_2$，也有少量的 β-PbO$_2$。α-PbO$_2$ 和 β-PbO$_2$ 分别呈现的择优取向为（111）和（211）晶面。这个结论，与前面学者的研究是一致的[14]。极化 6d 后，阳极物相主要由 α-PbO$_2$ 和 β-PbO$_2$ 组成。α-PbO$_2$ 的择优取向为（111）晶面，β-PbO$_2$的择优取向为（110），（101）和（211）晶面。与极化 3d 相比，β-PbO$_2$ 开始升高。

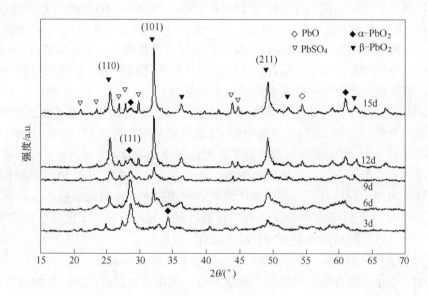

图 3-40　不同极化时间阳极氧化层 XRD 图谱

（为了便于比较，极化 6d，9d，12d，15d 的峰强度分别被加上 1000，2500，3000，5500 单位点）

极化 9d 之后，氧化膜主要物相仍为 α-PbO$_2$ 和 β-PbO$_2$。但是，与极化 6d 和 9d 相比，α-PbO$_2$ 和 β-PbO$_2$ 物相峰的强度相对减弱。极化 12d 之后，氧化层的主要物相为 β-PbO$_2$，同时也有少量的 α-PbO$_2$，PbSO$_4$ 和 PbO 物相。而且，α-PbO$_2$ 物相峰强变低，PbSO$_4$ 和 PbO 物相峰基本消失，β-PbO$_2$ 峰显著增强。β-PbO$_2$ 择优取向为（110），（101）和（211）晶面。极化 15d 后，氧化膜的主要物相与极化 12d 相类似。α(111)-PbO$_2$ 基本消失，同时 β-PbO$_2$，PbSO$_4$ 和 PbO 峰增强，特别是 β(101)-PbO$_2$ 增强显著。总的说来，随着极化时间的延长，α-PbO$_2$ 含量呈现逐渐降低的趋势，四方晶系的 β-PbO$_2$ 含量呈现逐渐增高的趋势。α-PbO$_2$ 和 β-PbO$_2$ 择优生长取向分别为（111）和（101）晶面。

3.4.2.2　Pb-0.3%Ag-0.06%Ca 合金阳极的成膜特性研究

A　循环伏安

Pb-0.3%Ag-0.06%Ca 轧制合金阳极在特定极化时间节点（未极化，1d，

2d，3d，6d，9d，12d 和 15d）的循环伏安曲线如图 3-41 所示，循环伏安曲线呈现了典型的两个氧化峰（a，b）和两个还原峰（c，d）[28,29]。

如图 3-41 所示，第一个氧化峰 a 的形成是由于反应 Pb→PbSO₄ 的发生。氧化峰 a 的强度，在前两天的极化过程中，呈现了明显的上升趋势。在第二天结束时达到最大峰值 0.28mA/cm² 左右。在其后的极化中，略有下降，并稳定在 0.25mA/cm² 左右。而且随着极化时间的延长，峰 a 显著地向正方向移动，15d 恒电流极化后的峰 a 比新阳极（0d）向正方向移动 200mV 左右。−0.6 ~ 1.0V（MSE）对应的是 Pb-SO₄ 的区域，是一个稳定的钝化状态。大于 1.0V（MSE）是生成 PbO₂ 和析出氧气的区域。主要的物相为 α-PbO₂ 和 β-PbO₂。氧化峰 b 的形成是由于反应 PbO→α-PbO₂ 和 PbSO₄→β-PbO₂ 的发生。随着极化时间的延长氧化峰 b 明显地向电位负方向移动。这种去极化现象是由阳极表面粗糙度的变化引起的[10,30,31]。在循环伏安曲线上反向扫描过程中有一个明显的特征，即在 1.0V（MSE）附近出现了新氧化峰 b'。这个新氧化峰的出现是 PbO₂ 空隙中的 Pb 氧化成 PbSO₄ 的结果。也就是只有在正向扫描生成 PbO₂ 时，反向扫描过程中才会出现这个氧化峰 b'[30~32]。而且氧化峰 b'出现的必备条件不仅包括氧气的析出，还包括 PbSO₄ 的形成，也就是氧化峰 a 的出现。根据上面的分析，我们也认为 b'的出现是 PbSO₄ 钝化膜被析出的氧气破坏，这样就为 SO₄²⁻ 离子和金属表面的接触提供了通道，发生了电化学反应 Pb→Pb²⁺ +2e，以及随后的沉淀反应 Pb²⁺ + SO₄²⁻→PbSO₄[30~32]。如图 3-41 所示，氧化峰 b'的强度，在第一天极化结束时达到最大峰值 0.09mA/cm²，在以后的极化过程中，强度逐渐降低。当极化 15d 结束时，氧化峰 b'已经消失。这种现象可能

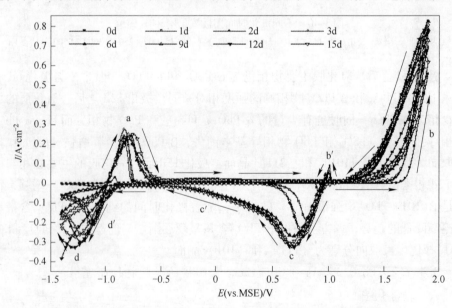

图 3-41   Pb-0.3% Ag-0.06% Ca 轧制合金阳极试样的循环伏安曲线

是由 PbO_2 层逐渐变密、加厚、孔隙逐渐减少所致的。如图3-45所示，XRD分析表明极化后期有大量的 PbO_2 物相产生。而且纯 Pb 物相的消失可以证明这一点。另外一个特征氧化峰 b′ 基本没有发生左右移动。

如图3-41所示，第一个还原峰 c 的形成是由于反应 $\alpha\text{-}PbO_2$ 和 $\beta\text{-}PbO_2\rightarrow Pb\text{-}SO_4$ 的发生[33]。随着极化时间的延长，轮廓清晰的还原峰 c 逐渐变大，在竖直方向上，经过12d极化之后，达到最负峰值，在 $-0.33mA/cm^2$ 左右，其后略有变正，基本稳定在 $-0.3mA/cm^2$ 左右。极化15d结束时，还原峰 c 的强度是新阳极的6倍；同时在水平方向上还原峰 c 逐渐向负电位方向移动。在循环伏安曲线上反向扫描过程中有一个明显的特征，即在 0V（MSE）附近，出现了第二个还原峰 c′，还原峰 c′ 可以清晰地观察到。随着极化时间的延长，它强烈地向负电位区域移动，这种现象可能是由于出现了大量的 $\alpha\text{-}PbO_2$[30~32]。大量的 $\alpha\text{-}PbO_2$ 的产生可以通过 XRD 图谱分析得以证明，如图3-45所示。如图3-41所示，还原峰 d 对应于反应 $PbSO_4\rightarrow Pb$。随着极化时间的延长，还原峰（$Pb\rightarrow PbSO_4$）的强度呈现越来越负的趋势，经过12d极化之后，达到最负峰值，在 $-0.32mA/cm^2$ 左右，其后略有变正，基本稳定在 $-0.3mA/cm^2$ 左右。极化15d结束时，还原峰 d 的强度是新阳极的8倍。而且还原峰 d 逐渐向负的方向移动，极化15d结束时，还原峰 d 与新阳极相比向负方向移动了 0.35V。还原峰 d′ 对应于反应 PbO 和 $PbSO_4\rightarrow$ Pb，还原峰 d′ 基本没有发生侧移。

B　阳极极化曲线

在图3-42中可以看到，拟合数据和实验数据达到了非常好的吻合。如表

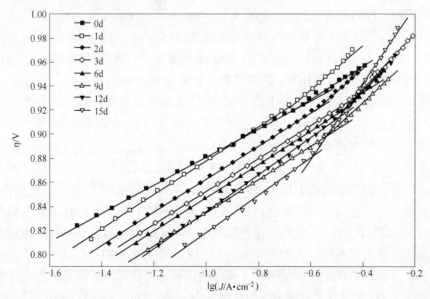

图3-42　阳极试样拟合的塔菲尔曲线

3-29所示，随着极化时间的延长，表观交换电流密度 J_0 主要呈现增长的趋势。未经极化的试样的表观交换电流密度 J_0 值最小（$2.95 \times 10^{-9} A/cm^2$）。经过 15d 电积之后，$J_0$ 值最大（$5.30 \times 10^{-7} A/cm^2$）。根据电化学理论，电极极化和电化学反应的可逆性可以通过电极表观交换电流密度 J_0 来评估。一般情况下高的 J_0 值预示着电极不容易被极化，电极反应可逆性提高，电极反应容易发生[10,12,15]。

表 3-29 阳极试样极化不同时间后的析氧过电位和动力学参数

| 极化时间 t/d | 析氧过电位 η/V | | | | | | a_1/V | b_1/V | a_2/V | b_2/V | J_0 /A·cm^{-2} |
	500 A/m^2	600 A/m^2	700 A/m^2	800 A/m^2	900 A/m^2	1000 A/m^2					
0	0.846	0.855	0.863	0.870	0.876	0.881	0.998	0.117	1.012	0.137	2.95×10^{-9}
1	0.836	0.847	0.856	0.864	0.872	0.878	1.019	0.141	1.049	0.188	5.93×10^{-8}
2	0.820	0.831	0.840	0.849	0.856	0.862	1.001	0.139	1.026	0.181	6.29×10^{-8}
3	0.810	0.821	0.831	0.839	0.846	0.852	0.984	0.138	1.016	0.200	6.70×10^{-8}
6	0.804	0.815	0.825	0.833	0.840	0.846	0.990	0.138	1.029	0.233	7.41×10^{-8}
9	0.793	0.804	0.814	0.822	0.829	0.835	0.973	0.138	1.010	0.212	8.90×10^{-8}
12	0.791	0.803	0.813	0.822	0.830	0.837	0.990	0.153	1.029	0.232	3.83×10^{-7}
15	0.771	0.784	0.794	0.803	0.811	0.818	0.973	0.155	1.072	0.322	5.30×10^{-7}

15d 极化后的阳极试样在 $500 A/m^2$，$600 A/m^2$，$700 A/m^2$，$800 A/m^2$，$900 A/m^2$，$1000 A/m^2$ 电流密度下的析氧过电位值分别为：0.771V，0.784V，0.794V，0.803V，0.811V，0.818V，相对于未极化的新阳极分别下降 75mV，71mV，69mV，67mV，65mV，63mV。总的说来，随着极化时间的延长，析氧过电位呈现逐渐降低的趋势，表观交换电流密度 J_0 呈现逐渐增高的趋势。这种去极化的现象可以通过其不断增大的表面粗糙度和升高的 α-PbO_2 含量来解释[10,28,31]。

C 交流阻抗谱

在图 3-43 中可以看到，拟合数据和实验数据达到了非常好的吻合。表 3-30 呈现了拟合电路参数。随着极化时间的延长，电荷传递电阻 R_t 降低，粗糙度 RF 值逐渐增大。未经极化的阳极电荷传递电阻为 $3.902 \Omega \cdot cm^2$；极化 15d 之后电荷传递降为 $0.237 \Omega \cdot cm^2$。电荷传递电阻越小，电化学反应越容易进行。粗糙度由开始的 237 增大到 5000。粗糙度与氧化层的表面积有关，粗糙度越大，阳极析氧表面积就越大，电化学反应就越快。阳极的这种去极化行为可能是由氧化层中不断增加的 PbO_2 含量以及逐渐增大的粗糙度引起的。PbO_2 在酸性溶液中具有较高的导电性和析氧活性。

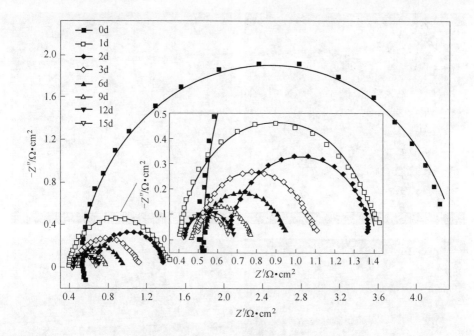

图 3-43　在特定极化时间节点测得阳极试样交流阻抗图谱
（实验数据及拟合数据）

表 3-30　在特定极化时间点获得的交流阻抗谱等效电路参数

极化时间 t/d	R_s $/\Omega \cdot cm^2$	R_t $/\Omega \cdot cm^2$	Q_{dl} $/\Omega^{-1} \cdot cm^{-2} \cdot s^n$	n	计算的双电层电容和粗糙度	
					C_{dl} $/\mu F \cdot cm^{-2}$	RF
0	0.524	3.902	0.016	0.8	4749	237
1	0.406	1.003	0.056	0.8	20153	1008
2	0.657	0.730	0.068	0.8	26855	1343
3	0.499	0.598	0.084	0.8	32895	1645
6	0.518	0.428	0.123	0.8	50728	2536
9	0.466	0.306	0.168	0.8	70563	3528
12	0.421	0.270	0.217	0.8	94125	4706
15	0.423	0.237	0.231	0.8	100004	5000

D　扫描电镜

不同极化时间（3d, 6d, 9d, 12d, 15d）获得的阳极氧化层的微观形貌如图 3-44 所示。随着极化时间的延长，阳极氧化层微观形貌发生了显著的变化。极化 3d 之后，Pb-0.3% Ag-0.06% Ca 合金阳极的阳极氧化层由大量的细小的、不对称的颗粒组成。颗粒的形状、结构趋向和腐蚀孔洞不明显。极化 6d 之后，

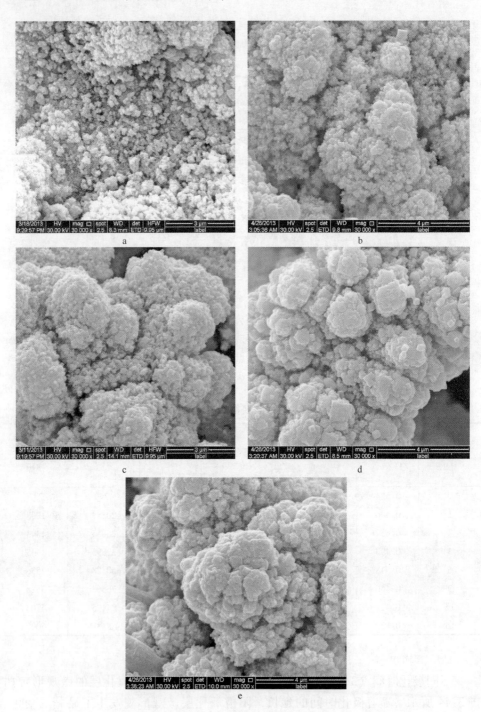

图 3-44 Pb-0.3% Ag-0.06% Ca 阳极氧化层不同极化时间的微观结构

a—3d；b—6d；c—9d；d—12d；e—15d

合金阳极试样的氧化层微观结构开始发生变化：与极化3d相比，阳极氧化层由大一些的颗粒组成，腐蚀孔洞开始出现。颗粒尺寸和结构趋向逐渐明显。极化9d后，Pb-0.3%Ag-0.06%Ca合金阳极试样的氧化层微观结构和极化6d的很类似。颗粒尺寸进一步增大，渐渐出现了孔洞和坑蚀现象。极化12d后，Pb-0.3%Ag-0.06%Ca合金阳极试样的氧化层微观结构发生了显著的变化，氧化层微观结构主要由大的类似于菜花结构的颗粒组成，结构趋向性明显，出现了一些较深的坑蚀。极化15d之后，Pb-0.3%Ag-0.06%Ca合金阳极试样的氧化层微观结构与极化12d的非常类似。但是"菜花状"颗粒结构尺寸进一步增大。这种"菜花状"颗粒结构被后面的实验证明是α-PbO$_2$（图3-45）。α-PbO$_2$被认为具有较低的电阻（α-PbO$_2$：$10^{-3}\Omega\cdot cm$）和较高的电子密度[34]。随着极化时间的增加，增加的α-PbO$_2$含量可能是阳极去极化现象的主要原因。

E XRD分析

如图3-45所示，对不同极化时间（3d，6d，9d，12d和15d）的Pb-0.3%Ag-0.06%Ca试样的腐蚀膜做了XRD分析。结果表明，阳极氧化膜主要包含五种物相PbSO$_4$、α-PbO$_2$、β-PbO$_2$、PbS$_2$O$_3$和Pb。但是随着极化时间的延长，物相含量有明显的变化。极化3d之后，Pb-0.3%Ag-0.06%Ca合金阳极氧化膜物相主要是PbSO$_4$、少量的PbS$_2$O$_3$和Pb。而且PbSO$_4$的择优取向分别为（021）、（121）和（212）晶面。极化6d之后，合金阳极氧化膜的物相仍然主要是PbSO$_4$。而且与极化3d的数据相比，PbSO$_4$的峰值变弱，PbS$_2$O$_3$和Pb的峰值也变弱，并出现了少量的α-PbO$_2$相。极化9d之后，合金阳极氧化膜的物相出现了

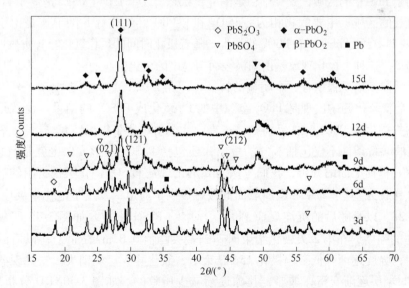

图3-45 不同极化时间阳极氧化层XRD图谱

（为了便于比较，电积6d，9d，12d，15d的峰强度分别被加上1400，2200，3400，5000单位点）

显著的变化。主要物相变为 α-PbO$_2$ 以及少量的 PbSO$_4$ 和 β-PbO$_2$。α-PbO$_2$ 峰值明显加强，并成为主峰。PbSO$_4$ 峰显著衰弱，变为次峰。少量的 β-PbO$_2$ 开始产生。PbS$_2$O$_3$ 峰消失。纯 Pb 的峰也几乎消失，说明随着极化时间的延长，铅合金表面逐渐被铅的氧化物覆盖，而且氧化膜逐渐增厚，直至没有裸露的纯铅[14]。极化 12d 之后，物相分布与极化 9d 相比，大体分布相似，但是 α-PbO$_2$ 峰值进一步加强，PbSO$_4$ 峰进一步衰弱，β-PbO$_2$ 峰仍然很弱。极化 15d 后，物相分布与极化 12d 相比基本相同，但是 α-PbO$_2$ 峰值略有加强。而且 α-PbO$_2$ 的择优取向为 (111) 晶面。XRD 分析表明，Pb-0.3% Ag-0.06% Ca 合金阳极随着极化时间的延长 α-PbO$_2$ 含量逐渐增大，这与前面的循环伏安曲线分析相吻合。

3.4.2.3　Pb-0.3% Ag-0.6% Sb 合金阳极的成膜特性研究

A　循环伏安

Pb-0.3% Ag-0.6% Sb 轧制合金阳极在特定极化时间节点（未极化，1d，2d，3d，6d，9d，12d 和 15d）的循环伏安曲线如图 3-46 所示，循环伏安曲线呈现了典型的两个氧化峰（a，b）和两个还原峰（c，d）[28,29]。

如图 3-46 所示，第一个氧化峰 a 的形成是由于反应 Pb→PbSO$_4$ 的发生。氧化峰 a 的强度，在前两天的极化过程中，呈现了明显的上升趋势。在第二天结束时达到最大峰值 0.32mA/cm^2 左右。在其后的极化中，略有下降，并稳定在 0.25mA/cm^2 左右。而且随着极化时间的延长，峰 a 显著地向电位正方向移动，15d 恒电流极化后的峰 a 比新阳极（未极化）向正方向移动 300mV 左右。−0.6 ~ 1.0V(MSE) 对应的是 PbSO$_4$ 的区域，是一个稳定的钝化状态。大于 1.0V(MSE) 是生成 PbO$_2$ 和析出氧气的区域。主要的物相为 α-PbO$_2$ 和 β-PbO$_2$。氧化峰 b 的形成是由于反应 PbO→α-PbO$_2$ 和 PbSO$_4$→β-PbO$_2$ 的发生。随着极化时间的延长氧化峰 b 明显地向负方向移动。这种去极化现象是由阳极表面粗糙度的变化引起的[10,30,31]。在循环伏安曲线上反向扫描过程中有一个明显的特征，即在 1.0V(MSE) 附近出现了新氧化峰 b'。这个新氧化峰的出现是 PbO$_2$ 空隙中的 Pb 氧化成 PbSO$_4$ 的结果。也就是只有在正向扫描生成 PbO$_2$ 时，反向扫描过程中才会出现这个氧化峰 b'[30~32]。氧化峰 b'出现的必备条件不仅包括氧气的析出，还包括 PbSO$_4$ 的形成，也就是氧化峰 a 的出现。根据上面的分析，我们也认为 b'的出现是 PbSO$_4$ 钝化膜被析出的氧气破坏，这样就为 SO$_4^{2-}$ 离子和金属表面的接触提供了通道，发生了电化学反应 Pb→Pb^{2+} + 2e，以及随后的沉淀反应 Pb^{2+} + SO$_4^{2-}$→PbSO$_4$[30~32]。如图 3-46 所示，氧化峰 b'的强度，在第 2 天极化结束时达到最大峰值 0.07mA/cm^2，在以后的极化过程中，强度逐渐降低。当极化 15d 结束时，氧化峰 b'已经消失。这种现象可能是由 PbO$_2$ 层逐渐变密，加厚，孔隙逐渐减少所致的。如图 3-50XRD 分析所示，电积后有大量的 PbO$_2$ 物相产生。另外，纯 Pb 物相消失，可以支撑这一观点。另外一个特征，氧化峰 b'基本没有发生左右移动。

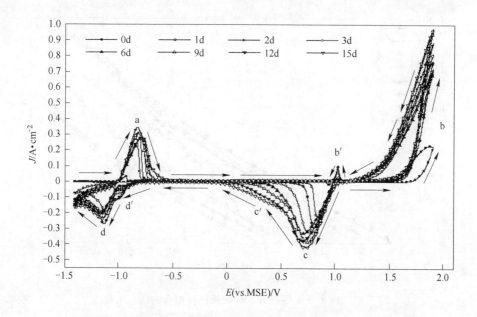

图 3-46 Pb-0.3% Ag-0.6% Sb 轧制合金阳极试样的循环伏安曲线

如图 3-46 所示,第一个还原峰 c 的形成是由于反应 α-PbO$_2$ 和 β-PbO$_2$→Pb-SO$_4$ 的发生[33]。随着极化时间的延长,轮廓清晰的还原峰 c 逐渐变大,在竖直方向上,经过 15d 极化之后,达到最负峰值,在 -0.43mA/cm^2 左右,还原峰 c 的强度是新阳极的 15 倍;同时在水平方向上还原峰 c 逐渐向负电位方向移动。如图 3-46 所示,还原峰 d 的形成对应于反应 PbSO$_4$→Pb 的发生。随着极化时间的延长,还原峰(Pb→PbSO$_4$)的强度呈现越来越负的趋势。经过 15d 极化之后,达到最负峰值在 -0.25mA/cm^2 左右。极化 15d 结束时,还原峰 d 的强度是新阳极的 10 倍。而且还原峰 d 逐渐向负的方向移动,极化 15d 结束时,还原峰 d 与新阳极相比向负方向移动了 0.15V。还原峰 d′ 对应于反应 PbO 和 PbSO$_4$→Pb,还原峰 d′ 基本没有发生侧移。

B 阳极极化曲线

在图 3-47 中可以看到,拟合数据和实验数据达到了非常好的吻合。如表 3-31所示,随着极化时间的延长,表观交换电流密度 J_0 变化不大,基本保持在 10^{-7} 和 10^{-8} 数量级之间。根据电化学理论,电极极化和电化学反应的可逆性可以通过电极表观交换电流密度 J_0 来评估;一般情况下,高的 J_0 值预示着电极不容易被极化,电极反应可逆性提高,电极反应容易发生。在本实验中,表观交换电流密度较小。有文献表明:分析较小的表观电流密度对评估电极活性意义不大[14]。

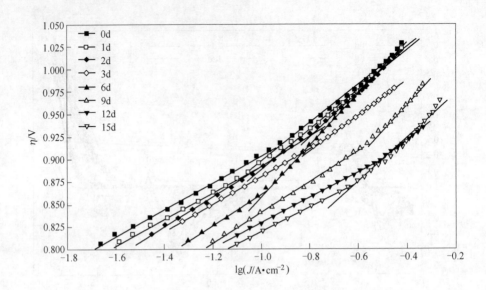

图 3-47 Pb-0.3% Ag-0.6% Sb 阳极试样拟合的塔菲尔曲线

表 3-31 **Pb-0.3%Ag-0.6%Sb 阳极试样不同极化时间后的析氧过电位和动力学参数**

| 极化时间 t/d | 析氧过电位 η/V | | | | | | a_1/V | b_1/V | a_2/V | b_2/V | J_0 /A·cm^{-2} |
	500 A/m^2	600 A/m^2	700 A/m^2	800 A/m^2	900 A/m^2	1000 A/m^2					
0	0.858	0.870	0.880	0.888	0.896	0.903	1.050	0.148	1.109	0.209	7.753×10^{-8}
1	0.848	0.859	0.869	0.878	0.885	0.892	1.036	0.145	1.108	0.219	6.901×10^{-8}
2	0.841	0.854	0.865	0.875	0.883	0.891	1.059	0.168	1.125	0.252	4.887×10^{-7}
3	0.835	0.847	0.857	0.866	0.874	0.880	1.031	0.151	1.065	0.195	1.471×10^{-7}
6	0.809	0.823	0.834	0.844	0.853	0.860	1.030	0.170	1.146	0.288	8.819×10^{-7}
9	0.791	0.804	0.815	0.825	0.833	0.841	1.006	0.165	1.073	0.277	8.252×10^{-7}
12	0.788	0.799	0.808	0.816	0.823	0.829	0.969	0.139	1.007	0.215	1.105×10^{-7}
15	0.779	0.790	0.799	0.807	0.814	0.820	0.954	0.134	1.022	0.244	7.625×10^{-8}

如表 3-31 所示，极化 15d 后的阳极试样在 500A/m^2，600A/m^2，700A/m^2，800A/m^2，900A/m^2，1000A/m^2 电流密度下的析氧过电位值分别为：0.779V，0.790V，0.799V，0.807V，0.814V，0.820V，相对于未极化的新阳极分别下降79mV，80mV，81mV，81mV，72mV，73mV。总的说来，Pb-0.3% Ag-0.6% Sb合金阳极的析氧过电位，随电流密度的升高而升高。随着极化时间的延长析氧过电位呈现逐渐降低的趋势。这种去极化的现象可以通过其不断增大的表面粗糙度和升高的 α-PbO$_2$ 含量来解释[10,28,31]。

C　交流阻抗谱

在图 3-48 中可以看到，拟合数据和实验数据达到了非常好的吻合。表 3-32 呈现了拟合电路参数。随着极化时间的延长，电荷传递电阻 R_t 降低，粗糙度 RF 值逐渐增大。未经极化的阳极电荷传递电阻为 $6.125\Omega \cdot cm^2$；极化 15d 之后电荷传递降为 $0.532\Omega \cdot cm^2$。电荷传递电阻越小，电化学反应越容易进行。粗糙度与氧化层的表面积有关，粗糙度越大，阳极析氧表面积就越大，电化学反应就越快。阳极的这种去极化行为可能是由氧化层中不断增加的 PbO_2 含量以及逐渐增大的粗糙度引起的。PbO_2 在酸性溶液中具有较高的导电性和析氧活性。粗糙度的增加与表面微观形貌分析获得的结果是一致的。

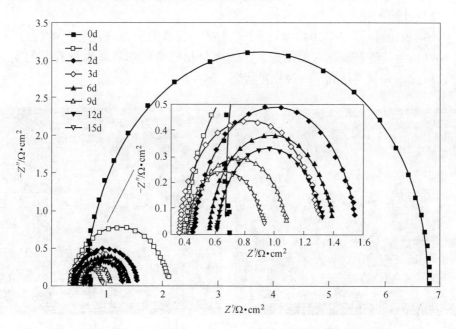

图 3-48　在特定极化时间节点测得 Pb-0.3%Ag-0.6%Sb 阳极试样交流阻抗图谱
（实验数据及拟合数据）

表 3-32　Pb-0.3%Ag-0.6%Sb 阳极试样在特定极化时间点获得的
交流阻抗谱等效电路参数

极化时间 t/d	R_s $/\Omega \cdot cm^2$	R_t $/\Omega \cdot cm^2$	Q_{dl} $/\Omega^{-1} \cdot cm^{-2} \cdot s^n$	n	计算的双电层电容和粗糙度	
					C_{dl} $/\mu F \cdot cm^{-2}$	RF
0	0.670	6.125	0.006	1	6080	304
1	0.401	1.691	0.054	0.950	43833	2192
2	0.452	1.101	0.096	0.929	73683	3684

续表 3-32

极化时间 t/d	R_s /$\Omega \cdot cm^2$	R_t /$\Omega \cdot cm^2$	Q_{dl} /$\Omega^{-1} \cdot cm^{-2} \cdot s^n$	n	计算的双电层电容和粗糙度	
					C_{dl} /$\mu F \cdot cm^{-2}$	RF
3	0.361	0.945	0.127	0.953	107437	5372
6	0.561	0.836	0.153	0.948	129608	6480
9	0.431	0.651	0.176	0.935	142482	7124
12	0.604	0.719	0.192	0.951	166671	8334
15	0.396	0.532	0.210	0.937	171713	8586

D   扫描电镜

不同极化时间（3d，6d，9d，12d，15d）获得的阳极氧化层的微观形貌如图 3-49 所示。随着极化时间的延长，阳极氧化层微观形貌基本没有大的变化。极化 3d 之后，基本达到了一种稳定状态。

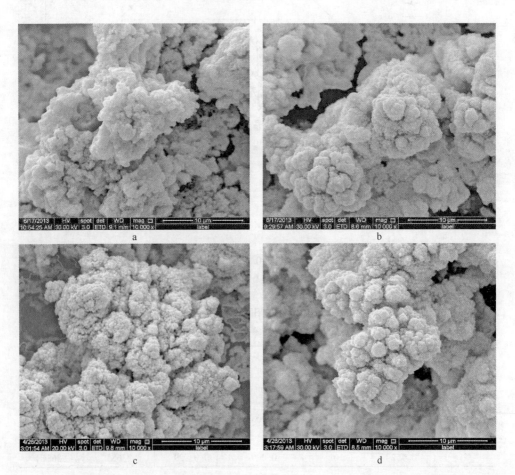

a

b

c

d

e

图 3-49　Pb-0.3% Ag-0.6% Sb 阳极氧化层不同极化时间的微观结构

a—3d；b—6d；c—9d；d—12d；e—15d

Pb-0.3% Ag-0.6% Sb 合金阳极试样的氧化层微观结构主要由"菜花状"颗粒组成。这种"菜花状"颗粒结构被后面的实验证明是 α-PbO$_2$（图 3-50）。α-PbO$_2$ 被认为具有较低的电阻（α-PbO$_2$：$10^{-3}\Omega \cdot cm$）和较高的电子密度[34]。Pb-0.3% Ag-0.6% Sb 合金阳极试样的氧化层微观结构布满腐蚀的孔洞和坑蚀，呈现了严重的腐蚀形貌。从图 3-39、图 3-44 和图 3-49 可以推断未经镀膜的 Pb-0.3% Ag-0.6% Sb 合金阳极在 50g/L Zn^{2+}、150g/L H$_2$SO$_4$ 体系中，与传统阳极相比耐腐蚀性较差。

E　XRD 分析

对极化不同时间的阳极氧化层结构进行了 XRD 探测，结果如图 3-50 所示。阳极氧化层物相主要是 α-PbO$_2$ 以及很少量的 PbO。随着极化时间的延长，这些物相变化比较简单，即 α-PbO$_2$ 物相峰逐渐加强。整个极化过程中，没有其他物相的出现。而且极化 3d 后，主峰即为 α-PbO$_2$ 物相。在随后的极化过程中 α-PbO$_2$ 峰略有加强，但基本变化不大。由此可以推断未经镀膜的 Pb-0.3% Ag-0.6% Sb 合金阳极在 50g/L Zn^{2+}，150g/L H$_2$SO$_4$ 体系中恒电流极化，氧化层物相很快达到平衡状态。这项特征与前面的 SEM 分析是吻合的。与传统阳极氧化膜的形成缓慢，物相不断变化的特性不一样。虽然该阳极耐腐蚀性不好，但产生大量 α-PbO$_2$，α-PbO$_2$ 被认为具有较低的电阻（α-PbO$_2$：$10^{-3}\Omega \cdot cm$）和较高的电子密度[34]。而且腐蚀表面多孔，粗糙度大这些性质可能会导致一个低的析氧过电位。只是，这种低的析氧过电位是以大腐蚀速率为代价的。

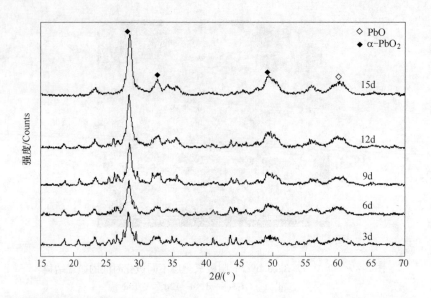

图 3-50 不同电积时间 Pb-0.3% Ag-0.6% Sb 阳极氧化层 XRD 图谱

（为了便于比较，极化 6d, 9d, 12d, 15d 的峰强度分别被加上 800, 1600, 2600, 4000 单位点）

3.4.3 铅合金阳极在含氯离子的硫酸锌溶液体系中的成膜特性研究

3.4.3.1 Pb-0.8% Ag 合金阳极的成膜特性研究

A 循环伏安曲线

Pb-0.8% Ag 轧制合金阳极在特定极化时间节点（未极化，1d, 2d, 3d, 6d, 9d, 12d 和 15d）的循环伏安曲线如图 3-51 所示，循环伏安曲线呈现了典型的两个氧化峰（a, b）和两个还原峰（c, d）[28,29]。

如图 3-51 所示，第一个氧化峰 a 对应于反应 Pb→PbSO$_4$。在 15d 的极化中，氧化峰（Pb→PbSO$_4$）主要呈现了一个增加的趋势，最后峰值电流密度达到 0.26A/cm^2 左右。而且随着极化时间的延长，氧化峰 a 明显地向电位正方向移动。经过 15d 极化后，氧化峰 a 的强度是新鲜试样（未电积）的 4 倍，并向电位正方向移动了大约 100mV。电位区间间隔 [-0.8V, 1.3V] 对应于 PbSO$_4$ 区域，是一个稳定的钝化状态。电位超过 1.3V 的区域对应于 PbO$_2$ 生成和氧气的释放。随着极化时间的延长，氧化峰 b（PbO→α-PbO$_2$，PbSO$_4$→β-PbO$_2$）不断向电位负方向移动。这种现象可能是因为阳极表面粗糙度和 α-PbO$_2$ 含量不断增大[10,30,31]。

如图 3-51 所示，还原峰 c 和 c′对应于反应 α-PbO$_2$，β-PbO$_2$→PbSO$_4$[28,31,33]。随着极化时间的延长，轮廓清晰的还原峰 c 的强度主要呈现一个增加的趋势，而

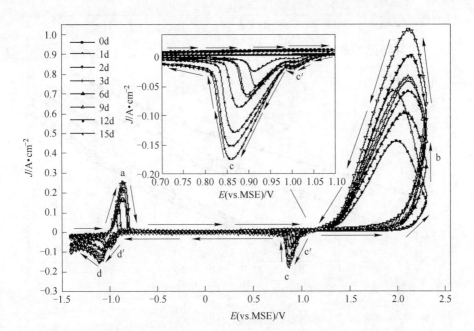

图 3-51　Pb-0.8% Ag 轧制合金阳极试样的循环伏安曲线

且逐渐地向电位负方向移动。15d 极化后还原峰 c 的强度大约是新阳极（未极化）的 7 倍，并向电位负方向移动约 70mV。比较显著的一个特征是：在 1.025V（MSE）附近，清晰地出现了还原峰 c′。随着极化时间的延长，还原峰 c′峰值电流密度逐渐变负。但还原峰 c′没有发生左右侧移。针对这种现象相关文献并不多。其中有一种解释如下[31,35]：还原峰（α-PbO$_2$ 和 β-PbO$_2$→PbSO$_4$）一分为二，说明正向扫描氧化时 α-PbO$_2$ 和 β-PbO$_2$ 同时产生。而且文献还指出，还原峰中，电位更负的 c 对应于 α-PbO$_2$→PbSO$_4$。从图 3-51 可以看出，还原峰 c 很大，c′很小，进而可以推论氧化过程中产生的铅的氧化物以 α-PbO$_2$ 为主。这种推论在后面的 XRD 分析（图 3-55）中得到证实。还原峰 d 对应于反应 PbSO$_4$→Pb。在 15d的极化中，还原峰（PbSO$_4$→Pb）主要呈现了一个明显增强的趋势，并缓慢地向负电位方向移动。15d 极化后还原峰 d 的强度大约是新阳极的 4 倍，并向电位负方向移动约 75mV。还原峰 d′对应于反应 PbO，PbSO$_4$→Pb。随着极化时间的延长，还原峰 d′的强度渐渐增加，但没有发生左右迁移。

B　阳极极化曲线

在图 3-52 中可以看到，拟合数据和实验数据达到了非常好的吻合。

如表 3-33 所示，随着极化时间的延长，表观交换电流密度 J_0 主要呈现增长的趋势。未经极化的新试样的表观交换电流密度 J_0 值最小（1.14×10^{-9}A/cm^2）。经过 12d 极化之后 J_0 值最大（9.85×10^{-7}A/cm^2）。根据电化学理论，电极极化

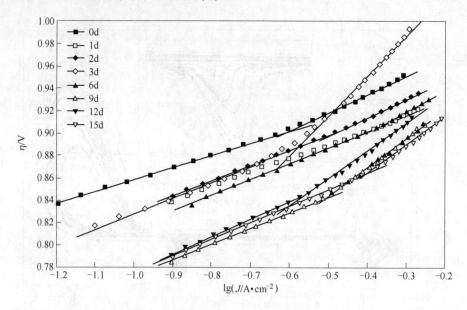

图 3-52　阳极试样拟合的塔菲尔曲线

和电化学反应的可逆性可以通过电极表观交换电流密度 J_0 来确定，一般情况下，高的 J_0 值预示着电极不容易被极化，电极可逆性高，电极反应容易发生[10,12,15]。15d 极化后的阳极试样在 500A/m²，600A/m²，700A/m²，800A/m²，900A/m²，1000A/m² 电流密度下的析氧过电位值分别为 0.730V，0.742V，0.752V，0.761V，0.768V 和 0.775V，相对于未极化的新阳极分别下降 95mV，92mV，89mV，87mV，85mV 和 83mV。总的说来，随着极化时间的延长，析氧过电位呈现逐渐降低的趋势，表观交换电流密度 J_0 呈现逐渐增高的趋势。

表 3-33　Pb-0.8%Ag 阳极试样电积不同时间后的析氧过电位和动力学参数

极化时间 t/d	析氧过电位 η/V						a_1/V	b_1/V	a_2/V	b_2/V	J_0 /A·cm⁻²
	500 A/m²	600 A/m²	700 A/m²	800 A/m²	900 A/m²	1000 A/m²					
0	0.825	0.834	0.841	0.848	0.853	0.858	0.966	0.108	1.000	0.165	1.14×10^{-9}
1	0.791	0.801	0.809	0.816	0.822	0.828	0.95	0.122	0.959	0.146	1.63×10^{-8}
2	0.788	0.799	0.808	0.816	0.823	0.829	0.966	0.137	0.979	0.165	8.89×10^{-8}
3	0.786	0.797	0.806	0.814	0.822	0.828	0.968	0.140	1.093	0.353	1.22×10^{-7}
6	0.773	0.784	0.794	0.802	0.809	0.816	0.959	0.143	0.973	0.181	1.97×10^{-7}
9	0.729	0.740	0.750	0.758	0.766	0.772	0.914	0.142	0.972	0.258	3.66×10^{-7}
12	0.729	0.742	0.752	0.761	0.769	0.776	0.931	0.155	0.983	0.247	9.85×10^{-7}
15	0.730	0.742	0.752	0.761	0.768	0.775	0.924	0.149	0.965	0.250	6.29×10^{-7}

C 交流阻抗谱

在图 3-53 中可以看到，拟合数据和实验数据达到了非常好的吻合。表 3-34 呈现了拟合电路参数。随着极化时间延长，电荷传递电阻 R_t 降低，Q_{dl} 值增大。随着极化时间的延长，粗糙度 RF 值逐渐增大。传递电阻降低，有利于电化学反应的发生，高的表面粗糙度有利于电化学反应的进行。这些参数变化趋势，与前面的析氧过电位降低，表观交换电流密度增大的趋势是一致的。

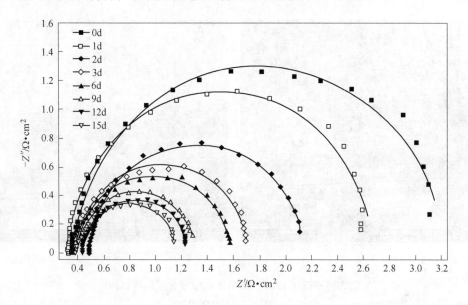

图 3-53 在特定极化时间节点测得 Pb-0.8% Ag 阳极试样交流阻抗图谱
（实验数据及拟合数据）

表 3-34 在特定极化时间点获得的 Pb-0.8％Ag 阳极试样交流阻抗谱等效电路参数

极化时间 t/d	R_s /$\Omega \cdot cm^2$	R_t /$\Omega \cdot cm^2$	Q_{dl} /$\Omega^{-1} \cdot cm^{-2} \cdot s^n$	n	计算的双电层电容和粗糙度	
					C_{dl} /$\mu F \cdot cm^{-2}$	RF
0	0.363	2.875	0.036	0.936	26544	1327
1	0.332	2.340	0.072	0.976	65470	3274
2	0.482	1.683	0.050	0.931	37235	1862
3	0.384	1.344	0.111	0.943	90343	4517
6	0.378	1.213	0.115	0.923	86549	4327
9	0.358	0.960	0.202	0.924	158563	7928
12	0.434	0.835	0.203	0.929	163295	8165
15	0.385	0.805	0.205	0.906	151260	7563

D 扫描电镜

图 3-54 是极化 15d 的 Pb-0.8% Ag 阳极试样的扫描电镜图。在放大 10000 倍的图中可以发现，存在很多的腐蚀腔和腐蚀深洞，腐蚀结构较松散。在放大 60000 倍的图中可以看到，在很微观的尺度，腐蚀类型主要为坑蚀，而且均匀的、棱角清晰颗粒消失了。说明在氯离子存在的情况下，严重影响了腐蚀微观形貌。

图 3-54 极化 15d 的 Pb-0.8% Ag 氧化层微观结构

a—10000×；b—60000×

E XRD 分析

对电积不同时间的阳极氧化层进行了 XRD 探测，结果如图 3-55 所示。阳极氧化层主要物相为 α-PbO_2，并伴有少量的 $PbSO_3$、$PbSO_4$、β-PbO_2 和 Pb 峰。然而，随着电积时间的延长，各个物相的比例有缓慢的变化。极化 3d 之后，主要物相为 α-PbO_2，$PbSO_4$ 和 $PbSO_3$，以及少量的 β-PbO_2 和纯 Pb 峰。纯铅峰的出现，表明氧化层厚度比较薄。极化 6d 之后，主要物相是 α-PbO_2，伴随着有少量的 $PbSO_3$ 相。而且，$PbSO_4$ 峰几乎消失了。β-PbO_2 和 Pb 物相基本没有变化。α-PbO_2 是主要物相，其择优取向为（111）晶面。极化 9d，12d，15d 的氧化层物相，和极化 6d 的很相似。这个结果表明经过 6d 的极化阳极氧化层的物相基本达到稳定。

3.4.3.2 Pb-0.3% Ag-0.06% Ca 合金阳极的成膜特性研究

A 循环伏安曲线

Pb-0.3% Ag-0.06% Ca 轧制合金阳极在特定极化时间节点（未极化，1d，2d，3d，6d，9d，12d 和 15d）的循环伏安曲线如图 3-56 所示，循环伏安曲线呈

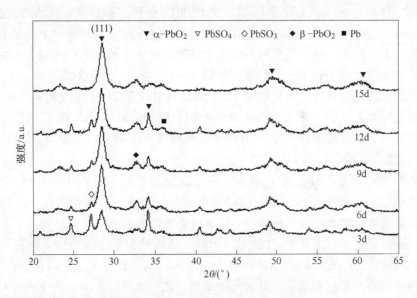

图 3-55 不同极化时间阳极氧化层 XRD 图谱

（为了便于比较，极化 6d，9d，12d，15d 的峰强度分别被加上 800，2200，3500，5000 单位点）

现了典型的两个氧化峰（a，b）和两个还原峰（c，d）[28,29]。

如图 3-56 所示，第一个氧化峰 a 对应于反应 Pb→PbSO$_4$。在 15d 的极化中，

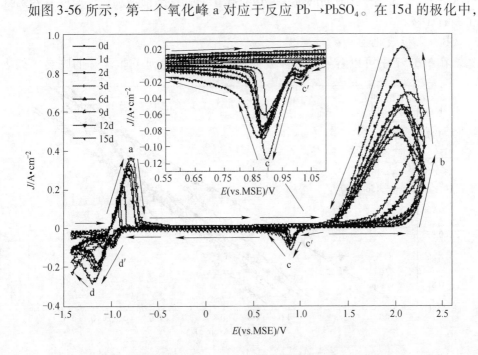

图 3-56 Pb-0.3% Ag-0.06% Ca 轧制合金阳极试样的循环伏安曲线

氧化峰（Pb→PbSO₄）主要呈现了一个增加的趋势，最后峰值电流密度达到
0.35A/cm² 左右。而且，随着极化时间的延长，氧化峰 a 明显地向电位正方向移
动。经过 15d 极化之后，氧化峰 a 的强度是新试样（未极化）的 3 倍，并向电位
正方向移动了大约 130mV。电位区间间隔 [-0.8V, 1.3V] 对应于 PbSO₄ 区域，
是一个稳定的钝化状态。电位超过 1.3V 的区域对应于 PbO₂ 生成和氧气的释放。
随着极化时间的延长，氧化峰 b（PbO→α-PbO₂，PbSO₄→β-PbO₂）不断向电位
负方向移动。这种现象可能是由阳极表面粗糙度不断增大，以及增加的 α-PbO₂
含量引起的[10,30,31]。

如图 3-56 所示，还原峰 c 和 c′对应于反应 α-PbO₂，β-PbO₂→PbSO₄[28,31,36]。
在 15d 的极化过程中，还原峰 c 的峰值电流变化不大，基本稳定在 -0.1A/cm²
左右。随着极化时间的延长还原峰 c 逐渐向电位负方向移动，幅度很小。比较显
著的一个特征是：在 1.025V（MSE）附近，清晰地出现了还原峰 c′。随着极化
时间的延长，还原峰 c′峰值电流密度变化不大，基本稳定在 -0.01A/cm² 左右。
还原峰 c′没有发生左右侧移。针对这种现象，相关文献并不多。还原峰 d 对应于
反应 PbSO₄→Pb。在 15d 的极化中，还原峰（PbSO₄→Pb）主要呈现了一个明显
增强的趋势，并缓慢地向负电位方向移动。15d 极化后还原峰 d 的强度大约是新
阳极的 8 倍，并向电位负方向移动约 200mV。还原峰 d′对应于反应 PbO，
PbSO₄→Pb。随着极化时间的延长，还原峰 d′的强度渐渐增加。还原峰 d′没有发
生左右迁移。

B 阳极极化曲线

在图 3-57 中可以看到，拟合数据和实验数据达到了非常好的吻合。如表

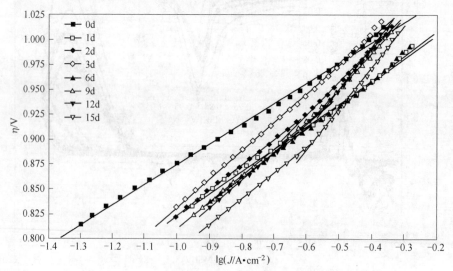

图 3-57   Pb-0.3% Ag-0.06% Ca 阳极试样拟合的塔菲尔曲线

3-35所示，随着极化时间的延长，表观交换电流密度 J_0 主要呈现增长的趋势。未经极化的新试样的表观交换电流密度 J_0 值最小（$1.015 \times 10^{-7} \mathrm{A/cm^2}$）。经过15d 极化之后 J_0 值最大（$2.221 \times 10^{-4} \mathrm{A/cm^2}$）。根据电化学理论，电极极化和电化学反应的可逆性可以通过电极表观交换电流密度 J_0 来评估；一般情况下，高的 J_0 值预示着电极不容易被极化，电极可逆性提高，电极反应容易发生[10,12,15]。

如表 3-35 所示，15d 电积后的阳极试样在 $500 \mathrm{A/m^2}$，$600 \mathrm{A/m^2}$，$700 \mathrm{A/m^2}$，$800 \mathrm{A/m^2}$，$900 \mathrm{A/m^2}$，$1000 \mathrm{A/m^2}$ 电流密度下的析氧过电位值分别为：0.720V，0.744V，0.764V，0.782V，0.798V 和 0.811V，相对于未电积的新阳极分别下降 101mV，89mV，79mV，69mV，60mV 和 44mV。总的说来，随电流密度的升高，析氧过电位逐渐升高。随着极化时间的延长，析氧过电位呈现逐渐降低的趋势，表观交换电流密度 J_0 呈现逐渐增高的趋势。

表 3-35 Pb-0.3%Ag-0.06%Ca 阳极试样极化不同时间后的析氧过电位和动力学参数

极化时间 t/d	析氧过电位 η/V						a_1/V	b_1/V	a_2/V	b_2/V	J_0 /$\mathrm{A \cdot cm^{-2}}$
	500 $\mathrm{A/m^2}$	600 $\mathrm{A/m^2}$	700 $\mathrm{A/m^2}$	800 $\mathrm{A/m^2}$	900 $\mathrm{A/m^2}$	1000 $\mathrm{A/m^2}$					
0	0.821	0.833	0.843	0.851	0.858	0.865	1.009	0.144			1.015×10^{-7}
1	0.766	0.786	0.803	0.818	0.831	0.842	1.094	0.252			4.559×10^{-5}
2	0.761	0.782	0.800	0.816	0.830	0.842	1.114	0.272			7.897×10^{-5}
3	0.755	0.775	0.792	0.807	0.820	0.832	1.088	0.256	1.158	0.372	5.698×10^{-5}
6	0.740	0.761	0.779	0.795	0.809	0.821	1.088	0.267			8.534×10^{-5}
9	0.729	0.748	0.765	0.779	0.792	0.803	1.050	0.247	1.177	0.461	5.626×10^{-5}
12	0.725	0.742	0.757	0.769	0.790	0.803	1.005	0.215	1.081	0.370	2.123×10^{-5}
15	0.720	0.744	0.764	0.782	0.798	0.811	1.118	0.306			2.221×10^{-4}

C 交流阻抗谱

在图 3-58 中可以看到，拟合数据和实验数据达到了非常好的吻合。表 3-36 呈现了拟合电路相关参数。随着极化时间延长，电荷传递电阻 R_t 降低，Q_{dl} 值增大。随着极化时间的延长，粗糙度 RF 值逐渐增大。传递电阻降低，有利于电化学反应的发生，高的表面粗糙度有利于电化学反应的进行。这些参数变化趋势，与前面的阳极去极化行为，析氧过电位降低，表观交换电流密度增大的趋势是一致的。

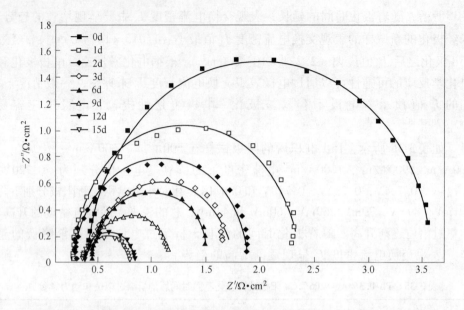

图 3-58 在特定极化时间节点测得 Pb-0.3% Ag-0.06% Ca 阳极试样交流阻抗图谱
(实验数据及拟合数据)

表 3-36 在特定极化时间点获得的交流阻抗谱等效电路参数

极化时间 t/d	R_s /$\Omega \cdot cm^2$	R_t /$\Omega \cdot cm^2$	Q_{dl} /$\Omega^{-1} \cdot cm^{-2} \cdot s^n$	n	计算的双电层电容和粗糙度	
					C_{dl} /$\mu F \cdot cm^{-2}$	RF
0	0.393	3.224	0.015	0.964	12294	615
1	0.274	2.076	0.074	1.000	739444	3697
2	0.277	1.618	0.074	0.983	692904	3465
3	0.430	1.323	0.145	0.946	121712	6086
6	0.435	1.123	0.127	0.969	114512	5726
9	0.383	0.801	0.208	0.910	155418	7771
12	0.355	0.495	0.213	0.943	175929	8796
15	0.360	0.440	0.223	0.932	177602	8880

D 扫描电镜

图 3-59 是极化 15d 的 Pb-0.3% Ag-0.06% Ca 阳极试样不同放大倍数的扫描电镜图片。在放大 10000 倍的图中可以发现，仍然存在很多的腐蚀腔和腐蚀深洞，腐蚀呈层状凹凸不平。在放大 60000 倍的图中可以看到，在很微观的尺度，腐蚀类型主要为孔蚀，而且一些棱角清晰的颗粒消失了。

图 3-59 极化 15d 的镀膜 Pb-0.3% Ag-0.06% Ca 氧化层微观结构

a—10000 ×；b—60000 ×

E XRD 分析

对极化不同时间的阳极氧化层进行了 XRD 探测，结果如图 3-60 所示。

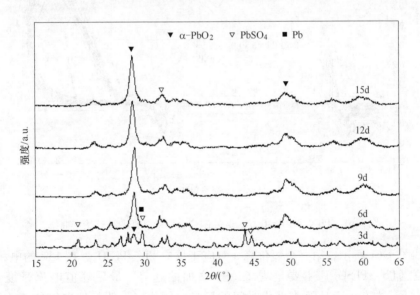

图 3-60 不同极化时间阳极氧化层 XRD 图谱

（为了便于比较，极化 6d，9d，12d，15d 的峰强度分别被加上 800，1800，3500，5000 单位点）

阳极氧化层主要物相为 α-PbO$_2$，并伴有少量的 PbSO$_4$。然而，随着极化时间的延长，各个物相的比例有缓慢的变化。极化 3d 之后，主要物相为 α-PbO$_2$，PbSO$_4$ 和 Pb。纯铅峰的出现，表明氧化层厚度比较薄[14]。极化 6d 之后，主要物相是 α-PbO$_2$，伴随着有少量的 PbSO$_4$ 相。而且，Pb 峰几乎消失了。α-PbO$_2$ 成为明显的主峰。极化 9d，12d，15d 的氧化层物相，和极化 6d 的很相似。唯一的变化是 α-PbO₂ 峰略有加强。这个结果表明经过 6d 的极化阳极氧化层的物相基本达到稳定状态。

3.4.3.3   Pb-0.3% Ag-0.6% Sb 合金阳极的成膜特性研究

A   循环伏安曲线

Pb-0.3% Ag-0.6% Sb 轧制合金阳极在特定极化时间节点（未极化，1d，2d，3d，6d，9d，12d 和 15d）的循环伏安曲线如图 3-61 所示，循环伏安曲线呈现了典型的两个氧化峰（a，b）和两个还原峰（c，d）[28,29]。

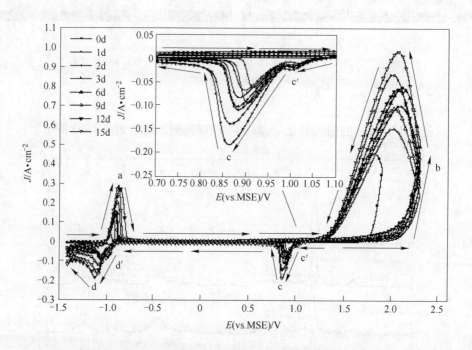

图 3-61   Pb-0.3% Ag-0.6% Sb 轧制合金阳极试样的循环伏安曲线

如图 3-61 所示，第一个氧化峰 a 对应于反应 Pb→PbSO₄。在 15d 的电积中，氧化峰（Pb→PbSO₄）主要呈现了一个增加的趋势，最后峰值电流密度达到 0.28A/cm² 左右。而且随着极化时间的延长，氧化峰 a 明显地向电位正方向移动。经过 15d 极化之后，氧化峰 a 的强度是新试样（未极化）的 2 倍，并向电位正方向移动了大约 100mV。电位区间间隔 [-0.8V，1.3V] 对应于 PbSO₄ 区域，是一个稳定的钝化状态。电位超过 1.3V 的区域对应于 PbO₂ 的生成和氧气的释放。随着极化时间的延长，氧化峰 b（PbO→α-PbO₂，PbSO₄→β-PbO₂）不断向电位负方向移动。

如图 3-61 所示，还原峰 c 和 c′ 对应于反应 α-PbO₂，β-PbO₂→PbSO₄[28,31,36]。

在 15d 的极化过程中，还原峰 c 的峰值电流逐渐增加，最后基本稳定在 -0.19A/cm² 左右。随着极化时间的延长，还原峰 c 逐渐地向电位负方向移动。极化 15d 后还原峰 c 的强度大约是新阳极（未极化）的 2 倍，并向电位负方向移动约 70mV。比较显著的一个特征是：在 1.025V（MSE）附近，清晰地出现了还原峰 c′。随着极化时间的延长，还原峰 c′ 峰值电流密度变化不大，基本稳定在 -0.025A/cm² 左右。还原峰 c′ 没有发生左右侧移。针对这种现象，相关文献并不多。还原峰 d 对应于反应 $PbSO_4 \rightarrow Pb$。在 15d 的极化中，还原峰（$PbSO_4 \rightarrow Pb$）主要呈现了一个明显增强的趋势，并缓慢地向负电位方向移动。15d 极化后还原峰 d 的强度大约是新阳极的 3 倍，并向电位负方向移动约 250mV。还原峰 d′ 对应于反应 PbO，$PbSO_4 \rightarrow Pb$。随着极化时间的延长，还原峰 d′ 的强度渐渐增加，还原峰 d′ 没有发生左右迁移。

　　B　阳极极化曲线

　　在图 3-62 中可以看到，拟合数据和实验数据达到了非常好的吻合。如表 3-37 所示，未经极化的新试样的表观交换电流密度 J_0 为 $5.067 \times 10^{-6} A/cm²$。其后在 10^{-5} 和 10^{-6} 数量级内摆动，波动变化不大。但是 Pb-0.3% Ag-0.6% Sb 在 50g/L Zn^{2+}，150g/L H_2SO_4，600mg/L Cl^- 体系内，整体表观电流密度数量级较高。根据电化学理论，电极极化和电化学反应的可逆性可以通过电极表观交换电流密度 J_0 来评估；一般情况下，高的 J_0 预示着电极不容易被极化，电极可逆性提高，电极反应容易发生[10,12,15]。15d 极化后的阳极试样在 500A/m²，600A/m²，700A/m²，800A/m²，900A/m²，1000A/m² 电流密度下的析氧过电位分别为：

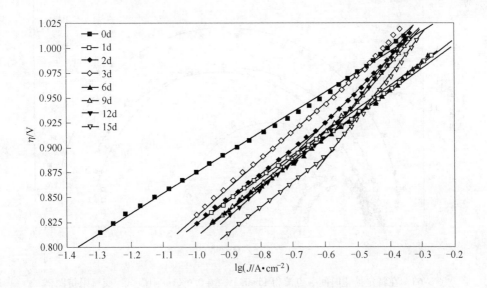

图 3-62　Pb-0.3% Ag-0.6% Sb 阳极试样拟合的塔菲尔曲线

0.712V, 0.732V, 0.749V, 0.764V, 0.777V 和 0.789V, 相对于未极化的新阳极分别下降 102mV, 98mV, 94mV, 91mV, 89mV 和 86mV。总的说来, 随电流密度的升高, 析氧过电位逐渐升高。随着极化时间的延长, 析氧过电位呈现逐渐降低的趋势。

表 3-37 **Pb-0.3%Ag-0.6%Sb 阳极试样电积不同时间后的析氧过电位和动力学参数**

极化时间 t/d	析氧过电位 η/V						a_1/V	b_1/V	a_2/V	b_2/V	J_0 /A·cm^{-2}
	500 A/m^2	600 A/m^2	700 A/m^2	800 A/m^2	900 A/m^2	1000 A/m^2					
0	0.814	0.830	0.843	0.855	0.866	0.875	1.079	0.204			5.067×10^{-6}
1	0.755	0.772	0.788	0.801	0.813	0.823	1.049	0.226			2.275×10^{-5}
2	0.748	0.768	0.785	0.800	0.812	0.824	1.075	0.251	1.122	0.329	5.215×10^{-5}
3	0.744	0.767	0.786	0.803	0.818	0.831	1.118	0.287			1.283×10^{-4}
6	0.737	0.756	0.773	0.787	0.800	0.811	1.058	0.247			5.181×10^{-5}
9	0.731	0.752	0.770	0.785	0.799	0.811	1.075	0.264	1.133	0.367	8.582×10^{-5}
12	0.721	0.743	0.761	0.778	0.792	0.804	1.080	0.276	1.162	0.425	1.226×10^{-4}
15	0.712	0.732	0.749	0.764	0.777	0.789	1.045	0.256	1.137	0.413	8.314×10^{-5}

C 交流阻抗谱

在图 3-63 中可以看到, 拟合数据和实验数据达到了非常好的吻合。

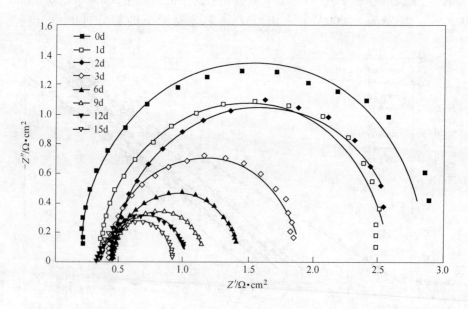

图 3-63 在特定极化时间节点测得 Pb-0.3% Ag-0.6% Sb 阳极试样交流阻抗图谱
(实验数据及拟合数据)

表 3-38 呈现了拟合电路相关参数。随着极化时间延长，电荷传递电阻 R_t 降低，Q_{dl} 增大。随着极化时间的延长，粗糙度 RF 逐渐增大。传递电阻降低，有利于电化学反应的发生，高的表面粗糙度有利于电化学反应的进行。这些参数变化趋势，与前面的阳极去极化行为、析氧过电位降低的趋势是一致的。

表 3-38 Pb-0.3%Ag-0.6%Sb 阳极试样在特定电积时间点获得的交流阻抗谱等效电路参数

极化时间 t/d	R_s $/\Omega \cdot cm^2$	R_t $/\Omega \cdot cm^2$	Q_{dl} $/\Omega^{-1} \cdot cm^{-2} \cdot s^n$	n	计算的双电层电容和粗糙度	
					C_{dl} $/\mu F \cdot cm^{-2}$	RF
0	0.203	2.671	0.029	1	29232	1462
1	0.353	2.232	0.079	0.977	72830	3642
2	0.458	2.241	0.109	0.960	95298	4765
3	0.415	1.496	0.133	0.962	116891	5845
6	0.449	1.000	0.189	0.953	164627	8231
9	0.431	0.755	0.254	0.920	201124	10056
12	0.350	0.691	0.262	0.932	213693	10685
15	0.355	0.575	0.233	0.973	214259	10713

D 扫描电镜

图 3-64 是极化 15d 的 Pb-0.3%Ag-0.6%Sb 阳极试样不同放大倍数的扫描电

a   b

图 3-64 极化 15d 后镀膜 Pb-0.3% Ag-0.6% Sb 氧化层微观结构

a—10000×；b—60000×

镜图片。在放大 10000 倍的图中可以发现，存在很多的腐蚀腔和腐蚀深洞，腐蚀形貌成山脉形状。在放大 60000 倍的图中可以看到，在很微观的尺度，腐蚀类型主要为点蚀，而且，均匀的、棱角清晰的颗粒消失了。

E XRD 分析

对极化不同时间的阳极氧化层进行了 XRD 探测，结果如图 3-65 所示。阳极氧化层主要物相为 α-PbO$_2$，并伴有少量的 PbSO$_4$ 和 Pb 峰。然而，随着极化时间的延长，各个物相的比例有缓慢的变化。极化 3d 之后，主要物相为 PbSO$_4$，PbS 和 Pb。纯铅峰的出现，表明氧化层厚度比较薄[14]。极化 6d 之后，主要物相是 α-PbO$_2$。极化 9d，12d，15d 的氧化层物相和极化 6d 的很相似。唯一的变化，就是 α-PbO$_2$ 的峰值逐渐增强。这个结果表明经过 6d 的极化阳极氧化层的物相基本达到一个稳定的状态。

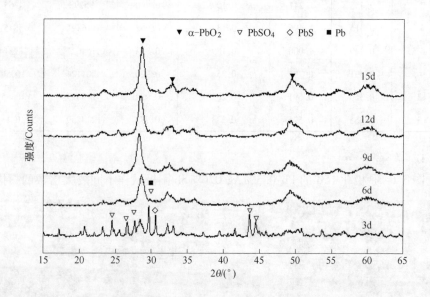

图 3-65 不同极化时间 Pb-0.3% Ag-0.6% Sb 阳极氧化层 XRD 图谱

(为了便于比较，极化 6d，9d，12d，15d 的峰强度分别被加上 800，1600，2600，4000 单位点)

3.4.4 铅合金阳极在含锰离子的硫酸锌溶液体系中的成膜特性研究

3.4.4.1 Pb-0.8% Ag 合金阳极的成膜特性研究

A 循环伏安曲线

Pb-0.8% Ag 轧制合金阳极在特定极化时间节点（未极化，1d，2d，3d，6d，9d，12d 和 15d）的循环伏安曲线如图 3-66 所示，循环伏安曲线呈现了典型的两个氧化峰（a，b）和两个还原峰（c，d）[28,29]。

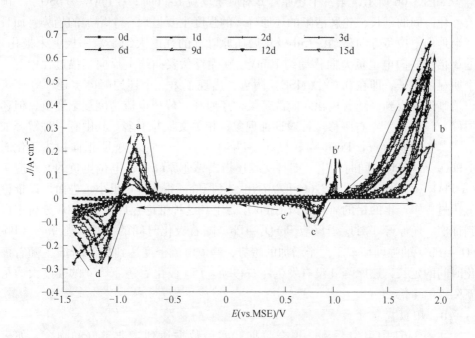

图 3-66 Pb-0.8% Ag 轧制合金阳极试样的循环伏安曲线图

如图 3-66 所示，第一个氧化峰 a 对应于反应 Pb→PbSO$_4$。在 15d 的极化中，氧化峰（Pb→PbSO$_4$）主要呈现了一个增加的趋势，最后峰值电流密度达到 0.26A/cm^2 左右。而且，随着极化时间的延长，氧化峰 a 明显地向电位正方向移动。经过 15d 极化之后，氧化峰 a 的强度是新鲜试样（未电积）的 5 倍，并向电位正方向移动了大约 200mV。电位区间间隔 [−0.7V，1.0V] 对应于 PbSO$_4$ 区域，是一个稳定的钝化条件。电位超过 1.0V 的区域对应于 PbO$_2$ 生成和氧气的释放。随着极化时间的延长，氧化峰 b（PbO→α-PbO$_2$，PbSO$_4$→β-PbO$_2$）不断向电位负方向移动。这种现象可能是由阳极表面粗糙度的变化，锰氧化物良好的析氧催化活性以及增加的 PbO$_2$ 含量引起的[10,28,31,37~41]。最为明显的特征是在电位 1.0V(MSE)附近，一个新的氧化峰 b' 出现。根据有关文献介绍，这是由 PbO$_2$ 是多孔结构，PbO$_2$ 孔中的 Pb 氧化成 PbSO$_4$ 而导致的。也就是说，只有在正向扫描形成 PbO$_2$ 时，反向扫描时才会出现氧化峰 b'[30~32]。还有另外一种观点认为[30~32]，氧化峰 b' 的出现不仅仅是 O$_2$ 的产生，也需要有 PbSO$_4$ 的形成，也就是氧化峰 a 的出现。根据上面的分析，我们也认为 b' 的出现是因为 PbSO$_4$ 钝化膜被析出的氧气破坏，这样就为 SO$_4^{2-}$ 离子和金属表面的接触提供了通道，发生了电化学反应 Pb→Pb^{2+}+2e，以及随后的沉淀反应 Pb^{2+}+SO$_4^{2-}$→PbSO$_4$[30~32]。随着电积时间的延长，氧化峰 b' 的强度逐渐增加，没有发生左右移动。

如图 3-66 所示，第一个还原峰 c 对应于反应 α-PbO$_2$，β-PbO$_2$→PbSO$_4^{[3]}$。随着极化时间的延长，轮廓清晰的还原峰 c 的强度主要呈现一个增加的趋势，而且逐渐地向电位负方向移动。15d 极化后还原峰 c 的强度大约是新阳极（未极化）的 3 倍，并向电位负方向移动约 70mV。在循环伏安曲线上反向扫描过程中有一个明显的特征，即在 0.6V（MSE）附近，出现了第二个还原峰 c'。还原峰 c' 可以清晰地观察到。随着极化时间的延长，还原峰 c' 峰值电流密度逐渐变负，但还原峰 c' 没有发生左右侧移。针对这种现象，相关文献并不多。其中有一种解释如下[31,43]：还原峰（α-PbO$_2$ 和 β-PbO$_2$→PbSO$_4$）一分为二，说明正向扫描氧化时 α-PbO$_2$ 和 β-PbO$_2$ 同时产生。而且文献还指出，还原峰中，电位更负的 c 对应于（α-PbO$_2$→PbSO$_4$）。从图 3-66 可以看出，还原峰 c 很大，c' 很小，进而可以推论氧化过程中产生的铅的氧化物以 β-PbO$_2$ 为主。这种推论在后面的 XRD 分析中得到证实。还原峰 d 对应于反应 PbSO$_4$→Pb。随着极化时间的延长，还原峰（PbSO$_4$→Pb）的强度呈现了一个增加的趋势，峰值电流密度达到 0.3A/cm^2。随着极化时间的延长，还原峰 d 没有发生左右移动。15d 极化后还原峰 d 的强度大约是新阳极的 4 倍。

B 阳极极化曲线

在图 3-67 中可以看到，拟合数据和实验数据达到了非常好的吻合。如表 3-39 所示，在前两天的极化过程中，随着极化时间的延长，表观交换电流密度 J_0 主要呈现增长的趋势。其后表观交换电流密度稳定在 10^{-3} 数量级，略有波动。整

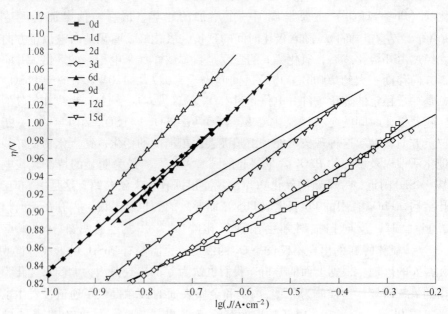

图 3-67 Pb-0.8% Ag 阳极试样拟合的塔菲尔曲线

体呈现较高表观交换电流密度。根据电化学理论,电极极化和电化学反应的可逆性可以通过电极表观交换电流密度 J_0 来评估;一般情况下高的 J_0 值预示着电极不容易被极化,电极可逆性提高,电极反应容易发生[10,12,15]。产生这种现象的原因可能是锰氧化物具有较高的析氧催化活性。

表 3-39 Pb-0.8%Ag 阳极试样极化不同时间后的析氧过电位和动力学参数

极化时间 t/d	析氧过电位 η/V						a_1/V	b_1/V	a_2/V	b_2/V	J_0 /A·cm^{-2}
	500 A/m^2	600 A/m^2	700 A/m^2	800 A/m^2	900 A/m^2	1000 A/m^2					
0	0.745	0.769	0.789	0.807	0.823	0.837	1.143	0.306			1.844×10^{-4}
1	0.707	0.727	0.743	0.757	0.770	0.781	1.026	0.245	1.119	0.456	6.436×10^{-5}
2	0.695	0.731	0.762	0.789	0.812	0.833	1.293	0.460			1.544×10^{-3}
3	0.682	0.706	0.725	0.743	0.758	0.771	1.067	0.296			2.484×10^{-4}
6	0.675	0.713	0.746	0.774	0.799	0.821	1.307	0.486			2.046×10^{-3}
9	0.667	0.714	0.753	0.788	0.818	0.845	1.437	0.592			3.734×10^{-3}
12	0.663	0.703	0.737	0.767	0.793	0.816	1.326	0.510			2.500×10^{-3}
15	0.653	0.685	0.712	0.735	0.756	0.775	1.178	0.403			1.203×10^{-3}

15d 极化后的阳极试样在 500A/m^2,600A/m^2,700A/m^2,800A/m^2,900A/m^2,1000A/m^2 电流密度下的析氧过电位值分别为:0.653V,0.685V,0.712V,0.735V,0.756V 和 0.775V,相对于未极化的新阳极分别下降 92mV,81mV,77mV,72mV,67mV 和 62mV。总的说来,电流密度越大,析氧过电位越高。随着极化时间的延长,析氧过电位呈现逐渐降低的趋势。这种去极化的现象可以通过其不断增大的表面粗糙度,升高的 PbO$_2$ 含量以及锰氧化物较高的催化活性来解释[10,28,31,37~41]。

C 交流阻抗谱

如图 3-68 所示,Pb-0.8% Ag 合金阳极试样在含锰酸锌体系内的交流阻抗谱非常特殊。类似的实验结果,在前人的文献资料中也已经查到[42,43]。

如图 3-69 所示,C. Cachet, C. Rerolle 和 R. Wiart 针对于 Pb-0.5% Ag 合金阳极在 55g/L Zn^{2+},180g/L H$_2$SO$_4$,5g/L Mn^{2+} 的含锰酸锌体系中极化25h,得到了类似的交流阻抗谱[42]。并在另一篇文献中[43],进行了理论分析,提出这种交流阻抗谱的分析模型。但是没有查到相关的拟合电路。所以本实验中,只是把这种实验现象提出来,没有进行拟合分析。在图 3-69b 中,R_0 代表等效电阻;R_p 代表极化电阻;R_t 代表电荷传递电阻。

D 扫描电镜与能谱分析

图 3-70 是 Pb-0.8% Ag 阳极经过 15d 极化腐蚀后的区域能谱图,表 3-40 为对

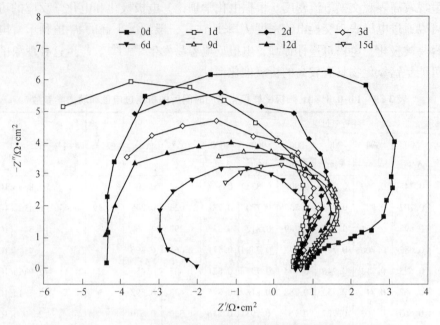

图 3-68　Pb-0.8% Ag 阳极试样交流阻抗图谱（实验数据）

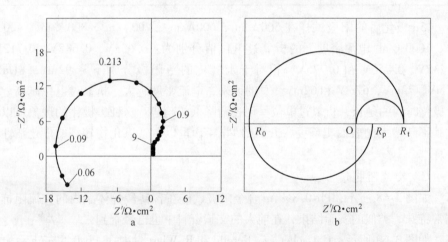

图 3-69　文献资料中的实验结果及理论阻抗模型

a—实验结果；b—理论模型

应的结果分析。为了增大腐蚀物相的导电性，试样测试前，进行了喷金处理。可以看到，腐蚀物相由三类结构组成，较亮的区域 1，较暗的区域 2 和 3。分析表明，区域 1 对应的主要是铅的氧化物；区域 2 和 3 对应的锰的氧化物。由表 3-40 可以看出，底层的锰的氧化物（图 3-70 中区域 3）含氧量较低。外层的锰的氧化物（图 3-70 中区域 2）含氧量较高。

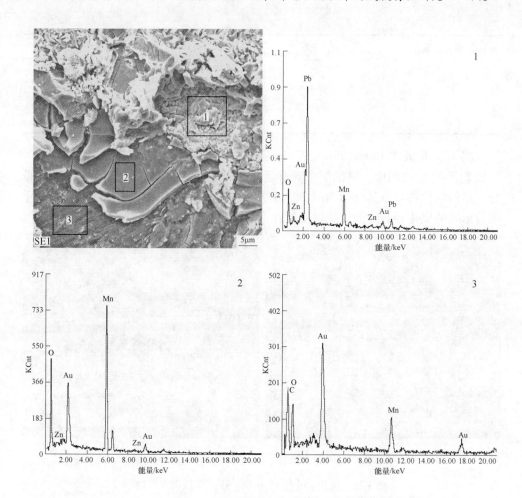

图 3-70　Pb-0.8% Ag 阳极极化 15d 后氧化层的区域扫描能谱

表 3-40　**Pb-0.8％Ag 阳极电积 15d 后氧化层的区域扫描结果**

测试区域	元　素	质量分数/%	摩尔分数/%
1	O	11.76	55.32
	Pb	53.10	19.28
	Mn	9.94	13.62
	Zn	2.81	3.23
	Au	22.39	8.55
2	O	19.00	52.50
	Mn	48.49	39.01
	Zn	2.63	1.78
	Au	29.88	6.70

续表 3-40

测试区域	元素	质量分数/%	摩尔分数/%
3	C	25.69	60.36
	O	15.32	27.02
	Mn	11.23	5.77
	Au	47.75	6.84

图 3-71 是极化 15d 的 Pb-0.8% Ag 阳极试样不同放大倍数的扫描电镜图片。在放大 2000 倍的图中，腐蚀层中既有锰的氧化物层，也有裸露的铅的氧化物部分。锰的氧化物部分又分为两层，基底层和外层。在放大 10000 倍的图片中，可以看出铅的氧化物和锰的氧化物交错在一起，颗粒比较粗大。

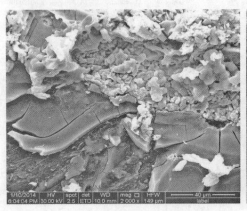 

a   b

图 3-71　极化 15d 后 Pb-0.8% Ag 氧化层微观结构

a—2000 × ; b—10000 ×

E XRD 分析

Pb-0.8% Ag 合金阳极试样的 360h(15d) 恒电流极化在一个可以保温和循环的电积装置中进行。当电积 15d 之后，将阳极试样从电积槽中移出，在蒸馏水中浸泡 20s，以除去表面的酸锌残留。自然风干后，进行 X 射线（XRD）测试。测试目的是研究其物相组成。图 3-72 是 Pb-0.8% Ag 合金阳极试样在 50g/L Zn^{2+}，150g/L H_2SO_4，5g/L Mn^{2+} 内，极化 15d 后的腐蚀物相组成。可以看出腐蚀的主要物相为 β-PbO_2，α-PbO_2，MnO，MnO_2，Mn_2O_3，$PbSO_4$。主峰为 β-PbO_2 和 α-PbO_2，锰的氧化物种类复杂。

3.4.4.2 Pb-0.3% Ag-0.06% Ca 合金阳极的成膜特性研究

A 循环伏安曲线

Pb-0.3% Ag-0.06% Ca 轧制合金阳极在特定极化时间节点（未极化，1d，

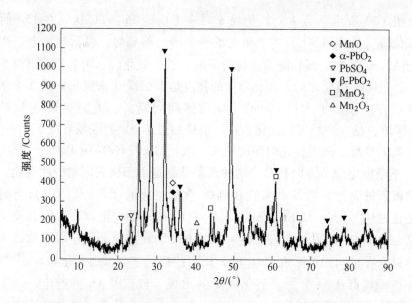

图 3-72 Pb-0.8% Ag 阳极电积 15d 的氧化层的 XRD 图谱

2d, 3d, 6d, 9d, 12d 和 15d) 的循环伏安曲线如图 3-73 所示，循环伏安曲线呈现了典型的两个氧化峰（a，b）和两个还原峰（c，d）[28,29]。

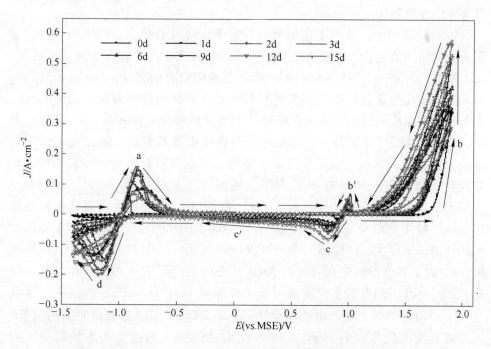

图 3-73 Pb-0.3% Ag-0.06% Ca 轧制合金阳极试样的循环伏安曲线图

如图 3-73 所示，第一个氧化峰 a 对应于反应 Pb→PbSO$_4$。在 15d 的极化中，氧化峰（Pb→PbSO$_4$）主要呈现了一个增加的趋势，最后峰值电流密度达到 0.15A/cm^2 左右。而且随着极化时间的延长，氧化峰 a 明显地向电位正方向移动。经过 15d 极化之后，氧化峰 a 的强度是新试样（未极化）的 2.5 倍，并向电位正方向移动了大约 100mV。电位区间间隔 [-0.5V, 1.0V] 对应于 PbSO$_4$ 区域，是一个稳定的钝化条件。电位超过 1.0V 的区域对应于 PbO$_2$ 的生成和氧气的释放。随着极化时间的延长，氧化峰 b（PbO→α-PbO$_2$，PbSO$_4$→β-PbO$_2$）不断向电位负方向移动。这种现象可能是由阳极表面粗糙度变化，锰氧化物的析氧催化效果以及增加的 β-PbO$_2$ 含量引起的[10,28,31,37~41]。最为明显的特征是在电位 1.0V（MSE）附近，一个新的氧化峰 b′ 出现。根据有关文献介绍，这是由 PbO$_2$ 是多孔结构，PbO$_2$ 孔中的 Pb 氧化成 PbSO$_4$ 而导致的。也就是说，只有在正向扫描形成 PbO$_2$ 时，反向扫描时才会出现氧化峰 b′[30~32]。还有另外一种观点认为[30~32]，氧化峰 b′ 的出现不仅仅是 O$_2$ 的产生，也需要有 PbSO$_4$ 的形成，也就是氧化峰 a 的出现。根据上面的分析，也可以认为 b′ 的出现是因为 PbSO$_4$ 钝化膜被析出的氧气破坏，这样就为 SO$_4^{2-}$ 离子和金属表面的接触提供了通道，发生了电化学反应 Pb→Pb^{2+} + 2e，以及随后的沉淀反应 Pb^{2+} + SO$_4^{2-}$→PbSO$_4$[30~32]。随着电积时间的延长，氧化峰 b′ 的强度逐渐增加，没有发生左右移动。

如图 3-73 所示，第一个还原峰 c 对应于反应 α-PbO$_2$，β-PbO$_2$→PbSO$_4$[33]。随着极化时间的延长，轮廓清晰的还原峰 c 的强度主要呈现一个增加的趋势，最大峰值电流密度为 -0.08A/cm^2。而且逐渐向负方向移动。15d 极化后还原峰 c 的强度大约是新阳极（未极化）的 3 倍，并向电位负方向移动约 70mV。在循环伏安曲线上反向扫描过程中有一个明显的特征，即在 0.0V（MSE）附近，出现了第二个还原峰 c′。还原峰 c′ 可以清晰地观察到。随着极化时间的延长，还原峰 c′ 峰值电流密度逐渐变负。但还原峰 c′ 没有发生左右侧移。针对这种现象，有一种解释如下[31,35]：还原峰（α-PbO$_2$ 和 β-PbO$_2$→PbSO$_4$）一分为二，说明正向扫描氧化时 α-PbO$_2$ 和 β-PbO$_2$ 同时产生。而且文献还指出，还原峰中，电位更负的 c 对应于（α-PbO$_2$→PbSO$_4$）。从图 3-73 可以看出，还原峰 c 很大，c′ 很小，进而可以推论氧化过程中产生的铅的氧化物以 β-PbO$_2$ 为主。这种推论在后面的 XRD 分析中得到证实。还原峰 d 对应于反应 PbSO$_4$→Pb。随着极化时间的延长，还原峰（PbSO$_4$→Pb）的强度，呈现了一个增加的趋势，峰值电流密度达到 -0.2A/cm^2。随着极化时间的延长，还原峰 d 没有发生左右移动。15d 极化后还原峰 d 的强度大约是新阳极的 8 倍。

B 阳极极化曲线

在图3-74中可以看到，拟合数据和实验数据达到了非常好的吻合。如表3-41所示，随着极化时间的延长，表观交换电流密度J_0主要呈现增长的趋势。未经极化的新鲜试样的表观交换电流密度J_0最小（$4.497 \times 10^{-5} A/cm^2$）。经过12d极化之后$J_0$最大（$2.335 \times 10^{-3} A/cm^2$）。根据电化学理论，电极极化和电化学反应的可逆性可以通过电极表观交换电流密度J_0来评价：一般情况下，高的J_0预示着电极不容易被极化，电极可逆性提高，电极反应容易发生[10,12,15]。而且表观电流密度整体数值较大，达到10^{-3}数量级。这种现象的原因可能是锰氧化物具有较高的析氧催化活性[10,28,31,37~41]。

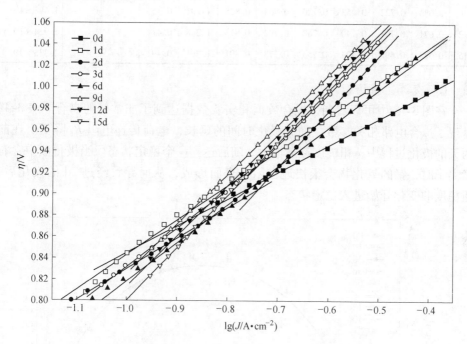

图 3-74 Pb-0.3% Ag-0.06% Ca 阳极试样拟合的塔菲尔曲线

如表3-40所示，15d极化后的阳极试样在$500A/m^2$，$600A/m^2$，$700A/m^2$，$800A/m^2$，$900A/m^2$，$1000A/m^2$电流密度下的析氧过电位分别为：0.653V，0.692V，0.724V，0.753V，0.778V和0.801V，相对于未极化的新阳极分别下降114mV，97mV，82mV，67mV，55mV和44mV。总的说来，随电流密度的升高，析氧过电位逐渐升高。随着极化时间的延长，析氧过电位呈现逐渐降低的趋势，表观交换电流密度J_0呈现逐渐增高的趋势。这种去极化的现象的原因是不断升高的PbO_2含量以及锰氧化物良好的析氧催化活性[10,28,31,37~41]。

表 3-41　Pb-0.3%Ag-0.06%Ca 阳极试样极化不同时间后的析氧过电位和动力学参数

极化时间 t/d	析氧过电位 η/V						a_1/V	b_1/V	a_2/V	b_2/V	J_0 /A·cm^{-2}
	500 A/m^2	600 A/m^2	700 A/m^2	800 A/m^2	900 A/m^2	1000 A/m^2					
0	0.767	0.789	0.806	0.820	0.833	0.845	1.097	0.252			4.497×10^{-5}
1	0.745	0.771	0.793	0.811	0.828	0.843	1.167	0.324			2.512×10^{-4}
2	0.744	0.767	0.786	0.803	0.817	0.830	1.116	0.286	1.289	0.519	1.237×10^{-4}
3	0.724	0.752	0.776	0.797	0.815	0.832	1.192	0.360	1.282	0.480	4.878×10^{-4}
6	0.710	0.739	0.763	0.783	0.802	0.818	1.176	0.358			5.209×10^{-4}
9	0.685	0.722	0.753	0.780	0.804	0.825	1.291	0.465			1.688×10^{-3}
12	0.671	0.708	0.740	0.768	0.792	0.813	1.288	0.474			1.924×10^{-3}
15	0.653	0.692	0.724	0.753	0.778	0.801	1.291	0.491			2.335×10^{-3}

C　交流阻抗谱

在图 3-75 中可以看到，拟合数据和实验数据达到了非常好的吻合。表 3-42 呈现了拟合电路相关参数。随着极化时间的延长，电荷传递电阻 R_t 降低。在前两天的极化过程中，粗糙度逐渐增大，随后达到一个稳定状态。当极化液中含有锰离子时，锰的氧化物会很快地在阳极表面形成，从而导致经过 2d 的极化后，粗糙度的变化开始进入稳定状态。

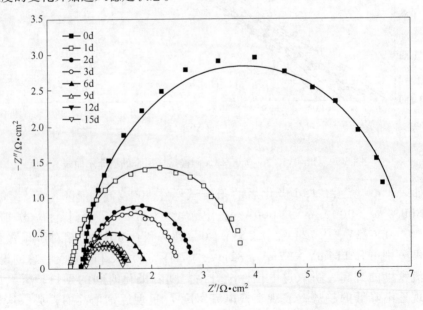

图 3-75　在特定极化时间节点测得 Pb-0.3% Ag-0.06% Ca 阳极试样交流阻抗图谱
（实验数据及拟合数据）

表 3-42 在特定极化时间点获得的交流阻抗谱等效电路参数

极化时间 t/d	R_s /$\Omega \cdot cm^2$	R_t /$\Omega \cdot cm^2$	Q_{dl} /$\Omega^{-1} \cdot cm^{-2} \cdot s^n$	n	计算的双电层电容和粗糙度	
					C_{dl} /$\mu F \cdot cm^{-2}$	RF
0	0.678	6.284	0.009	0.938	6001	300
1	0.477	3.25	0.063	0.921	46445	2322
2	0.753	2.052	0.103	0.907	76851	3843
3	0.726	1.792	0.104	0.905	76657	3833
6	0.701	1.159	0.102	0.902	73022	3651
9	0.732	0.848	0.103	0.865	62519	3121
12	0.727	0.783	0.101	0.877	63808	3190
15	0.706	0.760	0.115	0.833	60674	3034

D 扫描电镜与能谱分析

图 3-76 是 Pb-0.3% Ag-0.06% Ca 阳极经过 15d 极化腐蚀后的区域能谱图,

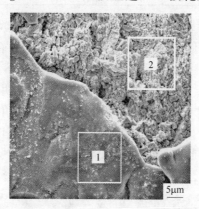

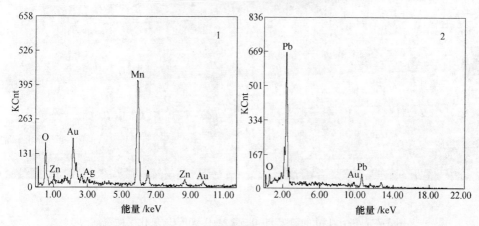

图 3-76 Pb-0.3% Ag-0.06% Ca 阳极极化 15d 后氧化层的区域扫描能谱

表 3-43 为对应的结果分析。为了增大腐蚀物相的导电性，试样测试前，进行了喷金处理。可以看到，腐蚀物相由两类结构组成：较暗的区域 1，较亮的区域 2。分析表明，区域 1 对应的主要是锰的氧化物；区域 2 对应的是铅的氧化物。

表 3-43   Pb-0.3%Ag-0.06%Ca 阳极极化 15 天后氧化层的区域扫描结果

测试区域	元素	质量分数/%	摩尔分数/%
1	OK	13.78	42.58
	AgL	1.73	0.79
	MnK	48.81	43.92
	ZnK	7.43	5.61
	AuL	28.25	7.09
2	OK	6.30	46.26
	PbM	72.78	41.27
	AuL	20.92	12.48

图 3-77 是极化 15d 的 Pb-0.3% Ag-0.06% Ca 阳极试样不同放大倍数的扫描电镜图片。在放大 100 倍和 500 倍的图中，腐蚀层中既有锰的氧化物层，也有裸露的铅的氧化物。而且还可以看出锰的氧化层附着力不是好，大面积脱落下来。在放大 1000 倍的图中，锰的氧化物尺寸较大，没有明显的颗粒结构。在放大 5000 倍的图片中，可以看到铅的氧化层出现大量的棱角清晰的晶粒结构，并伴有较多的腐蚀腔和腐蚀孔洞。而且锰的氧化层与铅的氧化层分界线清晰，上下分布，没有出现交错在一起的现象。这从微观结构角度说明了锰氧化层附着力差的一个原因。

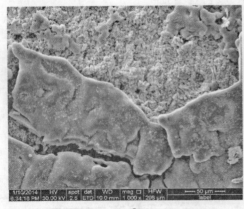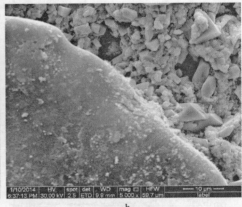

图 3-77   极化 15d 的镀膜 Pb-0.3% Ag-0.06% Ca 氧化层微观结构

a—1000 × ；b—5000 ×

E XRD 分析

图 3-78 是 Pb-0.3% Ag-0.06% Ca 合金阳极试样在 50g/L Zn^{2+}，150g/L H_2SO_4，5g/L Mn^{2+} 内，极化 15d 后的腐蚀物相组成。可以看出腐蚀的物相为：主峰为 β-PbO_2，另外有一些 α-PbO_2，Mn_3O_4，MnO_2，Mn_2O_3。β-PbO_2 的产生一般意味着阳极氧化层具有良好的耐腐蚀性。

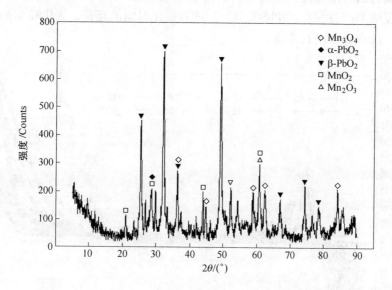

图 3-78 Pb-0.3% Ag-0.06% Ca 阳极极化 15d 后氧化层的 XRD 图谱

3.4.4.3 Pb-0.3% Ag-0.6% Sb 合金阳极的成膜特性研究

A 循环伏安曲线

Pb-0.3% Ag-0.6% Sb 轧制合金阳极在特定极化时间节点（未极化，1d，2d，3d，6d，9d，12d 和 15d）的循环伏安曲线如图 3-79 所示，循环伏安曲线呈现了典型的两个氧化峰（a，b）和两个还原峰（c，d）[28,29]。

如图 3-79 所示，第一个氧化峰 a 对应于反应 Pb→PbSO₄。在 15d 的极化中，氧化峰（Pb→PbSO₄）主要呈现了一个增加的趋势，最后峰值电流密度达到 0.18A/cm² 左右。而且随着极化时间的延长，氧化峰缓慢地向电位正方向移动。经过 15d 极化之后，氧化峰 a 的强度是新试样（未极化）的 3 倍，并向电位正方向移动了大约 100mV。电位区间间隔 [-0.5V，1.0V] 对应于 PbSO₄ 区域，是一个稳定的钝化条件。电位超过 1.0V 的区域对应于 PbO₂ 生成和氧气的释放。随着极化时间的延长，氧化峰 b（PbO→α-PbO₂，PbSO₄→β-PbO₂）不断向电位负方向移动。这种现象可能是由锰氧化物较高的析氧催化活性，以及增加的 PbO₂ 含量引起的[10,28,31,37~41]。最为明显的特征是在电位 1.0V（MSE）附近，一个新的氧化峰 b′ 出现。根据有关文献介绍，这是由 PbO₂ 是多孔结构，PbO₂ 孔中的 Pb

氧化成 PbSO$_4$ 而导致的。也就是说，只有在正向扫描形成 PbO$_2$，反向扫描时才会出现氧化峰 b′[30~32]。还有另外一种观点认为[30~32]，氧化峰 b′的出现不仅仅是 O$_2$ 的产生，也需要有 PbSO$_4$ 的形成，也就是氧化峰 a 的出现。根据上面的分析，我们也认为 b′的出现是因为 PbSO$_4$ 钝化膜被析出的氧气破坏，这样就为 SO$_4^{2-}$ 离子和金属表面的接触提供了通道，发生了电化学反应 Pb→Pb^{2+} + 2e，以及随后的沉淀反应 Pb^{2+} + SO$_4^{2-}$→PbSO$_4$[30~32]。随着极化时间的延长，氧化峰 b′的强度逐渐增加，没有发生左右移动。

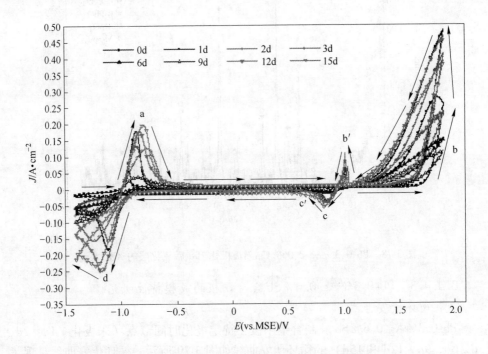

图 3-79   Pb-0.3% Ag-0.6% Sb 轧制合金阳极试样的循环伏安曲线

如图 3-79 所示，第一个还原峰 c 对应于反应 α-PbO$_2$，β-PbO$_2$→PbSO$_4$[3]。随着极化时间的延长，轮廓清晰的还原峰 c 的强度主要呈现一个增加的趋势，基本没有发生左右移动。15d 极化后还原峰 c 的强度大约是新阳极（未极化）的 3 倍。在循环伏安曲线上反向扫描过程中有一个明显的特征，即在 0.6V（MSE）附近，出现了第二个还原峰 c′。还原峰 c′可以清晰地观察到。随着极化时间的延长，还原峰 c′峰值电流密度逐渐变负。但还原峰 c′没有发生左右侧移。还原峰 d 对应于反应 PbSO$_4$→Pb。随着电积时间的延长，还原峰（PbSO$_4$ →Pb）的强度呈现了一个增加的趋势，峰值电流密度达到 0.25A/cm^2。随着极化时间的延长，还原峰 d 没有发生左右移动。

B 阳极极化曲线

在图 3-80 中可以看到，拟合数据和实验数据达到了非常好的吻合。如表 3-44 所示，在 15d 的极化过程中，随着电积时间的延长，表观交换电流密度 J_0 基本上没有变化，稳定在 10^{-4} 数量级，略有波动。整体呈现较高表观交换电流密度。这种现象的原因可能是锰氧化物具有较高的析氧催化活性。根据电化学理论，电极极化和电化学反应的可逆性可以通过电极表观交换电流密度 J_0 来评价；一般情况下高的 J_0 值预示着电极不容易被极化，电极可逆性提高，电极反应容易发生[10,12,15]。

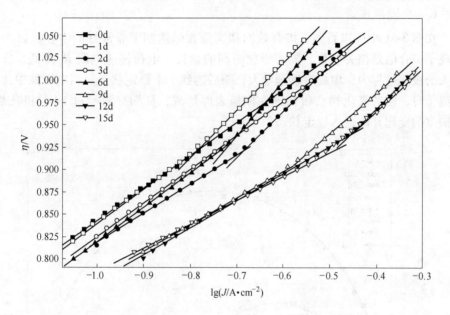

图 3-80 Pb-0.3%Ag-0.6%Sb 阳极试样拟合的塔菲尔曲线

表 3-44 Pb-0.3%Ag-0.6%Sb 阳极试样极化不同时间后的析氧过电位和动力学参数

极化时间 t/d	析氧过电位 η/V						a_1/V	b_1/V	a_2/V	b_2/V	J_0 /A·cm^{-2}
	500 A/m²	600 A/m²	700 A/m²	800 A/m²	900 A/m²	1000 A/m²					
0	0.732	0.761	0.786	0.807	0.826	0.842	1.209	0.367			5.039×10^{-4}
1	0.725	0.755	0.781	0.803	0.822	0.840	1.221	0.381	1.339	0.532	6.255×10^{-4}
2	0.719	0.745	0.767	0.786	0.803	0.818	1.148	0.330	1.273	0.513	3.310×10^{-4}
3	0.711	0.741	0.766	0.788	0.808	0.825	1.204	0.379			6.615×10^{-4}
6	0.702	0.733	0.759	0.781	0.801	0.819	1.207	0.388	1.361	0.604	7.775×10^{-4}
9	0.689	0.712	0.732	0.750	0.765	0.779	1.077	0.298	1.167	0.453	2.438×10^{-4}
12	0.683	0.707	0.727	0.745	0.760	0.774	1.076	0.302	1.172	0.509	2.744×10^{-4}
15	0.672	0.701	0.726	0.747	0.766	0.783	1.154	0.370	1.249	0.527	7.693×10^{-4}

15d 极化后的阳极试样在 500A/m², 600A/m², 700A/m², 800A/m², 900A/m², 1000A/m² 电流密度下的析氧过电位值分别为：0.672V, 0.701V, 0.726V, 0.747V, 0.766V 和 0.783V，相对于未极化的新阳极分别下降 60mV, 60mV, 60mV, 60mV, 60mV 和 59mV。总的说来，电流密度越大，析氧过电位越高。随着极化时间的延长，析氧过电位呈现逐渐降低的趋势。这种去极化的现象可以通过其不断增大的表面粗糙度，升高的 PbO₂ 含量以及锰氧化物较高的析氧催化活性来解释[10,28,31,37~41]。

C　交流阻抗谱

在图 3-81 中可以看到，拟合数据和实验数据达到了非常好的吻合。表 3-45 呈现了拟合电路相关参数。随着极化时间的延长，电荷传递电阻 R_1 降低。在第一天的极化过程中，粗糙度逐渐增大，随后达到一个稳定状态。当电积液中含有锰离子时，锰的氧化物会很快地在阳极表面形成，从而导致经过 1d 的极化后，粗糙度的变化开始进入稳定状态。

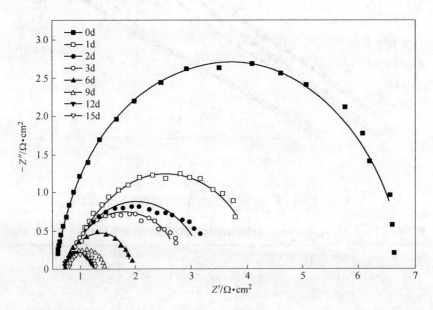

图 3-81　特定极化时间节点测得 Pb-0.3% Ag-0.06% Ca 阳极试样交流阻抗图谱
（实验数据及拟合数据）

D　扫描电镜及能谱分析

图 3-82 是 Pb-0.3% Ag-0.6% Sb 阳极经过 15d 电积腐蚀后的区域能谱图。表 3-46 为对应的结果分析。为了增大腐蚀物相的导电性，试样测试前，进行了喷金处理。可以看到，腐蚀物相由两类结构组成：较暗的区域 1，较亮的区域 2。

分析表明，区域 1 对应的主要是锰的氧化物；区域 2 对应的是铅的氧化物。

表 3-45 Pb-0.3%Ag-0.06%Ca 阳极试样在特定极化时间点获得的
交流阻抗谱等效电路参数

极化时间 t/d	R_s /$\Omega \cdot cm^2$	R_t /$\Omega \cdot cm^2$	Q_{dl} /$\Omega^{-1} \cdot cm^{-2} \cdot s^n$	n	计算的双电层电容和粗糙度	
					C_{dl} /$\mu F \cdot cm^{-2}$	RF
0	0.560	6.252	0.010	0.910	6158	308
1	0.886	3.333	0.114	0.818	64599	3230
2	0.793	2.473	0.124	0.788	61861	3093
3	0.773	2.085	0.120	0.795	60037	3002
6	0.721	1.224	0.103	0.841	57503	2875
9	0.813	0.635	0.108	0.825	54189	2709
12	0.712	0.510	0.114	0.905	80027	4001
15	0.824	0.452	0.118	0.903	82158	4108

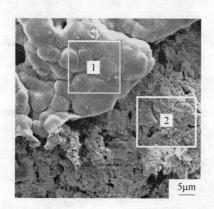

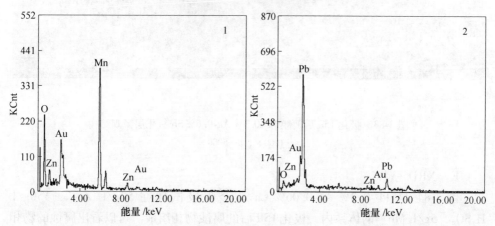

图 3-82 Pb-0.3%Ag-0.6%Sb 阳极极化 15d 后氧化层的区域扫描能谱

表 3-46　Pb-0.3%Ag-0.6%Sb 阳极极化 15d 后氧化层的区域扫描结果

测试区域	元　素	质量分数/%	摩尔分数/%
1	O	19.01	51.12
	Mn	49.56	38.80
	Zn	7.30	4.81
	Au	24.13	5.27
2	O	5.33	39.88
	Pb	69.60	40.24
	Zn	3.78	6.92
	Au	21.29	12.95

图 3-83 是极化 15d 的 Pb-0.3%Ag-0.6%Sb 阳极试样的扫描电镜图。在放大 1000 倍的图 3-83a 中，可以看出腐蚀层中既有锰的氧化物层，也有裸露的铅的氧化物，锰的氧化物尺寸较大，没有明显的颗粒结构。裸露的铅的氧化物层出现了大量的腐蚀腔和腐蚀深洞。在放大 5000 倍的图 3-83b 中，可以看到锰的氧化层与铅的氧化层分界线清晰，上下分布，没有出现交错在一起的现象。

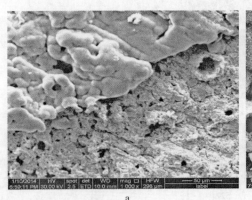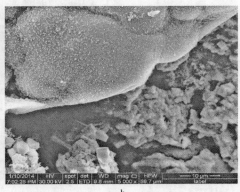

a　　　　　　　　　　　　　b

图 3-83　极化 15d 后镀膜 Pb-0.3%Ag-0.6%Sb 氧化层微观结构
a—1000×；b—5000×

E　XRD 分析

图 3-84 是 Pb-0.3%Ag-0.06%Ca 合金阳极试样在 50g/L Zn^{2+}，150g/L H_2SO_4，5g/L Mn^{2+} 的体系内，极化 15d 后的腐蚀物相组成。可以看出腐蚀的物相主要为 α-PbO$_2$ 和 β-PbO$_2$，另外有一些 MnO$_2$ 和 Mn$_2$O$_3$。主峰是 α-PbO$_2$。

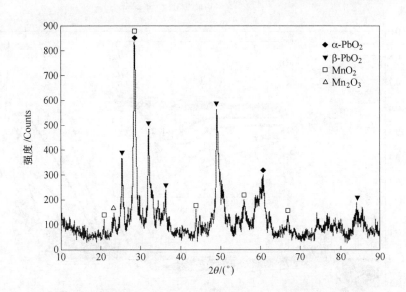

图 3-84   Pb-0.3% Ag-0.6% Sb 阳极极化 15d 后氧化层的 XRD 图谱

3.4.5   铅合金阳极在同含锰和氯离子的硫酸锌溶液中的成膜特性研究

3.4.5.1   Pb-0.8% Ag 合金阳极的成膜特性研究

A   循环伏安曲线

Pb-0.8% Ag 轧制合金阳极在特定极化时间节点（未极化，1d，2d，3d，6d，9d，12d 和 15d）的循环伏安曲线如图 3-85 所示，循环伏安曲线呈现了典型的两个氧化峰（a，b）和两个还原峰（c，d）[28,29]。

如图 3-85 所示，第一个氧化峰 a 对应于反应 Pb→PbSO$_4$。在 15d 的极化中，氧化峰（Pb→PbSO$_4$）的强度呈现先增高后降低的趋势。在极化 2d 后，达到峰值电流密度 0.13A/cm^2。而且，随着极化时间的延长，氧化峰 a 缓慢地向电位正方向移动。15d 极化之后，向电位正方向移动了大约 100mV。电位区间间隔 [-0.7V，1.2V] 对应于 PbSO$_4$ 区域，是一个稳定的钝化条件。电位超过 1.2V 的区域对应于 PbO$_2$ 生成和氧气的析出。随着极化时间的延长，氧化峰 b（PbO→α-PbO$_2$，PbSO$_4$→β-PbO$_2$）不断向电位负方向移动。

如图 3-85 所示，第一个还原峰 c 对应于反应 α-PbO$_2$，β-PbO$_2$→PbSO$_4$[3]。随着极化时间的延长，轮廓清晰的还原峰 c 的强度主要呈现一个增加的趋势，而且逐渐向负方向移动。15d 极化后还原峰 c 向电位负方向移动约 70mV。在循环伏安曲线上反向扫描过程中有一个明显的特征，即在 0.6V（MSE）附近，出现了第二个还原峰 c′。针对这种现象，相关文献并不多。随着电积时间的延长，还原峰 c 的强度，虽有增加但变化不大。主要的变化是还原峰

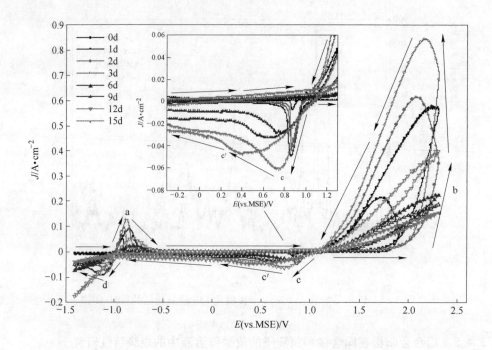

图 3-85　Pb-0.8% Ag 轧制合金阳极试样的循环伏安曲线

横向逐渐变宽。这也是较为特殊的一个情况。还原峰 d 对应于反应 $PbSO_4 \rightarrow$ Pb。随着电积时间的延长，还原峰（$PbSO_4 \rightarrow$ Pb）的强度，呈现了先增加后降低的趋势。

　　B　阳极极化曲线

　　在图 3-86 中可以看到，拟合数据和实验数据达到了非常好的吻合。如表 3-47 所示，在前两天的极化过程中，随着极化时间的延长，表观交换电流密度 J_0 主要呈现增长的趋势。其后表观交换电流密度稳定在 10^{-4} 到 10^{-3} 数量级，略有波动。整体呈现较高表观交换电流密度。这种现象的原因可能是锰氧化物具有较高的析氧催化活性。根据电化学理论，电极极化和电化学反应的可逆性可以通过电极表观交换电流密度 J_0 来评估；一般情况下，高的 J_0 值预示着电极不容易被极化，电极可逆性提高，电极反应容易发生[10,12,15]。15d 极化后的阳极试样在 $500A/m^2$，$600A/m^2$，$700A/m^2$，$800A/m^2$，$900A/m^2$，$1000A/m^2$ 电流密度下的析氧过电位值分别为：0.677V，0.705V，0.729V，0.750V，0.768V 和 0.785V，相对于未极化的新阳极分别下降 98mV，88mV，79mV，71mV，65mV 和 58mV。随着电积时间的延长，析氧过电位呈现逐渐降低的趋势。

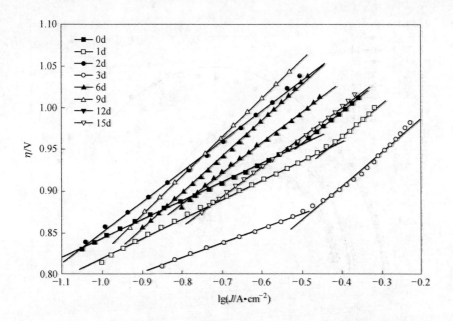

图 3-86 Pb-0.8% Ag 阳极试样拟合的塔菲尔曲线：η(析氧过电位)-lg$i$

表 3-47 Pb-0.8%Ag 阳极试样极化不同时间后的析氧过电位和动力学参数

极化时间 t/d	析氧过电位 η/V						a_1/V	b_1/V	a_2/V	b_2/V	J_0 /A·cm^{-2}
	500 A/m^2	600 A/m^2	700 A/m^2	800 A/m^2	900 A/m^2	1000 A/m^2					
0	0.775	0.793	0.808	0.821	0.833	0.843	1.068	0.225	1.150	0.388	1.799×10^{-5}
1	0.749	0.767	0.783	0.796	0.808	0.819	1.053	0.234	1.121	0.390	3.134×10^{-5}
2	0.740	0.769	0.793	0.815	0.833	0.850	1.215	0.365			4.681×10^{-4}
3	0.734	0.748	0.759	0.769	0.778	0.786	0.957	0.171	1.068	0.406	2.609×10^{-6}
6	0.699	0.728	0.753	0.774	0.793	0.810	1.178	0.368			6.332×10^{-4}
9	0.684	0.721	0.752	0.779	0.804	0.824	1.290	0.466			1.700×10^{-3}
12	0.679	0.714	0.743	0.779	0.790	0.810	1.246	0.435			1.376×10^{-3}
15	0.677	0.705	0.729	0.750	0.768	0.785	1.144	0.359			6.527×10^{-4}

C 交流阻抗谱

在图 3-87 中可以看到，拟合数据和实验数据达到了非常好的吻合。表 3-48 呈现了拟合电路参数。在前 6d 的极化过程中，电荷传递电阻逐渐降低。随后达到一个稳定状态，略有波动。在整个极化过程中，粗糙度基本没有变化。在同时含有锰氯的酸锌溶液中，既有锰离子的不断沉积，也有氯离子的加速分解。

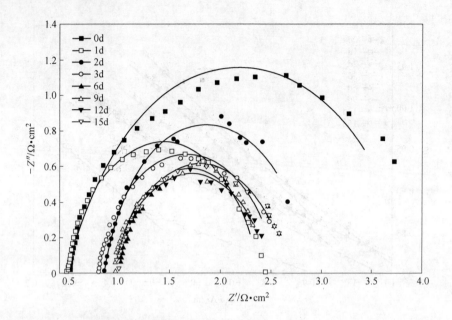

图 3-87　在特定极化时间节点测得 Pb-0.8% Ag 阳极试样交流阻抗图谱（实验数据）

表 3-48　在特定极化时间点获得的 Pb-0.8％Ag 阳极试样交流阻抗谱等效电路参数

极化时间 t/d	R_s $/\Omega \cdot cm^2$	R_t $/\Omega \cdot cm^2$	Q_{dl} $/\Omega^{-1} \cdot cm^{-2} \cdot s^n$	n	计算的双电层电容和粗糙度	
					C_{dl} $/\mu F \cdot cm^{-2}$	RF
0	0.481	3.425	0.115	0.759	43769	2188
1	0.476	1.909	0.074	0.839	37057	1853
2	0.859	2.000	0.062	0.886	40837	2042
3	0.792	1.768	0.079	0.826	40524	2026
6	0.980	1.655	0.086	0.817	44575	2229
9	0.950	1.494	0.081	0.849	46901	2345
12	0.948	1.524	0.086	0.809	42358	2118
15	0.983	1.649	0.086	0.820	44947	2247

D　扫描电镜与能谱分析

图 3-88 是 Pb-0.8% Ag 阳极经过 15d 极化后的区域能谱图，表 3-49 为对应的结果分析。为了增大腐蚀物相的导电性，试样测试前，进行了喷金处理。可以看到，腐蚀物相由两类结构组成：较暗的区域 1 和 3，较亮的区域 2 和 4。分析表明，区域 1 和 3 对应的主要是锰的氧化物；区域 2 和 4 对应的是铅的氧化物。从图中还可以看出腐蚀层中既有锰的氧化物层，也有裸露的铅的氧化物部分。呈上下分布，界限清晰。锰氧化层与基底的附着力不好，有大面积脱落。

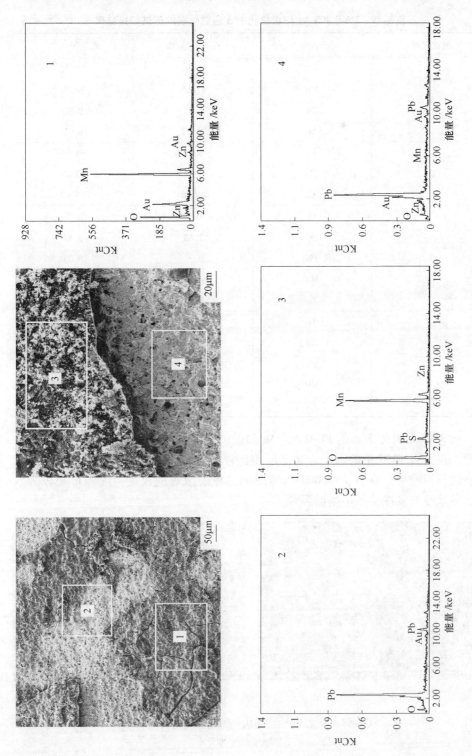

图 3-88 Pb-0.8% Ag 阳极极化 15d 后氧化层的区域扫描能谱

表 3-49　Pb-0.8%Ag 阳极极化 15d 后氧化层的区域扫描结果

测试区域	元素	质量分数/%	摩尔分数/%
1	O	19.67	53.27
	Mn	47.65	37.59
	Zn	4.41	2.92
	Au	28.27	6.22
2	O	5.86	44.36
	Pb	72.70	42.47
	Au	21.44	13.17
3	O	30.37	59.51
	S	2.63	2.57
	Pb	0.21	0.03
	Mn	64.24	36.66
	Zn	2.55	1.22
4	O	4.64	36.55
	Zn	1.65	3.17
	Pb	69.30	42.15
	Mn	1.52	3.49
	Au	22.89	14.64

　　图 3-89 是极化 15d 的 Pb-0.8% Ag 阳极试样中裸露出来的铅氧化物部分的放大图。在放大 5000 倍的图中，腐蚀形貌比较均匀，腐蚀类型为较深的洞蚀，而且腐蚀洞很密集。在放大 30000 倍的图中，在很微观的尺度，腐蚀形貌较为致密，但是没有发现棱角清晰的颗粒。

图 3-89　极化 15d 后 Pb-0.8% Ag 氧化层微观结构
a—5000×；b—30000×

E XRD 分析

图 3-90 是 Pb-0.8% Ag 合金阳极试样在 50g/L Zn^{2+}，150g/L H_2SO_4，600mg/L Cl^-，5g/L Mn^{2+} 内，电积 15d 后的腐蚀物相组成。可以看出腐蚀的主要物相为：$PbSO_4$，α-PbO_2，MnO，MnO_2，Mn_2O_3，$PbSO_4$。主峰为 $PbSO_4$ 和 α-PbO_2，锰的氧化物种类复杂。$PbSO_4$ 峰比较密集，可能的原因是氯离子对阳极氧化层的腐蚀和分解，导致阳极膜比较薄。而且，氯离子会延缓活性 PbO_2 的产生，同时降低其分解电位，加速其分解。

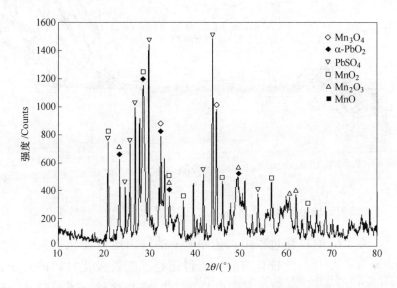

图 3-90 Pb-0.8% Ag 阳极极化 15d 后氧化层的 XRD 图谱

3.4.5.2 Pb-0.3% Ag-0.06% Ca 合金阳极的成膜特性研究

A 循环伏安曲线

Pb-0.3% Ag-0.06% Ca 轧制合金阳极在特定极化时间节点（未极化，1d，2d，3d，6d，9d，12d 和 15d）的循环伏安曲线如图 3-91 所示，循环伏安曲线呈现了典型的两个氧化峰（a，b）和两个还原峰（c，d）[28,29]。

如图 3-91 所示，第一个氧化峰 a 对应于反应 Pb→$PbSO_4$。在 15d 的极化中，氧化峰（Pb→$PbSO_4$）主要呈现了一个先增加后降低的趋势。而且，随着极化时间的延长，氧化峰 a 呈现一个在横向逐渐变宽的趋势。经过 15d 极化之后，氧化峰 a 向电位正方向移动了大约 200mV。电位区间间隔 [−0.6V，1.0V] 对应于 $PbSO_4$ 区域，是一个稳定的钝化状态。电位超过 1.0V 的区域对应于 PbO_2 的生成和氧气的释放。随着电积时间的延长，氧化峰 b（PbO→α-PbO_2，$PbSO_4$→β-PbO_2）不断向电位负方向移动。

如图 3-91 所示，还原峰 c 和 c′ 对应于反应 α-PbO_2，β-PbO_2 → Pb-

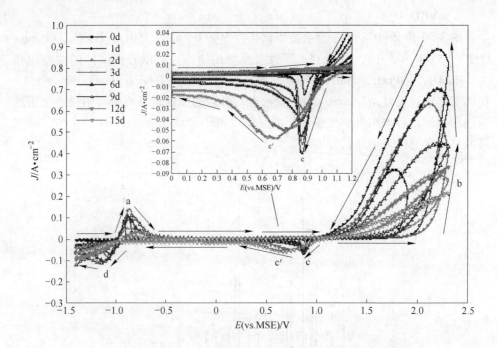

图 3-91　Pb-0.3% Ag-0.06% Ca 轧制合金阳极试样的循环伏安曲线

$SO_4^{[3,41,44]}$。在 15d 的极化过程中，还原峰 c 的峰值电流变化不大，基本稳定在 $-0.08A/cm^2$ 左右。比较显著的一个特征是：随着极化时间的延长，还原峰 c 的宽度明显加宽，还原峰 c 向电位负方向略有移动。还原峰 d 对应于反应 $PbSO_4 \rightarrow Pb$。在 15d 的极化中，还原峰（$PbSO_4 \rightarrow Pb$）主要呈现了一个先增强后降低的趋势。

　　B　阳极极化曲线

　　在图 3-92 中可以看到，拟合数据和实验数据达到了非常好的吻合。如表3-50所示，在极化 12d 的过程中，表观交换电流密度变化很小，稳定在 10^{-5} 数量级。极化 15d 后表观电流密度明显增加，升至 10^{-3} 数量级。对于析氧过电位，在前三天的极化过程中，基本没有变化。在其后的极化过程，析氧过电位逐渐降低。这是由于在同时含有锰氯的酸锌溶液中，既有锰离子的不断沉积，也有氯离子的加速分解。

　　如表 3-50 所示，15d 极化后的阳极试样在 $500A/m^2$，$600A/m^2$，$700A/m^2$，$800A/m^2$，$900A/m^2$，$1000A/m^2$ 电流密度下的析氧过电位值分别为：0.680V，0.715V，0.744V，0.769V，0.792V 和0.812V，相对于未极化的新阳极分别下降143mV，111mV，101mV，83mV，85mV 和 78mV。随着极化时间的延长，析氧过电位呈现逐渐降低的趋势。

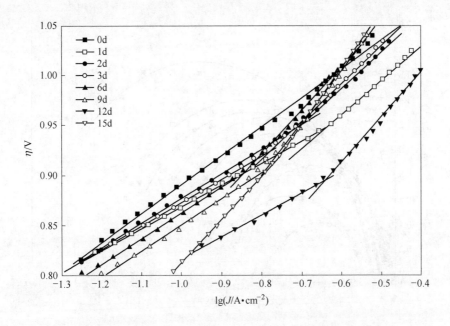

图 3-92 Pb-0.3%Ag-0.06%Ca 阳极试样拟合的塔菲尔曲线

表 3-50 Pb-0.3%Ag-0.06%Ca 阳极试样极化不同时间后的析氧过电位和动力学参数

极化时间 t/d	析氧过电位 η/V						a_1/V	b_1/V	a_2/V	b_2/V	J_0 $/A \cdot cm^{-2}$
	500 A/m²	600 A/m²	700 A/m²	800 A/m²	900 A/m²	1000 A/m²					
0	0.803	0.826	0.845	0.862	0.877	0.890	1.179	0.289			8.346×10^{-5}
1	0.802	0.819	0.834	0.847	0.858	0.868	1.086	0.218	1.164	0.340	1.054×10^{-5}
2	0.802	0.821	0.838	0.852	0.865	0.876	1.123	0.246	1.206	0.367	2.787×10^{-5}
3	0.802	0.820	0.836	0.849	0.861	0.872	1.105	0.233	1.216	0.373	1.804×10^{-5}
6	0.784	0.805	0.822	0.837	0.850	0.862	1.119	0.257	1.272	0.439	4.463×10^{-5}
9	0.771	0.791	0.809	0.824	0.838	0.850	1.112	0.263	1.316	0.520	5.850×10^{-5}
12	0.750	0.767	0.782	0.795	0.806	0.816	1.036	0.220	1.183	0.450	1.991×10^{-5}
15	0.680	0.715	0.744	0.769	0.792	0.812	1.249	0.438	1.349	0.570	1.398×10^{-3}

C 交流阻抗谱

在图 3-93 中可以看到，拟合数据和实验数据达到了非常好的吻合。表 3-51 呈现了拟合电路相关参数。随着极化时间的延长，电荷传递电阻 R_t 降低。粗糙度变化比较杂乱，基本在 2000~3000 之间波动。这是由于在同时含有锰氯的酸锌溶液中，既有锰离子的不断沉积，也有氯离子的加速分解，所以情况比较复杂。

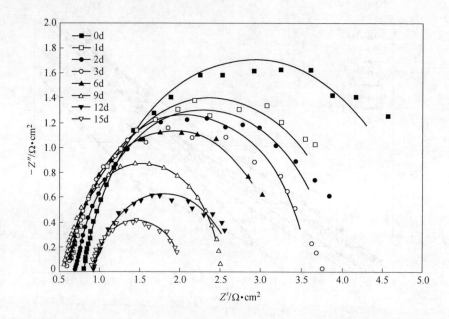

图 3-93 在特定极化时间节点测得 Pb-0.3% Ag-0.06% Ca 阳极试样交流阻抗图谱

(实验数据及拟合数据)

表 3-51 在特定极化时间点获得的交流阻抗谱等效电路参数

极化时间 t/d	R_s /$\Omega \cdot cm^2$	R_t /$\Omega \cdot cm^2$	Q_{dl} /$\Omega^{-1} \cdot cm^{-2} \cdot s^n$	n	计算的双电层电容和粗糙度	
					C_{dl} /$\mu F \cdot cm^{-2}$	RF
0	0.806	4.183	0.058	0.873	36139	1807
1	0.949	3.465	0.065	0.865	40802	2040
2	0.710	3.184	0.094	0.874	61643	3082
3	0.620	2.953	0.060	0.904	41549	2077
6	0.621	2.602	0.051	0.919	37295	1865
9	0.571	1.945	0.033	0.931	24067	1203
12	0.913	1.788	0.116	0.784	55902	2795
15	0.872	1.156	0.128	0.798	63899	3195

D 扫描电镜与能谱分析

图 3-94 是 Pb-0.3% Ag-0.06% Ca 阳极经过 15d 极化后的区域能谱图。为了增大腐蚀物相的导电性，试样测试前进行了喷金处理。可以看到，腐蚀物相由三类结构组成，由区域 1、2 和 3 组成。分析表明，区域 1 和 3 对应的主要是锰的氧化物，区域 2 对应的铅的氧化物。对裸露的铅的氧化物部分进一步放大，可以发现有很多棱角清晰的颗粒，分析表明是铅的一种氧化物。

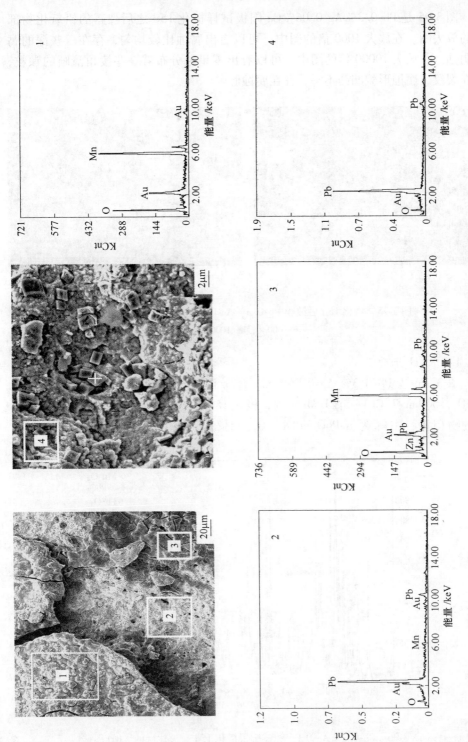

图 3-94 Pb-0.3% Ag-0.06% Ca 阳极极化 15 d 后氧化层的区域扫描能谱

图 3-95 是 Pb-0.3% Ag-0.06% Ca 阳极试样极化 15d 之后裸露的铅氧化物部分的放大图。在放大 1000 倍的图中，可以看出腐蚀比较均匀，存在一些深的腐蚀洞蚀。在放大 10000 倍的图中，可以看出零星地分布着一些棱角清晰的颗粒，存在裂纹，腐蚀形貌凹凸不平，存在腐蚀腔。

a   b

图 3-95 极化 15d 后镀膜 Pb-0.3% Ag-0.06% Ca 氧化层微观结构
a—1000×；b—10000×

E XRD 分析

图 3-96 是 Pb-0.3% Ag-0.06% Ca 合金阳极试样在 50g/L Zn^{2+}，150g/L H$_2$SO$_4$，600mg/L Cl$^-$，5g/L Mn^{2+}内，极化 15d 后的腐蚀物相组成。可以看出腐蚀的物相为：主峰为 α-PbO$_2$ 和 PbSO$_4$，另外有一些 β-PbO$_2$，Mn$_3$O$_4$，MnO$_2$，

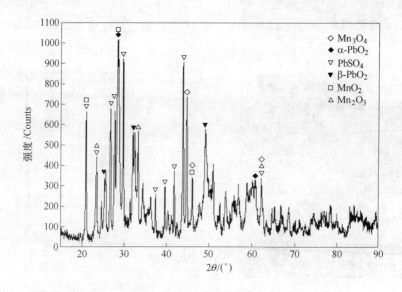

图 3-96 Pb-0.3% Ag-0.06% Ca 阳极极化 15d 后氧化层的 XRD 图谱

Mn₂O₃。锰的氧化物种类比较复杂。PbSO₄ 峰比较密集，可能的原因是氯离子对阳极氧化层的腐蚀和分解，导致阳极膜比较薄。而且，氯离子会延缓活性 PbO₂ 的产生，同时降低其分解电位，加速其分解。

3.4.5.3 Pb-0.3%Ag-0.6%Sb 合金阳极的成膜特性研究

A 循环伏安曲线

Pb-0.3%Ag-0.6%Sb 轧制合金阳极在特定极化时间节点（未极化，1d，2d，3d，6d，9d，12d 和 15d）的循环伏安曲线如图 3-97 所示，循环伏安曲线呈现了典型的两个氧化峰（a，b）和两个还原峰（c，d）[28,29]。

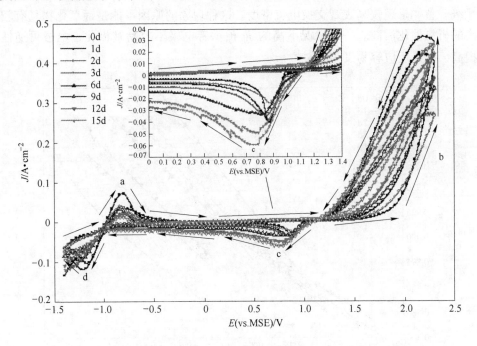

图 3-97　Pb-0.3%Ag-0.6%Sb 轧制合金阳极试样的循环伏安曲线

如图 3-97 所示，第一个氧化峰 a 对应于反应 Pb→PbSO₄。在 15d 的极化中，氧化峰（Pb→PbSO₄）主要呈现了一个降低的趋势，最后峰值电流密度达到 0.03A/cm² 左右。随着极化时间的延长，氧化峰 a 没有发生左右移动。经过 15d 极化之后，氧化峰 a 的强度是新鲜试样（未极化）的 1/3。电位区间间隔 [−0.8V，1.2V] 对应于 PbSO₄ 区域，是一个稳定的钝化状态。电位超过 1.2V 的区域对应于 PbO₂ 生成和氧气的释放。随着极化时间的延长，氧化峰 b（PbO→α-PbO₂，PbSO₄→β-PbO₂）不断向电位负方向移动。

如图 3-97 所示，还原峰 c 对应于反应 α-PbO₂，β-PbO₂→PbSO₄[28,31,33]。在 15d 的极化过程中，还原峰 c 的峰值电流不断增大，最后稳定在 −0.07A/cm² 左右。随着极化时间的延长，还原峰 c 主要特征是在横向不断加宽，而且向电位负方向略有移动，但幅度很小。还原峰 d 对应于反应 $PbSO_4 \rightarrow Pb$。在 15d 的极化中，还原峰（$PbSO_4 \rightarrow Pb$）主要呈现了一个逐渐降低的趋势，基本没有发生左右移动。

B 阳极极化曲线

在图 3-98 中可以看到，拟合数据和实验数据达到了非常好的吻合。如表3-52所示，在前两天的极化过程中，随着极化时间的延长，表观交换电流密度 J_0 基本上没有变化，稳定在 10^{-5} 数量级，略有波动，其后略有上升，稳定在 10^{-4} 数量级。整体呈现较高表观交换电流密度。这种现象的原因可能是锰氧化物具有较高的析氧催化活性。一般情况下高的 J_0 预示着电极不容易被极化，电极可逆性提高，电极反应容易发生[10,12,15]。

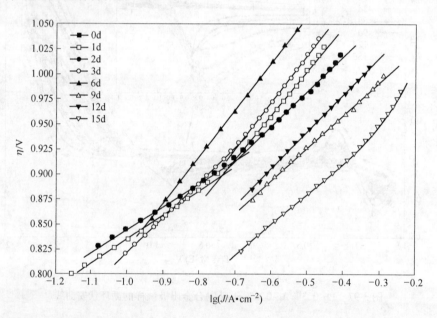

图 3-98 Pb-0.3%Ag-0.6%Sb 阳极试样拟合的塔菲尔曲线

15d 极化后的阳极试样在 $500A/m^2$，$600A/m^2$，$700A/m^2$，$800A/m^2$，$900A/m^2$，$1000A/m^2$ 电流密度下的析氧过电位值分别为：0.633V，0.658V，0.678V，0.696V，0.712V 和 0.726V，相对于未极化的新阳极分别下降 141mV，135mV，130mV，126mV，121mV 和 118mV。总的说来，电流密度越大，析氧过电位越高。随着极化时间的延长，析氧过电位呈现逐渐降低的趋势。这种去极化的现象可以通过其不断变化的表面粗糙度，升高的 PbO_2 含量以及锰氧化物较高的析氧催化活性来解释[10,28,31,37~41]。

表 3-52 Pb-0.3%Ag-0.6%Sb 阳极试样电积不同时间后的析氧过电位和动力学参数

| 极化时间 t/d | 析氧过电位 η/V | | | | | | a_1/V | b_1/V | a_2/V | b_2/V | J_0 $/A \cdot cm^{-2}$ |
	500 A/m²	600 A/m²	700 A/m²	800 A/m²	900 A/m²	1000 A/m²					
0	0.774	0.793	0.808	0.822	0.833	0.844	1.077	0.232	1.157	0.349	2.339×10^{-5}
1	0.763	0.782	0.798	0.811	0.824	0.835	1.074	0.239	1.223	0.440	3.244×10^{-5}
2	0.749	0.768	0.784	0.798	0.810	0.821	1.063	0.242	1.178	0.418	4.000×10^{-5}
3	0.715	0.742	0.766	0.786	0.804	0.820	1.172	0.351	1.250	0.463	4.622×10^{-4}
6	0.684	0.721	0.752	0.779	0.803	0.824	1.290	0.466			1.700×10^{-3}
9	0.663	0.689	0.711	0.730	0.747	0.762	1.090	0.328			4.724×10^{-4}
12	0.647	0.676	0.701	0.722	0.741	0.758	1.127	0.369			8.793×10^{-4}
15	0.633	0.658	0.678	0.696	0.712	0.726	1.034	0.308	1.107	0.519	4.403×10^{-4}

C 交流阻抗谱

在图 3-99 中可以看到，拟合数据和实验数据达到了非常好的吻合。表 3-53 呈现了拟合电路相关参数。随着极化时间的延长，电荷传递电阻 R_t 降低。粗糙度变化较为复杂，总的来说在前 3 天的极化过程中，波动较大，其后趋于稳定，

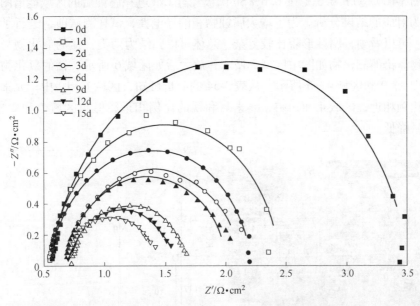

图 3-99 特定极化时间节点测得 Pb-0.3% Ag-0.06% Ca 阳极试样交流阻抗图谱

(实验数据及拟合数据)

稳定在3000~4000之间。由于在同时含有锰氯的酸锌溶液中，既有锰离子的不断沉积，也有氯离子的加速分解。

表3-53 Pb-0.3%Ag-0.06%Ca 阳极试样在特定电积
时间点获得的交流阻抗谱等效电路参数

极化时间 t/d	R_s /$\Omega \cdot cm^2$	R_t /$\Omega \cdot cm^2$	Q_{dl} /$\Omega^{-1} \cdot cm^{-2} \cdot s^n$	n	计算的双电层电容和粗糙度	
					C_{dl} /$\mu F \cdot cm^{-2}$	RF
0	0.576	2.934	0.046	0.931	34887	1744
1	0.566	1.879	0.059	0.980	54245	2712
2	0.552	1.663	0.035	0.930	25217	1261
3	0.697	1.434	0.108	0.909	80061	4003
6	0.680	1.353	0.110	0.897	78277	3914
9	0.723	0.957	0.107	0.877	69103	3455
12	0.693	0.892	0.112	0.873	71241	3562
15	0.672	0.775	0.116	0.871	72415	3621

D 扫描电镜及能谱分析

图3-100是Pb-0.3%Ag-0.6%Sb阳极经过15d电积腐蚀后的区域能谱图，表3-54为对应的结果分析。为了增大腐蚀物相的导电性，试样测试前，进行了喷金处理。可以看到，腐蚀形貌比较复杂，总体可以归结为两类：锰的氧化物与铅的氧化物。铅的氧化物如图中区域3所示，放大后如区域6所示。锰的氧化物如图中区域1，2和区域4，5所示。从表3-54的分析可知，区域1和2中，元素氧和锰的比例相近；区域4和5中，元素氧和锰的比例相近，但与区域1和2相比，含氧量降低。

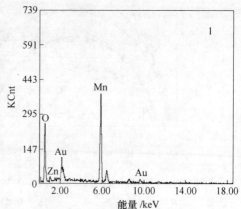

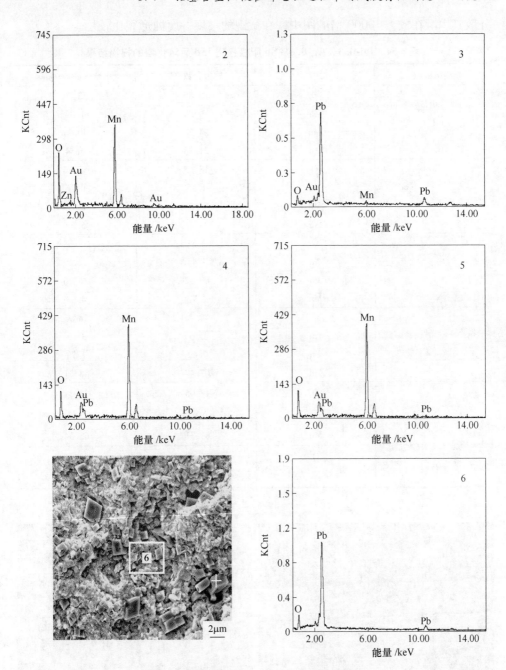

图 3-100　Pb-0.3% Ag-0.6% Sb 阳极极化 15d 后氧化层的区域扫描能谱

　　腐蚀物相中未被锰的氧化物覆盖的区域，进一步放大，我们得到如图 3-101 所示的扫描电镜图片。在放大 5000 倍的图中，可以看到棱角清晰的颗粒零星地分散其中。在放大 10000 倍的图中，在微观的尺度，腐蚀形貌比较均匀。

表 3-54 Pb-0.3%Ag-0.6%Sb 阳极极化 15d 后氧化层的扫描结果

测试区域	元素	质量分数/%	摩尔分数/%
1	O	20.85	53.23
	Zn	3.07	1.92
	Mn	54.20	40.31
	Au	21.88	4.54
2	O	18.65	50.26
	Zn	1.15	0.76
	Mn	55.56	43.59
	Au	24.63	5.39
3	O	9.51	55.58
	Au	7.45	3.54
	Pb	80.32	36.26
	Mn	2.72	4.63
4	O	12.45	36.93
	Au	12.66	3.05
	Pb	7.42	1.70
	Mn	67.47	58.31
5	O	12.05	33.24
	Pb	6.65	1.42
	Mn	81.31	65.34
6	O	14.82	69.26
	Pb	85.18	30.74

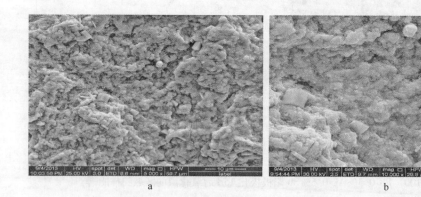

图 3-101 极化 15d 后镀膜 Pb-0.3% Ag-0.6% Sb 氧化层微观结构

a—5000×；b—30000×

E XRD分析

图 3-102 是 Pb-0.3% Ag-0.6% Sb 合金阳极试样在 50g/L Zn^{2+}，150g/L H$_2$SO$_4$，600mg/L Cl$^-$，5g/L Mn^{2+} 的体系内，极化 15d 后的腐蚀物相组成。

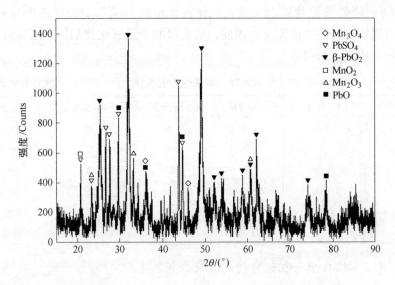

图 3-102 Pb-0.3% Ag-0.6% Sb 阳极极化 15d 后氧化层的 XRD 图谱

从图 3-102 可以看出腐蚀的物相主要为 β-PbO$_2$ 和 PbSO$_4$，另外一些物相为 PbO，MnO$_2$，Mn$_2$O$_3$，Mn$_3$O$_4$。PbSO$_4$ 峰比较密集，可能的原因是氯离子对阳极氧化层的腐蚀和分解，导致阳极膜比较薄。而且氯离子会延缓活性 PbO$_2$ 的产生，同时降低其分解电位，加速其分解。

3.5 铜电积用铅基合金阳极的制备及性能研究

3.5.1 铅合金的制备及力学性能的测试

3.5.1.1 铅合金的制备

铅合金制备装置见图 3-7，设计的各系列合金成分如表 3-55 所示。铅合金制备过程中应该注意的问题有：（1）由于电阻炉的升温具有滞后性，所以在设定温度时要低于预定温度 30~50℃，然后再一边测试实际温度再进一步升高炉温；（2）逐步投料，当炉温达到设定值时，先加入 2/3 左右的铅，等铅液变红后，再加掺杂元素或中间合金；（3）钙、稀土由于化学性质较活泼，用钟罩加入时速度要快，高温时接触炉内空气的时间要尽量短，以减小烧损，钙加入后要用力压住钟罩接触坩埚底部至感觉不到浮力时，如果钟罩漂浮起来，钙将会从钟罩中溢出而漂浮在铅液表面，造成钙的大量烧损；（4）稀土与铅生成化合物时会产生大量热，缩短熔化时间的同时，容易造成铅液沸腾，操作时也应尽量把钟罩放在坩埚底部，以避免造成意外人身伤害；（5）掺杂元素加入后定时搅拌至掺杂元素完全熔解在铅液中后，再加余量铅，这样可降低铅液温度，减少浇注时金属的氧化；（6）浇铸前搅拌铅合金液，以使在低温析出的第二相在铅中分布均匀，浇铸的速度要快，在铅液完全凝固前，将表面的少量氧化物刮掉，这样可避免铅锭轧制后杂质进入板材中。

表 3-55　各系列合金成分　　　　　　　　（质量分数,%）

编　号	Ca 含量	Cu 含量	Sn 含量	RE 含量	Pb 含量
1	1.0	0	0	0	99.00
2	0	1.0	0	0	99.00
3	0.06	0	0.6	0	99.34
4	0.06	0	0.6	0.1	99.24
5	0.06	0.1 ~ 0.5	0.6	0	≥97.84
6	0.06	0.1 ~ 0.5	0.6	0.1	≥97.74

3.5.1.2　铅合金金相试样的制备及分析

A　金相试样的制备

由于铅及其合金硬度较低，纯铅硬度为 4 ~ 6HBS，一般铅合金硬度在 8 ~ 14HBS。而且铅的延展性好。因此在制铅合金金相试样时容易造成表层流动，从而导致表面变形层，只能看到不能反映真实晶体组织结构的非晶态拜尔培层，不利于对合金本身性能的研究。因此铅合金金相的制备比其他金属金相试样的制备要复杂[2]。

试验将浇铸与轧制试样进行对比分析，试样的制备过程为：用钢锯取样→锉刀将截面平整→砂纸磨光→机械抛光→化学与机械方法交替抛光→腐蚀→观察并照相。铸态试样尺寸：$\Phi = 1.2cm$，长 2cm 左右；轧制试样为长 2cm，宽 1cm，厚 0.6cm 的长方体。砂纸磨光工序中先用粗砂纸打磨至无明显锉刀的痕迹，然后依次用 600 号、1000 号、2000 号水砂纸在水冲洗下打磨至光亮，每次磨的时候朝一个方向均匀使力磨十来次，然后转 90° 再磨，在一种砂纸上磨至上一道打磨的痕迹消失。当感到砂纸对试样无明显切削力时，继续使用容易造成厚的变形层，此时应更换新的砂纸。为了去除变形层的影响，可以边磨边用化学抛光液（乙酸与 30% 双氧水的体积比为 3:1）浸蚀。当试样截面磨至无明显刻痕时，进行机械抛光。机械抛光时用含有 3% ~ 5% 三氧化三铬微粉的溶液作为抛光液，一般抛光 1 ~ 2min 后试样表面会变成灰色，此时用化学抛光液浸蚀几秒钟，以去除表面的变形层。然后继续机械抛光 1min 左右，再进行化学抛光，如此反复交替抛光至表面呈镜面光亮。此时显微镜下观察仍能看到少许细微的划痕，应进一步精抛，抛光步骤同上，抛光液改用特制金刚石微粒的溶液，改用专用的精抛抛光布。当表面呈镜面光亮且在显微镜下观察不到明显划痕时，用含柠檬酸 250g/L 与钼酸铵 100g/L 的腐蚀液腐蚀 1min 左右，再用显微镜观察并照相。利用此腐蚀液腐蚀出来的样品容易看到晶界，而利用组成为乙酸：硝酸：水的体积比等于 3：4：16 的腐蚀液进行腐蚀更容易看到合金中第二相的形状及分布。为了更好地分析合金中第二相的分布及掺杂元素合金晶粒大小的影响，本实验同时采用上述两种腐蚀方法。

B 金相组织分析

根据金属学腐蚀原理，金属凝固后晶界比晶体具有更高的能量，晶界更容易被腐蚀，所以经腐蚀后金相能看出晶粒的大小及晶界的厚薄，从而分析金属的性能。

图 3-103a 为 Pb-1.0% Ca 中间合金铸态的显微组织图，图 3-103b 为 Pb-1.0% Ca 中间合金轧制后的显微组织图。从图 3-103 可以看出铅钙中间合金无明显的粗晶出现，但是明显地有第二相偏析出来，大多为分散均匀的小颗粒，铸态合金中还有大颗粒（颗粒大小为 53μm）。从图 3-103b 及其右上角的小图可以看出，轧制后的铅钙合金，铅粗晶及第二相颗粒更小，且第二相颗粒大多为棱形，说明轧制起到细化晶粒的作用。铅钙合金中第二相为具有 L1$_2$ 型面心立方结构的 CaPb$_3$ 化合物[2]，它的存在使铅合金具有很好的时效硬化效果，可抗室温加工时再结晶。

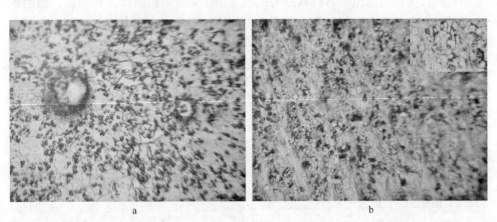

图 3-103 Pb-1.0% Ca 中间合金显微组织图（600×）

在铅及铅合金中加入少量的铜能细化晶粒与提高合金力学性能。铅与铜在 326℃ 时发生共晶反应，共晶合金里面含铜约为 0.06%。图 3-104a 为 Pb-1.0% Cu 中间合金铸态显微组织图，图 3-104b 为 Pb-1.0% Cu 中间合金轧制后的显微组织图。从图 3-104a 中可以看出，虽然合金中有单质铜与铅铜化合物的严重偏析，但是偏析出来的铜晶粒大部分很细且在合金中均匀分布，最大的偏析晶粒为62μm。图3-104b中的晶粒较图3-104a中细，且颗粒形状与排列无规则；偏析出来的铜与金属化合物呈零散的分布，不像图3-104a中成片的出现。说明了铜能细化晶粒，轧制对合金晶粒有细化的作用。

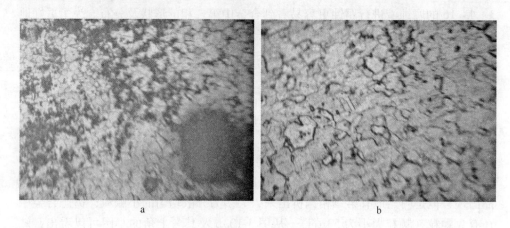

图3-104 Pb-1.0% Cu中间合金显微组织图（600×）

图3-105a、b、c、d分别表示Pb-Ca-Sn合金铸态，600×；铸态，1000×；轧制，600×，轧制，1000×显微组织图，从图中可以看出锡的加入促进了铅合金晶粒的长大，铸态组织有枝状晶的出现，图中无大颗粒的第二相偏析，说明锡降低了铅合金的冷却速度，使合金中析出的第二相分布更加均匀。

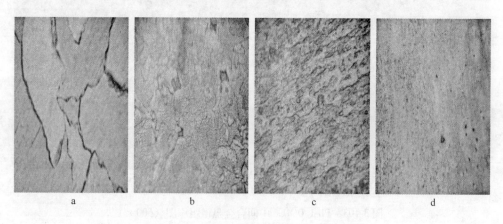

图3-105 Pb-Ca-Sn合金显微组织图（600×、1000×）

P. Adeva等人[44]研究Pb-Ca-Sn合金时发现，当钙含量小于0.08%时，固态合金中存在如下四个相区：α、α+β、α+γ及α+β+γ，α相为铅固体，β相为Pb_3Ca化合物，γ相为与Pb_3Ca化合物结构相似且含有一定Sn的物质的金属化合物。另外 H. Tsubakino 等[45]研究合金的沉淀过程，结果证明析出的球状脱溶物分子式为（PbSn）₃Ca 且具有 L1₂ 型有序结构。由 3-105b 图可知，铸造的 Pb-Ca-Sn 合金有少量颗粒较大的第二相存在，其余均很细小，分布均匀致密。由 3-105c 图可知轧制后的 Pb-Ca-Sn 合金呈现层状的排列趋势，且晶粒形状不规则。同时从图 3-105d 可以看出轧制使合金中第二相分布更加均匀，第二颗粒变得更小，说明轧制不但细化了晶粒，而且破坏了铅合金晶体原先的排列。另外腐蚀出来的表面平整度较差。造成此现象的原因可能是轧制使得铅合金晶晶粒破碎甚至晶格产生了畸变，从而能量变大，稳定性变差，容易被腐蚀；也可能是过饱和的铅固溶体在加工过程中脱溶产生再结晶，导致不稳定相的产生。

图 3-106a、b、c、d 分别为 Pb-Ca-Sn-RE 合金铸态（600×）、铸态（1000×）、轧制（600×）、轧制（1000×）的显微组织图。稀土与铅生成的金属间化合物分子式为 Pb₃RE，为异极键合或以异极键合为主，不但成分固定，而且高温稳定。由图 3-106a 可知，加入稀土后合金的排列更加规则，晶界更加薄，无大颗粒的第二相产生，说明是稀土与铅生成的高温化合物在合金凝固时充当了形核剂的作用，且抑制了其他金属化合物在晶界的析出。由图 3-106b 可以看出合金里面的第二相为环状，这种结构可能会使合金的硬度提高。合金轧制后晶粒明显变细，且严重变形，腐蚀后表面平整度较轧制的 Pb-Ca-Sn 合金要好，说明稀土的加入增大了合金的稳定性。由图 3-106d 可以看出轧制后，Pb-Ca-Sn-RE 合金里面的环形的第二相消失了，取而代之的是不规则菱形及椭圆形状，部分颗粒呈链状排列。造成这种现象的原因是轧制使得合金中第二相变形，硬度较大的金属化合物破碎后分散在铅合金中，也可能是轧制使某些金属化合物在晶界析出。

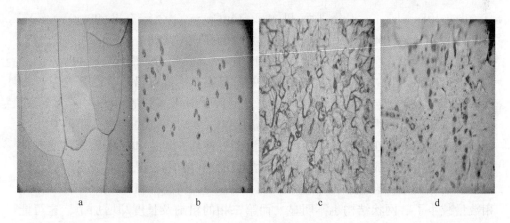

图 3-106 Pb-Ca-Sn-RE 合金显微组织图（600×、1000×）

图 3-107a、b、c、d 分别为 Pb-0.1% Cu-Ca-Sn 合金铸态（600×）、铸态（1000×）、轧制（600×）、轧制（1000×）的显微组织图。由图 3-107a 可以看

出加入 0.1% 的铜时铅合金铸态粗晶变小了，晶体排列呈放射状。图 3-107b 显示的铸态合金中的第二相为针状（粗 1 ~ 2μm），呈交织网状结构，分布均匀。说明铜的加入能使第二相颗粒变得更细，这将对铅合金力学性能的提高有着积极影响。在 Pb-Ca-Sn 合金中加入少量的铜加入少量稀土相比，前者对晶粒的细化效果更加明显。出现这一现象的原因是铅铜锡共晶化合物的析出温度比铅稀土化合物的析出温度低造成的，因为在 326℃时铅铜锡三者有三相共晶生成，共晶成分为 Pb-0.057% Cu-0.02% Sn。由图 3-107c 可以看出轧制后的 Pb-0.1% Cu-Ca-Sn 合金大多呈细条状，图 3-107d 中显示的第二相与图 3-107b 相比有少量较粗条状颗粒。说明轧制加工过程在细化晶粒的同时，也破坏了第二相的网状结构。

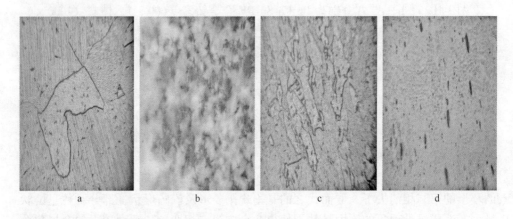

图 3-107　Pb-0.1% Cu-Ca-Sn 合金显微组织图（600 ×、1000 ×）

　　图 3-108a、b、c、d 分别为 Pb-0.2%Cu-Ca-Sn 合金铸态（600 ×）、铸态（1000 ×）、轧制（600 ×）、轧制（1000 ×）的显微组织图。由图 3-108a 可以看出，铸态 Pb-0.2% Cu-Ca-Sn 合金枝状晶比加入 0.1% 的铜的铅合金更加明显，粗晶变得比后都更小，晶体的放射状排列更加有规律。说明铅合金中铜含量增加到 0.2% 时对铅合金的结晶的影响比前者更大、细化晶粒的效果比前者更好。造成这一现象的原因是当合金中铜含量高达 0.2% 时，铜在铅合金中的含量已经远超过常温下铜在铅中的固溶度，铅溶液过冷后，过饱和铅铜固溶体或其他化合物大量析出，成为形核剂，使合金溶液的结晶加速，从而晶粒更小。从图 3-108b 可以看出，合金中铜含量增大到 0.2% 时，铸态显微组织中，针状第二相数量减小了、网状结构也不明显，而第二相的粗细及长度却增加了，这可能会对合金的力学性能有一定的影响。从图 3-108c、d 可以看出轧制破坏了晶体的树枝状排列结构，晶粒形状不像图 3-106c 中排列那样有规律，但是比图 3-107 中的更小；合金中的第二相变得更短了。说明轧制在细化晶粒的同时，也促进了少量铅合金的再结晶过程。

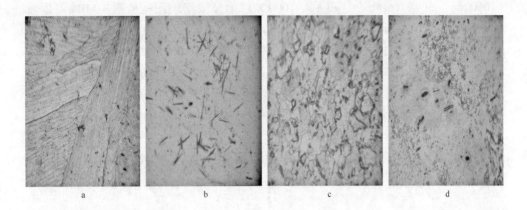

图 3-108 Pb-0.2% Cu-Ca-Sn 合金显微组织图（600×、1000×）

图 3-109a、b、c、d 分别为 Pb-0.3% Cu-Ca-Sn 合金铸态（600×）、铸态（1000×）、轧制（600×）、轧制（1000×）的显微组织图。由图 3-109a 可以看出 Pb-0.3% Cu-Ca-Sn 合金铸态粗晶比 Pb-0.2% Cu-Ca-Sn 合金铸态粗晶要大，但是晶界厚薄程度无明显的变化。从图 3-109b 可以看出，合金中的第二相针状形状更少了。从图 3-109c、d 可以看出轧制后的 Pb-0.3% Cu-Ca-Sn 合金的晶粒与 Pb-0.2% Cu-Ca-Sn 合金相似，但是第二相为明显的长条状，比后者要粗。说明加入 0.3% 的铜不能进一步细化铅合金的晶粒，反而导致合金粗晶比 Pb-0.2% Cu-Ca-Sn 合金稍微有点长大，并且合金中的第二相也长大了。出现此种情况的原因是，铜含量达到 0.3% 时会造成更多的铅铜锡化共晶产物的析出，从而导致第二相变大，这可能对合金的力学性能不利。

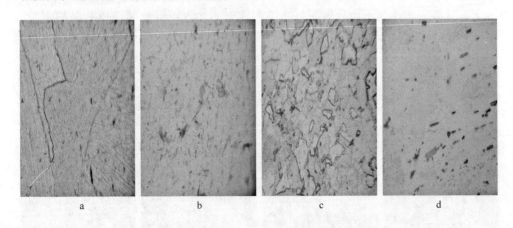

图 3-109 Pb-0.3% Cu-Ca-Sn 合金显微组织图（600×、1000×）

图 3-110a、b、c、d 分别为 Pb-0.4% Cu-Ca-Sn 合金铸态（600×）、铸态

（1000×）、轧制（600×）、轧制（1000×）的显微组织图。从图 3-110a 可以看出 Pb-0.4% Cu-Ca-Sn 合金铸态粗晶比 Pb-0.3% Cu-Ca-Sn 合金要稍大，但是晶界厚薄程度及形状没有明显变化，而且腐蚀后合金表面比前者更加平整，说明加入 0.4% 的铜有利于铅合金晶体生长的一致性。比较图 3-110b 与图 3-109b 可以看出第二相稍微变大了，且有少量的偏析。从图 3-110c 可看出轧制使合金晶粒形成带状分布，晶粒无明显的断裂。同时从图 3-110d 中可看出第二相为长条形，呈线性排列。说明铅合金的韧性有所增加。

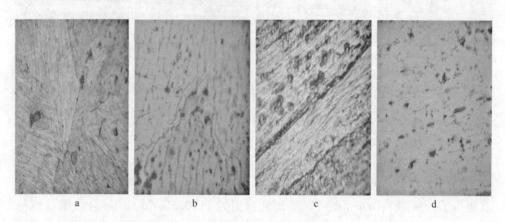

图 3-110 Pb-0.4% Cu-Ca-Sn 合金显微组织图（600×、1000×）

图 3-111a、b、c、d 分别为 Pb-0.1% Cu-Ca-Sn-RE 合金铸态（600×）、铸态（1000×）、轧制（600×）、轧制（1000×）的显微组织图。由图 3-111a 可以看出与 Pb-0.1% Cu-Ca-Sn 合金相比，加入稀土以后合金铸态粗晶变小了，单晶变大了，且放射状排列不如后者明显，说明稀土的加入可以抑制树枝状晶的生长。由图3-111b可以看出加入稀土后合金中第二相比 Pb-0.1% Cu-Ca-Sn 合金变得更加

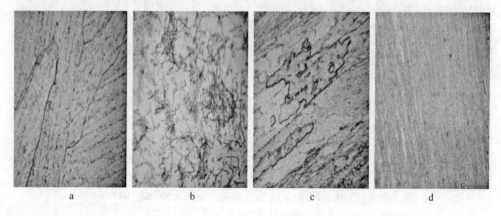

图 3-111 Pb-0.1% Cu-Ca-Sn-RE 合金显微组织图（600×、1000×）

细长，分布更加弥散；说明了稀土的加入细化了第二相，且使铜在合金中分散更加均匀。由图3-111c、d可以看出，轧制之后合金的晶粒变成长条形，大部分晶粒变小了，少量单晶长大了；第二相的网状分布结构被破坏了，有比铸态中第二相要粗的物质均匀分散在合金中。这说明轧制促进了铅合金的再结晶与少量第二相的长大。

　　图3-112a、b、c、d分别为Pb-0.2%Cu-Ca-Sn-RE合金铸态（600×）、铸态（1000×）、轧制（600×）、轧制（1000×）的显微组织图。

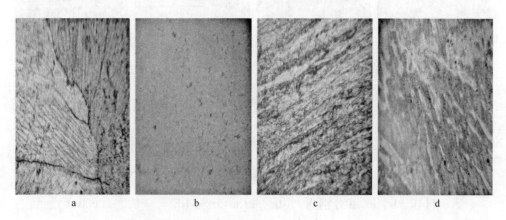

图3-112　Pb-0.2%Cu-Ca-Sn-RE合金显微组织图（600×、1000×）

　　由图3-112a可以看出Pb-0.2%Cu-Ca-Sn-RE合金铸态粗晶较Pb-0.1%Cu-Ca-Sn-RE合金略有长大，单晶却明显减小了。由此说明在有稀土存在时，合金中加0.2%的铜比加0.1%的铜对促进粗晶长大的影响更大，对细化单晶却有着积极的意义。比较图3-112b与图3-108b可以看出，合金中第二相变得更细，分布更加均匀，在铜含量为0.2%时稀土的加入细化了第二相。由图3-112c、d可知轧制使得晶粒呈带状排列，使大量的物相在晶界析出；比图3-108c中的晶粒排列更有规则，但是腐蚀后的表面平整度更差，第二相周边出现白色环状物质。说明在有稀土存在、加入0.2%的铜时，轧制对合金表面活性的影响更加明显。这可能对合金的电化学性能会有积极的影响。

　　图3-113a、b、c、d分别为Pb-0.3%Cu-Ca-Sn-RE合金铸态（600×）、铸态（1000×）、轧制（600×）、轧制（1000×）的显微组织图。由图3-113a可以看出合金晶体结构最明显的变化是树枝状晶体消失了，Pb-0.3%Cu-Ca-Sn-RE合金铸态粗晶较Pb-0.2%Cu-Ca-Sn-RE合金明显细化了。比较图3-113b与图3-112b及图3-108b可发现合金中的第二相更加分散且细密。说明在有0.3%的铜与稀土对细化晶粒起到良好的协同作用。从图3-113c与图3-113d可以看出轧制使合金晶粒变成长条状，明显地呈带分布，第二相变粗；腐蚀后的表面比图3-112c中

的要平整, 说明铜含量增加到 0.3% 时, 轧制使得合金中增加了第二相的析出, 细化了合金晶粒, 提高了合金的韧性, 但对合金表面的稳定性破坏很小。与图 3-108d 相比, 轧制后 Pb-0.3% Cu-Ca-Sn-RE 合金中的第二相形状依旧为圆形。这说明稀土的加入使得轧制对合金中第二相的影响较小。

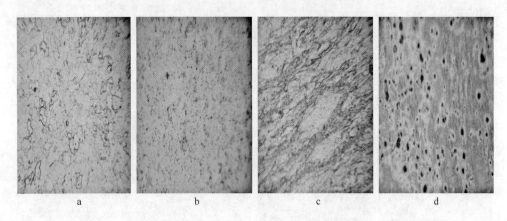

图 3-113　Pb-0.3% Cu-Ca-Sn-RE 合金显微组织图 (600×、1000×)

图 3-114a、b、c、d 分别为 Pb-0.4% Cu-Ca-Sn-RE 合金铸态 (600×)、铸态 (1000×)、轧制 (600×)、轧制 (1000×) 的显微组织图。

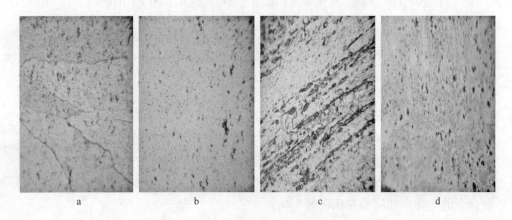

图 3-114　Pb-0.4% Cu-Ca-Sn-RE 合金显微组织图 (600×、1000×)

由图 3-114a 可以看出 Pb-0.4% Cu-Ca-Sn-RE 合金铸态粗晶较 Pb-0.3% Cu-Ca-Sn-RE 合金明显变粗, 单晶变小了; 形态分布像图 3-113a, 但是单晶明显比后者要细; 粗晶比图 3-113a 明显要细。比较图 3-110b 可发现, 铜的加入量增加到 0.4% 时, 合金中有少量第二相长大了, 其余无明显变化。将图 3-110b 与图 3-109b、图 3-108b 比较很容易发现, Pb-0.4% Cu-Ca-Sn-RE 铸态合金中的第二相比 Pb-0.3% Cu-Ca-Sn-RE 合金中的要粗大，比 Pb-0.4% Cu-Ca-Sn 合金中的明显细化。说明在有稀土加入时，铜含量的增加对合金中的第二相大小及形状影响较小，而加稀土比不加稀土对第二相的细化作用更加明显。由图 3-114c 与图3-114d 可以看出，轧制后使得 Pb-0.4% Cu-Ca-Sn-RE 合金比 Pb-0.3% Cu-Ca-Sn-RE 合金的晶粒变得更长更窄；第二相有月牙状排列出现，大小无明显变化。这说明在有稀土存在时铜含量加入 0.4% 比 0.3% 对合金的韧性提高有着积极的影响。

3.5.1.3 铅合金硬度分析

对合金进行维氏硬度测试，按 GB 7997-87 中描述的方法进行。实验设备为（上海亨光光学仪器设备有限公司）。各例硬度测试结果如表 3-56 所示。

表 3-56 各铅基阳极的维氏硬度测试结果

铅合金阳极组成	维氏硬度（HV）	铅合金阳极组成（质量分数）/%	维氏硬度（HV）
Pb-1.0% Cu（铸态）	8.42	Pb-1.0% Cu（轧制）	6.67
Pb-1.0% Ca（铸态）	16.05	Pb-1.0% Ca（轧制）	11.56
Pb-0.06% Ca-0.6% Sn（铸态）	10.03	Pb-0.06% Ca-0.6% Sn（轧制）	8.95
Pb-0.06% Ca-0.6% Sn-RE（铸态）	10.33	Pb-0.06% Ca-0.6% Sn-RE（轧制）	11.54
Pb-0.06% Ca-0.1% Cu-0.6% Sn（铸态）	11.38	Pb-0.06% Ca-0.1% Cu-0.6% Sn（轧制）	8.89
Pb-0.06% Ca-0.2% Cu-0.6% Sn（铸态）	10.79	Pb-0.06% Ca-0.2% Cu-0.6% Sn（轧制）	7.89
Pb-0.06% Ca-0.3% Cu-0.6% Sn（铸态）	12.16	Pb-0.06% Ca-0.3% Cu-0.6% Sn（轧制）	11.30
Pb-0.06% Ca-0.4% Cu-0.6% Sn（铸态）	12.68	Pb-0.06% Ca-0.4% Cu-0.6% Sn（轧制）	12.98
Pb-0.06% Ca-0.1% Cu-0.6% Sn-RE（铸态）	11.70	Pb-0.06% Ca-0.1% Cu-0.6% Sn-RE（轧制）	12.89
Pb-0.06% Ca-0.2% Cu-0.6% Sn-RE（铸态）	12.60	Pb-0.06% Ca-0.2% Cu-0.6% Sn-RE（轧制）	13.97
Pb-0.06% Ca-0.3% Cu-0.6% Sn-RE（铸态）	12.89	Pb-0.06% Ca-0.3% Cu-0.6% Sn-RE（轧制）	13.47
Pb-0.06% Ca-0.4% Cu-0.6% Sn-RE（铸态）	13.69	Pb-0.06% Ca-0.4% Cu-0.6% Sn-RE（轧制）	11.32

由表 3-56 可以看出，含 Ca 1% 的铅钙合金比含 Cu 1% 的铅铜合金的硬度要高，而两者轧制后的硬度都比铸态的要低，且前者轧制后的硬度减小值比后者更大。说明钙对合金的硬化作用比铜大，轧制对两种合金没有起到加工硬化的作用，原因是在轧制过程中两者发生了再结晶，而这一影响对铅钙的影响更为突出。

从 Pb-0.06% Ca-0.6% Sn 与 Pb-0.06% Ca-0.6% Sn-RE 合金的硬度测试结果可知，前者的硬度低于后者；轧制降低了前者的硬度，提高了后者的硬度。说明稀土的加入提高了合金的硬度，且轧制后这一作用对合金的性能影响更加明显。比较 Pb-0.06% Ca-Cu-0.6% Sn 与 Pb-0.06% Ca-Cu-0.6% Sn-RE 合金结果类似。造成此现象的原因是稀土抑制了轧制过程中的再结晶。由表 3-56 可知，铜对合金的硬度的提高有较大的促进作用。合金硬度随铜含量变化的关系曲线如图 3-115所示。

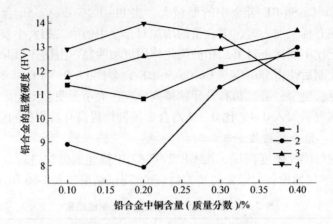

图 3-115 铜含量对合金硬度的影响

1—Pb-0.06%Ca-x%Cu-0.6%Sn（铸态）；2—Pb-0.06%Ca-x%Cu-0.6%Sn（轧制）；

3—Pb-0.06%Ca-x%Cu-0.6%Sn-RE（铸态）；4—Pb-0.06%Ca-x%Cu-0.6%Sn-RE（轧制）

由图 3-115 可知，铅合金维氏硬度随着铜含量的升高，而呈增大趋势，特别是 Pb-0.06%Ca-Cu-0.6%Sn-RE 铸态合金，其维氏硬度与铜含近似直线关系。但是轧制的 Pb-0.06%Ca-Cu-0.6%Sn-RE 合金在含铜 0.2% 硬度达到最大值以后，硬度却呈现下降趋势，具体原因须进一步研究。因此当铜与稀土一起加入时，铜含量控制在 0.3% 以下，对合金的硬度有着积极的影响。

3.5.2 铅合金阳极的腐蚀及阳极膜的研究

3.5.2.1 铅合金阳极的腐蚀机理

大多文献认为铅基阳极在硫酸电解体系中的腐蚀机理为：铅浸入硫酸溶液中起初生成 $PbSO_4$，当在阳极上加一定的电势后，$PbSO_4$ 转变为 $PbO_x(x=1\sim2)$，不同组成的铅氧化物机械性不同，且与铅表面的结合力不够好，特别是 β-PbO_2 由于具有固有的电积畸变而表现出致密和脆性、与其他铅氧化物有不同的线膨胀系数。而在阳极反应主要是析氧反应，铅基表面的铅氧化物因铅基体结合力不够好而容易被氧气冲刷掉，造成铅基体的暴露，如此反复便造成了阳极的腐蚀[36~48]。电流密度越大，阳极的腐蚀行为更严重。

3.5.2.2 铅合金腐蚀速率

各组成铅基合金阳极的腐蚀速率如表 3-57 所示。由表可看出加 Cu 1% 的合金的耐蚀性不如加 Ca 1% 的铅合金，说明高含量的铜加速了铅阳极的腐蚀，因为铜含量高时容易造成比加钙时更严重的偏析。对于铸态合金，稀土提高了 Pb-0.06%Ca-0.6%Sn 与 Pb-0.06%Ca-0.3%Cu-0.6%Sn 合金的耐蚀性，单独加入铜却加大了 Pb-0.06%Ca-0.6%Sn 合金的腐蚀，且随着铜含量的升高，铅阳极腐蚀速率整体呈增大趋势；铜（≤0.2%）与稀土一起加入到合金中时，提高了 Pb-0.06% Ca-0.6% Sn 合金的耐蚀性。轧制提高了 Pb-1.0% Cu、Pb-1.0% Ca、Pb-0.06%Ca-0.6%Sn-RE、Pb-0.06%Ca-(0.2%～0.4%)Cu-0.6%Sn、Pb-0.06%Ca-(0.3%～0.4%)Cu-0.6%Sn-RE 合金的耐蚀性。

表 3-57　各铅基阳极极化 24h 的腐蚀速率

铅合金阳极组成	腐蚀速率/g·(m²·h)⁻¹	铅合金阳极组成	腐蚀速率/g·(m²·h)⁻¹
Pb-1.0% Cu(铸态)	12.3593	Pb-1.0% Cu(轧制)	5.3538
Pb-1.0% Ca(铸态)	11.1987	Pb-1.0% Ca(轧制)	4.7109
Pb-0.06% Ca-0.6% Sn(铸态)	3.7500	Pb-0.06% Ca-0.6% Sn(轧制)	4.0250
Pb-0.06% Ca-0.6% Sn-RE(铸态)	3.7390	Pb-0.06% Ca-0.6% Sn-RE(轧制)	3.5910
Pb-0.06% Ca-0.1% Cu-0.6% Sn(铸态)	3.729	Pb-0.06% Ca-0.1% Cu-0.6% Sn(轧制)	3.8889
Pb-0.06% Ca-0.2% Cu-0.6% Sn(铸态)	3.9165	Pb-0.06% Ca-0.2% Cu-0.6% Sn(轧制)	3.2665
Pb-0.06% Ca-0.3% Cu-0.6% Sn(铸态)	4.6680	Pb-0.06% Ca-0.3% Cu-0.6% Sn(轧制)	3.5000
Pb-0.06% Ca-0.4% Cu-0.6% Sn(铸态)	4.0265	Pb-0.06% Ca-0.4% Cu-0.6% Sn(轧制)	3.4750
Pb-0.06% Ca-0.1% Cu-0.6% Sn-RE(铸态)	3.5555	Pb-0.06% Ca-0.1% Cu-0.6% Sn-RE(轧制)	3.3745
Pb-0.06% Ca-0.2% Cu-0.6% Sn-RE(铸态)	3.6200	Pb-0.06% Ca-0.2% Cu-0.6% Sn-RE(轧制)	4.0140
Pb-0.06% Ca-0.3% Cu-0.6% Sn-RE(铸态)	4.0215	Pb-0.06% Ca-0.3% Cu-0.6% Sn-RE(轧制)	3.4850
Pb-0.06% Ca-0.4% Cu-0.6% Sn-RE(铸态)	4.5215	Pb-0.06% Ca-0.4% Cu-0.6% Sn-RE(轧制)	4.0361

说明轧制对合金的晶粒起到了细化作用。但是轧制却使 Pb-0.06% Ca-0.6% Sn 及单独加 0.1% Cu 和同时加（0.1%～0.2%）Cu 与稀土的合金腐蚀速率增大了。前两者腐蚀速率的增大是因为轧制导致再结晶过程的发生，从而使得晶粒变大，耐蚀性变差；对于后者来说，腐蚀速率的增大是由于合金的硬度过大，轧制使得合金出现大量的裂痕，在腐蚀 24h 后的试样表面能看到明显的痕印。

3.5.2.3　阳极腐蚀膜组成及结构研究

图 3-116～图 3-121 分别为 Pb-1% Ca、Pb-1% Cu、Pb-0.06% Ca-0.6% Sn、Pb-0.06% Ca-0.6% Sn-RE、Pb-0.06% Ca-0.2% Cu-0.6% Sn、Pb-0.06% Ca-0.2% Cu-0.6% Sn-RE 合金在 CuSO₄-H₂SO₄ 温度为 45℃，电流密度为 1000A/m² 条件下阳极极化 24h 后阳极表面形貌 SEM 图。

由图 3-116、图 3-117 可以看出 Pb-1% Ca 与 Pb-1% Cu 阳极在极化 24h 后在 CuSO₄-H₂SO₄ 温度为 45℃，电流密度为 1000A/m² 条件下阳极极化 24h 后阳极膜呈珊瑚状，结构疏松多孔。前者比后者要致密。说明铜会导致阳极极化产生的阳极膜疏松，使得阳极腐蚀速率变大。

从图 3-118～图 3-120 可以看出阳极膜表现为明显的片状结构，颗粒大小与

图 3-116　Pb-1% Ca 极化 24h 后的 SEM 图
a—2000 × ；b—20000 ×

图 3-117　Pb-1% Cu 极化 24h 后的 SEM 图
a—2000 × ；b—20000 ×

图 3-118　Pb-0. 06% Ca-0. 6% Sn 极化 24h 后的 SEM 图
a—2000 × ；b—20000 ×

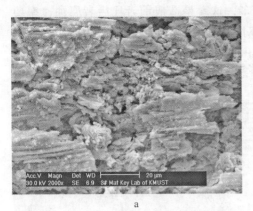

a   b

图 3-119 Pb-0.06% Ca-0.6% Sn-RE 极化 24h 后的 SEM 图

a—2000×；b—20000×

a   b

图 3-120 Pb-0.06% Ca-0.2% Cu-0.6% Sn 极化 24h 后的 SEM 图

a—2000×；b—20000×

致密性都比 Pb-1% Ca、Pb-1% Cu 阳极的阳极膜要好，阳极颗粒由大到小的顺序为 Pb-0.06%Ca-0.6%Sn、Pb-0.06%Ca-0.6%Sn-RE、Pb-0.06%Ca-0.2%Cu-0.6%Sn；颗粒排列紧密性顺序为 Pb-0.06% Ca-0.6% Sn < Pb-0.06% Ca-0.2% Cu-0.6% Sn < Pb-0.06%Ca-0.6%Sn-RE；Pb-0.06%Ca-0.6%Sn-RE 阳极比 Pb-0.06% Ca-0.6% Sn 阳极膜上颗粒的孔隙要少得多，却比 Pb-0.06%Ca-0.2% Cu-0.6% Sn 阳极的氧化膜颗粒上面的孔隙要稍多。说明加 0.2% 的铜与微量稀土都能促进阳极膜片状结构变小，致密性变好，前者效果比后者更加明显。

由图 3-121 可以看出，Pb-0.06% Ca-0.2% Cu-0.6% Sn-RE 阳极膜为珊瑚状，颗粒 Pb-0.06% Ca-0.2% Cu-0.6% Sn 阳极膜的颗粒要小，排列紧密程度无明显

差别，前者膜的颗粒中的孔隙较后者要多，这就是造成前者比后者腐蚀速率要大的原因。因此 0.2% 的铜与微量稀土对阳极膜颗粒细化具有比协同作用，对阳极膜颗粒的孔隙生成具有促进作用。由此也可以推断稀土可以提高阳极的表面活性。

图 3-121　Pb-0.06% Ca-0.2% Cu-0.6% Sn-RE 极化 24h 后的 SEM 图

a—2000 × ; b—20000 ×

据文献报道[36~46,48,49] 铅基合金阳极氧化之后生成的阳极膜的物相主要组成为 $PbSO_4$，碱式 $PbSO_4$，PbO，PbO_x（$1 < x < 2$），α-PbO_2 及 β-PbO_2，实验通过 EDS 能谱与 XRD 衍射分析发现，铅基合金阳极的掺杂元素不同，氧化物物相也不同。图 3-122 ~ 图 3-127 分别为不同组成的铅合金阳极在 $CuSO_4$-H_2SO_4 体系中，温度为 45℃，电流密度为 1000A/m^2 条件下阳极极化 24h 后的 EDS 图。

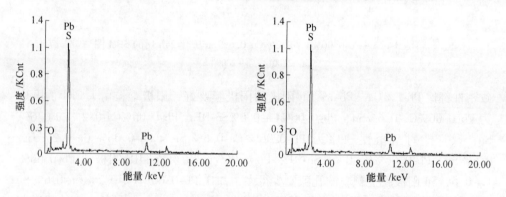

图 3-122　Pb-1% Ca 极化 24h 后的 EDS 图　　图 3-123　Pb-1% Cu 极化 24h 后的 EDS 图

由图 3-122 ~ 图 3-127 能谱分析结果可知：Pb-1% Ca 合金阳极氧化膜的主要成分为 Pb、S、O，原子分数分别为 48.20% 、2.34% 、49.46%；Pb-1% Cu 合金

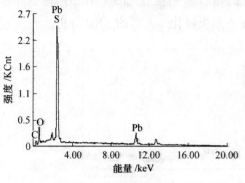

图 3-124　Pb-0.06% Ca-0.6% Sn 极化
24h 后的 EDS 图

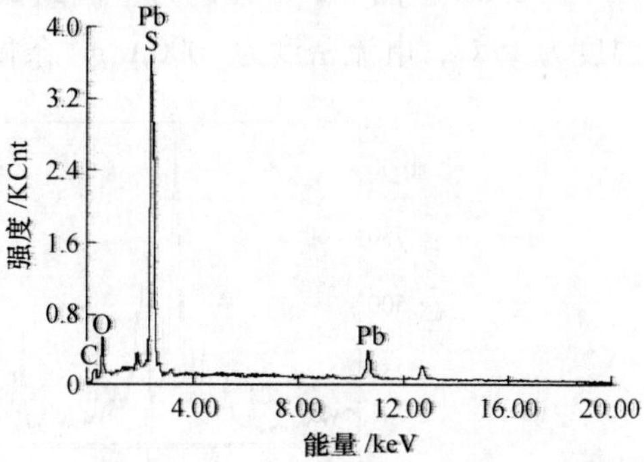

图 3-125　Pb-0.06% Ca-0.6% Sn-RE
极化 24h 后的 EDS 图

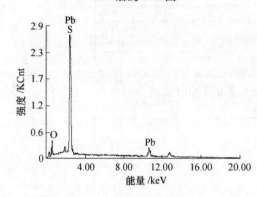
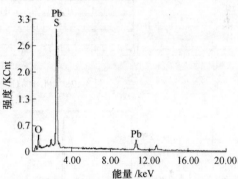

图 3-126　Pb-0.06% Ca-0.2% Cu-0.6% Sn
极化 24h 后的 EDS 图

图 3-127　Pb-0.06% Ca-0.2% Cu-0.6% Sn-RE
极化 24h 后的 EDS 图

阳极氧化膜主要成分为 Pb、S、O，原子分数分别为 46.11%、3.52%、50.37%；
Pb-0.06% Ca-0.6% Sn 合金阳极氧化膜的主要成分为 Pb、S、O、C，原子分数分
别为 42.87%、7.3%、49.61%、0.22%；Pb-0.06% Ca-0.6% Sn-RE 合金阳极氧
化膜的主要成分为 Pb、S、O、C，原子分数分别为 46.47%、3.72%、49.55%、
0.26%；上述两种阳极膜中 C 的存在可能是由于阳极表面吸附；Pb-0.06% Ca-
0.2% Cu-0.6% Sn 合金阳极氧化膜主要成分为 Pb、S、O，原子分数分别为
42.79%、4.32%、52.89%；Pb-0.06% Ca-0.2% Cu-0.6% Sn-RE 阳极氧化膜主
要成分为 Pb、S、O，原子分数分别为 46.40%、4.02%、49.58%。稀土与
铜的加入使合金阳极氧化膜中的 S 含量明显减小，由此可以推断铜与稀土在
$CuSO_4$-H_2SO_4 体系中，温度为 45℃，电流密度为 1000A/m^2 时抑制了 $PbSO_4$
的生成，使 $PbSO_4$ 向更高价的氧化物 PbO_x($1 < x < 2$) 转变，从而增大了阳极
膜的表面活性。

图 3-128 ~ 图 3-133 分别为不同组成的铅合金阳极在 $CuSO_4$-H_2SO_4 体系中，温度为 45℃，电流密度为 1000A/m² 条件下阳极极化 24h 后的 XRD 分析。

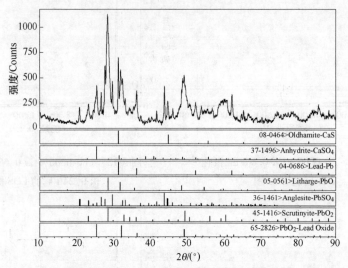

图 3-128　Pb-1%Ca 极化 24h 后 XRD 图谱

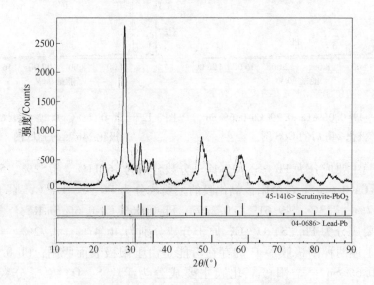

图 3-129　Pb-1%Cu 极化 24h 后 XRD 图谱

由图 3-128 ~ 图 3-133 可知，除 Pb-1%Cu 外其余五种铅基合金阳极氧化膜的主要组成都存在 β-PbO_2、PbO。这说明铅基合金阳极氧化时主要的反应为：Pb 基体→PbO→β-PbO_2→PbO。Pb-1%Ca、Pb-0.06%Ca-0.6%Sn 与 Pb-0.06%Ca-0.2%Cu-0.6%Sn 合金阳极氧化膜中分别出现了 $PbSO_4$、$PbSnO_3$、Pb_3O_2、$PbSO_4$

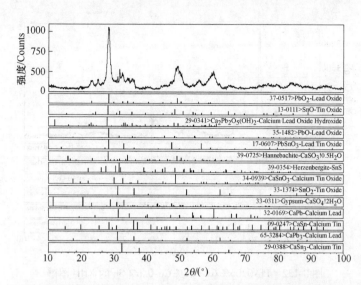

图 3-130 Pb-0.06% Ca-0.6% Sn 极化 24h 后 XRD 图谱

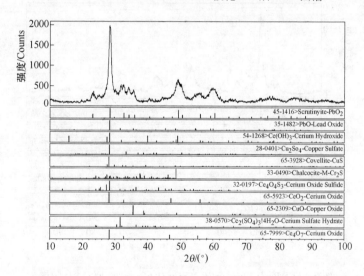

图 3-131 Pb-0.06% Ca-0.6% Sn-RE 极化 24h 后 XRD 图谱

铅化合物衍射峰，而在其他几种合金的阳极氧化膜却不存在，这些铅基合金阳极氧化时的主要反应为：Pb 基体→PbSO₄→PbO→β-PbO₂，说明稀土与铜都能抑制 $PbSO_4$ 的生成，促进 $PbSO_4$ 的氧化反应的发生，稀土对生成 $PbSO_4$ 的反应的抑制作用更强。另外在 Pb-0.06% Ca-0.6% Sn-RE、Pb-0.06% Ca-0.2% Cu-0.6% Sn 及 Pb-0.06% Ca-0.2% Cu-0.6% Sn-RE 中都出现了 Cu_2SO_4 及 CuS 的衍射峰，可能是阳极中掺杂的铜在阳极表面被氧化了。加入稀土的铅基合金，其阳极膜中相应地出现了 $Ce(OH)_3$、CeO_2，由于这两种化合物的电化学活性好，所以造成阳极膜

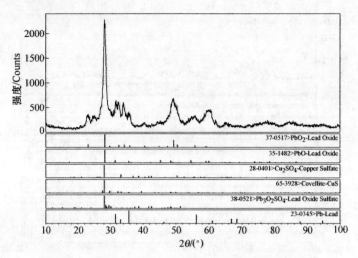

图 3-132 Pb-0.06% Ca-0.2% Cu-0.6% Sn 的 XRD 图谱

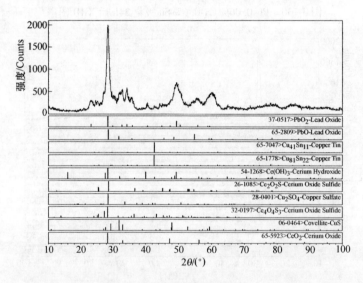

图 3-133 Pb-0.06% Ca-0.2% Cu-0.6% Sn-RE 的 XRD 图谱

中颗粒的微孔增多，使阳极耐蚀性略有降低。至于 Pb-1% Cu 合金只有 β-PbO₂ 的衍射峰，原因可能是铜含量过高致使阳极在高电流密度下生成 β-PbO_2 的速度大增。

3.5.3 铅基合金阳极的电化学行为

采用三电极体系，工作电极为铅合金试样，辅助电极为石墨，参比电极为饱和甘汞电极（SCE），电解液为含 45g/L $CuSO_4$、180g/L H_2SO_4 的溶液，实验温度为45℃，水浴加热。测试仪器为 CHI760C 电化学工作站（上海辰华仪器有限公司）。为了防止铜在铅合金阳极上析出，循环伏安曲线（CVA）扫描范围为 $-0.2 \sim 2.3V$，扫描速度为 $0.01V/s$。线性扫描极化曲线（LSV）扫描范围为 $1.2 \sim 2.4V$，扫描速度为 $0.01V/s$。交流阻抗（EIS）测试频率范围为 $100kHz \sim 0.01Hz$，扰动信号为 $0.005V$ 的正弦电位。采用电化学工作站软件与计算机处理数据。

3.5.3.1 铅基合金阳极在 $CuSO_4$-H_2SO_4 体系电解液中的阳极极化曲线

A 未极化处理的铅基合金阳极在 $CuSO_4$-H_2SO_4 体系电解液中的阳极极化曲线

图 3-134 为掺入不同铜含量的 Pb-0.06% Ca-Cu-0.6% Sn 系阳极未经极化处理，在45℃时，浸入 45g/L $CuSO_4$、180g/L H_2SO_4 的电解液中立即测得的极化曲线。图中 B ~ I 号曲线依次对应 Pb-0.06% Ca-0.1% Cu-0.6% Sn 铸态合金、Pb-0.06% Ca-0.1% Cu-0.6% Sn 轧制合金、Pb-0.06% Ca-0.2% Cu-0.6% Sn 铸态合金、Pb-0.06% Ca-0.2% Cu-0.6% Sn 轧制合金、Pb-0.06% Ca-0.3% Cu-0.6% Sn 铸态合金、Pb-0.06% Ca-0.3% Cu-0.6% Sn 轧制合金、Pb-0.06% Ca-0.4% Cu-0.6% Sn 铸态合金、Pb-0.06% Ca-0.4% Cu-0.6% Sn 铸态合金。

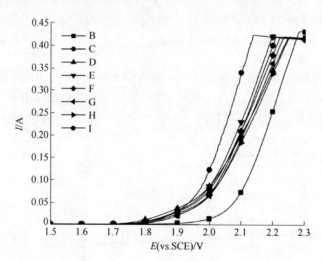

图 3-134 掺入不同铜含量的 Pb-0.06% Ca-Cu-0.6% Sn 阳极极化曲线

掺入不同铜含量的 Pb-0.06% Ca-Cu-0.6% Sn 系阳极在不同电流密度下的阳极电位值如表 3-58 所示。

由图 3-134 可以看出不同铜含量的铅合金的阳极电位随电流的增大而增大。在电流密度不大于 $500A/m^2$ 时，Pb-Ca-0.2% Cu-Sn 合金轧制阳极的阳极电位最低，Pb-Ca-0.1% Cu-Sn 铸态阳极电位最高；除 Pb-Ca-0.1% Cu-Sn 合金阳极电位轧制的比铸态的低外，其余铅合金轧制阳极电位均比铸态的要高。随着铜含量的升高，阳极电位先是变小，到阳极中铜含量为 0.2% 时，阳极电位开始略微变大，轧制合金阳极电位有着同样的变化规律。说明适当地增加铜含量有利于提高铸态铅合金阳极的活性。在高电流密度下，铸态合金阳极的电位随铅合金中铜含量的升高而变小，轧制合金的阳极电位却有微小的变大趋势。原因是轧制导致了富铜相的析出，使铜的分布比铸态时更不均匀，最终使得阳极的活性降低。

表 3-58　不同铜含量的 Pb-0.06%Ca-Cu-0.6%Sn 阳极在不同电流密度下阳极电位

阳 极 种 类	阳极电位/V				
	$100A/m^2$	$200A/m^2$	$300A/m^2$	$400A/m^2$	$500A/m^2$
Pb-0.06% Ca-0.1% Cu-0.6% Sn(铸态)	1.884	1.956	1.998	2.022	2.040
Pb-0.06% Ca-0.1% Cu-0.6% Sn(轧制)	1.827	1.868	1.896	1.917	1.935
Pb-0.06% Ca-0.2% Cu-0.6% Sn(铸态)	1.790	1.840	1.875	1.908	1.937
Pb-0.06% Ca-0.2% Cu-0.6% Sn(轧制)	1.812	1.861	1.896	1.916	1.938
Pb-0.06% Ca-0.3% Cu-0.6% Sn(铸态)	1.814	1.867	1.902	1.931	1.956
Pb-0.06% Ca-0.3% Cu-0.6% Sn(轧制)	1.848	1.896	1.928	1.956	1.975
Pb-0.06% Ca-0.4% Cu-0.6% Sn(铸态)	1.834	1.881	1.916	1.946	1.970
Pb-0.06% Ca-0.4% Cu-0.6% Sn(轧制)	1.840	1.891	1.922	1.949	1.971

图 3-135 为掺入不同铜含量的 Pb-0.06% Ca-Cu-0.6% Sn-RE 系阳极未经极化处理，在 45℃ 时，浸入 45g/L $CuSO_4$、180g/L H_2SO_4 的电解液中立即测得的极化曲线图。B ~ I 号曲线依次对应 Cu 0.1% 铸态合金、Cu 0.1% 轧制合金、Cu 0.2%

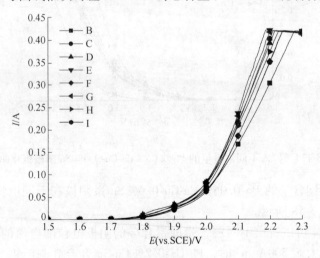

图 3-135　掺入不同铜含量的 Pb-0.06% Ca-Cu-0.6% Sn-RE 阳极极化曲线

铸态合金、Cu 0.2% 轧制合金、Cu 0.3% 铸态合金、Cu 0.3% 轧制合金、Cu 0.4% 铸态合金、Cu 0.4% 轧制合金。

未经极化的不同铜含量的 Pb-0.06% Ca-Cu-0.6% Sn-RE 阳极在不同电流密度下阳极电位如表 3-59 所示。

表 3-59 不同铜含量的 Pb-0.06% Ca-Cu-0.6% Sn-RE 阳极在不同电流密度下阳极电位

阳 极 种 类	阳极电位/V				
	$100A/m^2$	$200A/m^2$	$300A/m^2$	$400A/m^2$	$500A/m^2$
Pb-0.06% Ca-0.1% Cu-0.6% Sn-RE(铸态)	1.803	1.855	1.905	1.947	1.971
Pb-0.06% Ca-0.1% Cu-0.6% Sn-RE(轧制)	1.844	1.893	1.929	1.958	1.979
Pb-0.06% Ca-0.2% Cu-0.6% Sn-RE(铸态)	1.793	1.839	1.883	1.923	1.951
Pb-0.06% Ca-0.2% Cu-0.6% Sn-RE(轧制)	1.825	1.878	1.914	1.943	1.963
Pb-0.06% Ca-0.3% Cu-0.6% Sn-RE(铸态)	1.838	1.885	1.925	1.950	1.973
Pb-0.06% Ca-0.3% Cu-0.6% Sn-RE(轧制)	1.802	1.856	1.897	1.949	1.972
Pb-0.06% Ca-0.4% Cu-0.6% Sn-RE(铸态)	1.811	1.858	1.893	1.922	1.947
Pb-0.06% Ca-0.4% Cu-0.6% Sn-RE(轧制)	1.830	1.880	1.916	1.945	1.967

由图 3-135 及表 3-59 可知在铅合金中加入稀土，大多数阳极电位比不加稀土时下降了。在电流密度不大于 $500A/m^2$ 时，除 Pb-Ca-0.3% Cu-Sn-RE 轧制合金阳极电位比铸态的低外，其余的轧制合金阳极电位均比铸态的要高；Pb-Ca-0.2% Cu-Sn-RE 铸态合金阳极电位最低，Pb-Ca-0.1% Cu-Sn-RE 轧制合金阳极电位最高；铸态合金阳极电位随铜含量增加先减小然后在一窄小区间内波动，说明在有稀土存在时，铅合金中铜含量增加到 0.2%，接近促进阳极电位降低的极值含量。从图 3-135 中不难发现电流密度越大时，铸态合金阳极电位随铜含量增加而减小的趋势越明显。轧制合金阳极电位则随铜含量的升高呈明显下降趋势。而在高电流密度下，各阳极的阳极电位均随合金中铜含量的增大呈下降趋势。与图 3-134 及表 3-58 所得出的结果相比可知，稀土促进了铜在铅合金中的分散。

掺杂不同元素、未经极化的铅合金阳极在 45℃ 时，浸入 45g/L $CuSO_4$、180g/L H_2SO_4 的电解液中立即测得的极化曲线如图 3-136 所示。图中 B~I 号曲线依次对应 Pb-0.06% Ca-0.6% Sn（铸态）、Pb-0.06% Ca-0.6% Sn（轧制）、Pb-0.06% Ca-0.6% Sn-RE（铸态）、Pb-0.06% Ca-0.6% Sn-RE（轧制）、Pb-0.06% Ca-0.2% Cu-0.6% Sn（铸态）、Pb-0.06% Ca-0.2% Cu-0.6% Sn（轧制）、Pb-0.06% Ca-0.2% Cu-0.6% Sn-RE（铸态）、Pb-0.06% Ca-0.2% Cu-0.6% Sn-RE（轧制）。

不同种类阳极未经极化在不同电流密度下的阳极电位如表 3-60 所示。

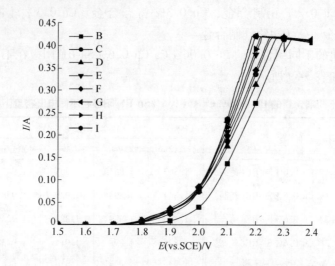

图 3-136 掺杂不同种类元素未经极化的铅基阳极极化曲线

表 3-60 未经极化阳极在不同电流密度下阳极电位

阳 极 种 类	阳极电位/V				
	$100A/m^2$	$200A/m^2$	$300A/m^2$	$400A/m^2$	$500A/m^2$
Pb-0.06% Ca-0.6% Sn(铸态)	1.900	1.946	1.977	2.000	2.015
Pb-0.06% Ca-0.6% Sn(轧制)	1.796	1.855	1.893	1.928	1.956
Pb-0.06% Ca-0.6% Sn-RE(铸态)	1.803	1.849	1.886	1.920	1.947
Pb-0.06% Ca-0.6% Sn-RE(轧制)	1.817	1.861	1.897	1.926	1.950
Pb-0.06% Ca-0.2% Cu-0.6% Sn(铸态)	1.790	1.840	1.875	1.908	1.937
Pb-0.06% Ca-0.2% Cu-0.6% Sn(轧制)	1.812	1.861	1.896	1.923	1.948
Pb-0.06% Ca-0.2% Cu-0.6% Sn-RE(铸态)	1.793	1.839	1.873	1.923	1.951
Pb-0.06% Ca-0.2% Cu-0.6% Sn-RE(轧制)	1.825	1.878	1.914	1.943	1.963

由图 3-136 及表 3-60 可知，各阳极的阳极电位随电流密度的增大而增大。当
电流密度不大于 $500A/m^2$ 时，铸态的 Pb-Ca-Cu-Sn 合金的阳极电位最低，其次是
Pb-Ca-Cu-Sn-RE 合金阳极，Pb-Ca-Sn 铸态阳极的电位最高；Pb-Ca-Sn 合金的轧
制后的阳极电位比铸态的要低，而其他阳极轧制后的阳极电位均比铸态时的要
高，Pb-Ca-Cu-Sn-RE 轧制合金阳极是轧制合金中最低的。铸态的 Pb-Ca-Sn-RE 合
金阳极电位比铸态的 Pb-Ca-Sn 合金阳极的低，轧制之后，前者的阳极电位在电
流密度不小于 $400A/m^2$ 时比后者要低，说明单独加入稀土有利于高电流密度下
阳极的去极化作用。在高电流密度区（电流密度 $>1000A/m^2$），各轧制铅基阳极
的阳极电位比铸态的低，说明加入铜与稀土有利于阳极的去极化作用，稀土与铜
一起加入时效果更好；在低电流密度下，轧制对 Pb-Ca-Sn 合金有良好的去极化

作用,但是对其他阳极的去极化不利。

B 铅基合金阳极极化后在 CuSO$_4$-H$_2$SO$_4$ 体系电解液中的阳极极化曲线

铅基阳极在 1000A/m^2 的电流密度下极化 1h 后能得到一层较厚的氧化膜。图 3-137 为掺入不同含量铜的 Pb-0.06% Ca-Cu-0.6% Sn 系阳极在 45℃时,45g/L CuSO$_4$、180g/L H$_2$SO$_4$ 的电解液中阳极极化 1h 后,浸入 45℃、45g/L CuSO$_4$、180g/L H$_2$SO$_4$ 的电解液中立即测得的极化曲线。B~I 号曲线依次对应 Cu 0.1% 铸态合金、Cu 0.1% 轧制合金、Cu 0.2% 铸态合金、Cu 0.2% 轧制合金、Cu 0.3% 铸态合金、Cu 0.3% 轧制合金、Cu 0.4% 铸态合金、Cu 0.4% 轧制合金。

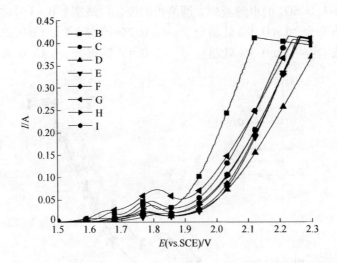

图 3-137 不同铜含量的 Pb-0.06% Ca-Cu-0.6% Sn 阳极极化 1h 后的极化曲线图

各不同铜含量的 Pb-0.06% Ca-Cu-0.6% Sn 合金阳极极化 1h 在不同电流密度下的阳极电位如表 3-61 所示。

表 3-61 不同铜含量 Pb-0.06% Ca-Cu-0.6% Sn 阳极在不同电流密度下的阳极电位

阳 极 种 类	阳极电位/V				
	100A/m^2	200A/m^2	300A/m^2	400A/m^2	500A/m^2
Pb-0.06% Ca-0.1% Cu-0.6% Sn(铸态)	1.546	1.635	1.790	1.820	1.837
Pb-0.06% Ca-0.1% Cu-0.6% Sn(轧制)	1.598	1.659	1.812	1.865	1.892
Pb-0.06% Ca-0.2% Cu-0.6% Sn(铸态)	1.650	1.701	1.911	1.937	1.960
Pb-0.06% Ca-0.2% Cu-0.6% Sn(轧制)	1.693	1.879	1.920	1.945	1.963
Pb-0.06% Ca-0.3% Cu-0.6% Sn(铸态)	1.644	1.704	1.904	1.930	1.950
Pb-0.06% Ca-0.3% Cu-0.6% Sn(轧制)	1.511	1.543	1.625	1.660	1.683
Pb-0.06% Ca-0.4% Cu-0.6% Sn(铸态)	1.614	1.674	1.701	1.903	1.923
Pb-0.06% Ca-0.4% Cu-0.6% Sn(轧制)	1.613	1.674	1.700	1.893	1.916

由表 3-61 可知，在 100～500A/m² ，Pb-Ca-0.3%Cu-Sn 轧制合金阳极电位最低，Pb-Ca-0.2%Cu-Sn 轧制合金阳极电位最高，各阳极电位随着电流密度的升高而增大；合金中铜含量低时，轧制使阳极电位增大了，合金中铜含量高时轧制使阳极电位减小了。同时由图 3-137 也可以看出，由于 PbO 的氧化，阳极电位出现了波动，各阳极在此电流密度范围内的阳极电位不稳定。在高电流密度下，各阳极电位是先增大后减小，铜含量为 0.2% 时合金两种形态的阳极电位都比较大。

图 3-138 为掺入不同含量铜的 Pb-0.06%Ca-Cu-0.6%Sn-RE 系阳极在 45℃ 时，45g/L CuSO₄ 、180g/L H₂SO₄ 的电解液中阳极极化 1h 后，浸入 45℃ 、45g/L CuSO₄ 、180g/L H₂SO₄ 的电解液中立即测得的极化曲线图。B～I 号曲线依次对应 Cu 0.1% 铸态合金、Cu 0.1% 轧制合金、Cu 0.2% 铸态合金、Cu 0.2% 轧制合金、Cu 0.3% 铸态合金、Cu 0.3% 轧制合金、Cu 0.4% 铸态合金、Cu 0.4% 轧制合金。

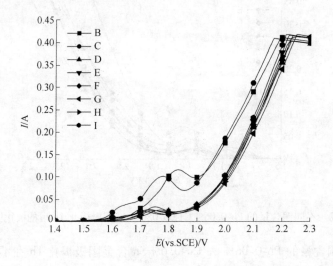

图 3-138　不同铜含量的 Pb-0.06%Ca-Cu-0.6%Sn-RE 阳极极化曲线

掺入不同含量铜的 Pb-0.06%Ca-Cu-0.6%Sn-RE 系阳极在 45℃ 时，45g/L CuSO₄ 、180g/L H₂SO₄ 的电解液中阳极极化 1h 后，在不同电流密度下阳极电位如表 3-62 所示。

表 3-62　不同铜含量的 Pb-0.06%Ca-Cu-0.6%Sn-RE 系
阳极在不同电流密度下阳极电位

阳 极 种 类	阳极电位/V				
	100A/m²	200A/m²	300A/m²	400A/m²	500A/m²
Pb-0.06%Ca-0.1%Cu-0.6%Sn-RE(铸态)	1.647	1.678	1.700	1.722	1.737
Pb-0.06%Ca-0.1%Cu-0.6%Sn-RE(轧制)	1.577	1.598	1.617	1.660	1.698

阳 极 种 类	阳极电位/V				
	100A/m²	200A/m²	300A/m²	400A/m²	500A/m²
Pb-0.06%Ca-0.2%Cu-0.6%Sn-RE(铸态)	1.670	1.708	1.734	1.912	1.932
Pb-0.06%Ca-0.2%Cu-0.6%Sn-RE(轧制)	1.640	1.699	1.888	1.911	1.932
Pb-0.06%Ca-0.3%Cu-0.6%Sn-RE(铸态)	1.622	1.693	1.877	1.905	1.927
Pb-0.06%Ca-0.3%Cu-0.6%Sn-RE(轧制)	1.695	1.738	1.901	1.929	1.950
Pb-0.06%Ca-0.4%Cu-0.6%Sn-RE(铸态)	1.681	1.721	1.890	1.923	1.947
Pb-0.06%Ca-0.4%Cu-0.6%Sn-RE(轧制)	1.607	1.689	1.887	1.912	1.931

由图 3-138 及表 3-62 可知，在有稀土存在时，各阳极的电位同样随着电流密度的升高而减小。在低电流密度区与不加稀土的情况类似，阳极电位随着铜含量的变化无明显规律。在高电流密度区，阳极电位随着铜含量的增大先是稍微增大，然后呈减小趋势。

掺杂不同元素的铅基合金在 45℃ 时，45g/L $CuSO_4$、180g/L H_2SO_4 的电解液中阳极极化 1h 后，浸入 45℃、45g/L $CuSO_4$、180g/L H_2SO_4 的电解液中立即测得的极化曲线如图 3-139 所示。图中 B~I 号曲线依次对应 Pb-0.06%Ca-0.6%Sn（铸态）、Pb-0.06%Ca-0.6%Sn（轧制）、Pb-0.06%Ca-0.6%Sn-RE（铸态）、Pb-0.06%Ca-0.6%Sn-RE（轧制）、Pb-0.06%Ca-0.2%Cu-0.6%Sn（铸态）、Pb-0.06%Ca-0.2%Cu-0.6%Sn（轧制）、Pb-0.06%Ca-0.2%Cu-0.6%Sn-RE（铸态）、Pb-0.06%Ca-0.2%Cu-0.6%Sn-RE（轧制）。

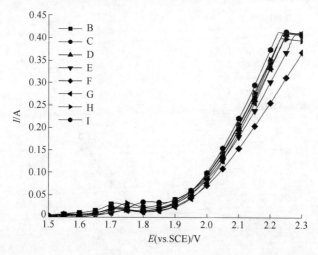

图 3-139　掺杂不同种类元素极化 1h 后的铅基阳极极化曲线

各种阳极在 45℃ 时，45g/L CuSO₄、180g/L H₂SO₄ 的电解液中阳极极化 24h 后在不同电流密度下阳极电位如表 3-63 所示。

表 3-63　不同种类阳极极化 1h 后在不同电流密度下阳极电位

阳 极 种 类	阳极电位/V				
	$100A/m^2$	$200A/m^2$	$300A/m^2$	$400A/m^2$	$500A/m^2$
Pb-0.06% Ca-0.6% Sn(铸态)	1.574	1.667	1.697	1.896	1.925
Pb-0.06% Ca-0.6% Sn(轧制)	1.697	1.745	1.778	1.900	1.928
Pb-0.06% Ca-0.6% Sn-RE(铸态)	1.645	1.856	1.896	1.923	1.944
Pb-0.06% Ca-0.6% Sn-RE(轧制)	1.643	1.855	1.896	1.923	1.944
Pb-0.06% Ca-0.2% Cu-0.6% Sn(铸态)	1.650	1.701	1.911	1.937	1.960
Pb-0.06% Ca-0.2% Cu-0.6% Sn(轧制)	1.693	1.879	1.920	1.945	1.963
Pb-0.06% Ca-0.2% Cu-0.6% Sn-RE(铸态)	1.670	1.708	1.734	1.912	1.932
Pb-0.06% Ca-0.2% Cu-0.6% Sn-RE(轧制)	1.640	1.699	1.888	1.911	1.932

由图 3-139 及表 3-63 可知，阳极极化 24h 后，在低电流密度范围（100 ~ 500A/m²），各阳极电位随着电流密度的升高而增大。在 100 ~ 300A/m² 下，单独加铜或是稀土的铅合金阳极，阳极电位较 Pb-Ca-Sn 合金阳极变化趋势不明显，同时加入稀土与铜的铅合金阳极电位比前者明显要低。说明在低电流密度下，单独加入铜或者稀土对阳极性能的增强并不很稳定。在高电流密度下，掺杂元素对阳极电位减小的排列顺序为：稀土 < 铜 < 稀土 + 铜。

掺杂不同元素的轧制铅基合金在 45℃ 时，45g/L CuSO₄、180g/L H₂SO₄ 的电解液中阳极极化 24h 后，浸入 45℃、45g/L CuSO₄、180g/L H₂SO₄ 的电解液中立即测得的极化曲线如图 3-140 所示。图中 1 ~ 4 号曲线依次对应 Pb-Ca-Sn、Pb-Ca-

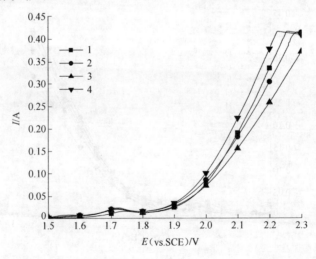

图 3-140　掺杂不同种类元素铅基阳极极化 24h 后的极化曲线

Sn-RE、Pb-Ca-Cu-Sn、Pb-Ca-Cu-Sn-RE。

各种阳极在45℃时，45g/L CuSO₄、180g/L H₂SO₄的电解液中阳极极化24h 后在不同电流密度下阳极电位如表3-64所示。

表3-64 各阳极极化24h后在不同电流密度下阳极电位

阳 极 种 类	阳极电位/V				
	100A/m²	200A/m²	300A/m²	400A/m²	500A/m²
Pb-0.06%Ca-0.6%Sn(轧制)	1.690	1.869	1.915	1.946	1.966
Pb-0.06%Ca-0.6%Sn-RE(轧制)	1.645	1.859	1.897	1.929	1.950
Pb-0.06%Ca-0.2%Cu-0.6%Sn(轧制)	1.650	1.711	1.908	1.935	1.959
Pb-0.06%Ca-0.2%Cu-0.6%Sn-RE(轧制)	1.639	1.697	1.878	1.914	1.935

由图3-140及表3-64可知，阳极极化24h后，在 100~500A/m² 的电流密度下，加入铜与稀土后，阳极电位比 Pb-Ca-Sn 合金阳极电位要低；相同电流密度下，Pb-Ca-Cu-Sn-RE 合金阳极电位最低。在同样高（500A/m² 以上）的电流密度下阳极电位从小到大的排列顺序为：Pb-Ca-Cu-Sn-RE、Pb-Ca-Sn、Pb-Ca-Sn-RE、Pb-Ca-Cu-Sn，说明铜与稀土一起加入铅合金中，能很好地提高阳极活性。

3.5.3.2 铅基合金阳极在 CuSO₄-H₂SO₄ 体系电解液中的循环伏安图

A 未极化处理铅合金阳极的循环伏安图

图3-141 为不同铜含量的 Pb-0.06%Ca-Cu-0.6%Sn 系阳极在45℃时，浸入 45g/L CuSO₄、180g/L H₂SO₄ 的电解液中立即测得的极化曲线。1~8 号曲线依次对应 Cu 0.1%铸态合金、Cu 0.1%轧制合金、Cu 0.2%铸态合金、Cu 0.2%轧制合金、Cu 0.3%铸态合金、Cu 0.3%轧制合金、Cu 0.4%铸态合金、Cu 0.4%轧制合金。

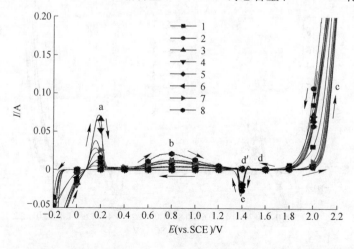

图3-141 未经极化的不同铜含量的 Pb-0.06%Ca-Cu-0.6%Sn 系阳极循环伏安图

由于铅的阳极膜的组成复杂，关于铅在硫酸体系中的电化学行为的研究报道观点较多，目前对铅阳极膜相组成与成膜电位之间关系引用较多的观点是 Pavlov 等提出的：$-0.95 \sim -0.4V$（vs. SSE）为 $Pb/PbSO_4$ 体系电位区；$-0.4 \sim 0.9V$（vs. SSE）为 $Pb/PbO/PbSO_4$ 体系电位区，其中电位在 $-0.4 \sim 0.5V$（vs. SSE）区域生成的 $PbSO_4$ 为半透膜，只允许 H^+、OH^- 通过，在此间存在不同的铅化合物；$0.95V$（vs. SSE）以上为 PbO_2 体系电位区。

从图 3-141（箭头为扫描方向）可以看出，当扫描电位范围为 $-0.2 \sim 2.3V$，未极化处理的铅合金 45℃时，在 45g/L $CuSO_4$、180g/L H_2SO_4 的电解液测得的循环伏安曲线有 5 个氧化峰（a、b、c、d、d′），1 个还原峰（e）。结合 Pb 的 E-pH 图与 XRD 分析可对各峰进行确认。a 峰处于 $Pb/PbO/PbSO_4$ 体系电位区，可能是内层 PbO 及外层 $PbSO_4$ 的生成峰；b 峰在循环伏安图中并不常见，由 XRD 分析结果可知含有 $Pb_3O_2SO_4$ 等碱性铅化合物，且酸性条件下在硫酸铅膜内形成碱性环境的可能性已经被证实[50~53]，所以可以确认 b 峰为外层 $PbSO_4$、内层碱式硫酸铅及 PbO 的生成峰；c 峰为 β-PbO_2、氧气析出及少量 PbO_2 等的生成峰；d 与 d′ 都是铅生成 $PbSO_4$，其 d 峰对应透过 PbO_2 微孔 Pb 被氧化成 $PbSO_4$ 峰，d′峰形成是由于 PbO_2 被还原成 $PbSO_4$ 后，导致阳极膜表面体积增大而破裂，暴露了铅基体。同时由图 3-141 中可以看出各铅合金轧制阳极的 a、b 峰面积比铸态的要大，整体上铅合金中铜含量越高，a、b 峰面积越大，说明铜促进了铅的氧化。各阳极的阴极还原峰 e 面积相差不大，随着铜含量的升高呈现微弱的减小趋势，面积最大的是含 0.1% Cu 轧制合金阳极，其次为含铜 0.2% 的铸态铅合金阳极。

图 3-142 为掺入不同含量铜的 Pb-0.06% Ca-Cu-0.6% Sn-RE 系阳极在 45℃时，浸入 45g/L $CuSO_4$、180g/L H_2SO_4 的电解液中立即测得的极化曲线。1~8 号

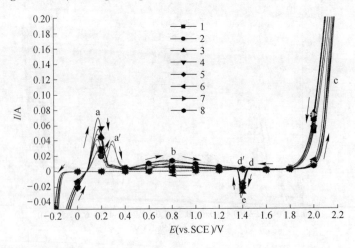

图 3-142　不同铜含量的 Pb-0.06% Ca-Cu-0.6% Sn-RE 系阳极循环伏安图

曲线依次对应 Cu 0.1% 铸态合金、Cu 0.1% 轧制合金、Cu 0.2% 铸态合金、Cu 0.2% 轧制合金、Cu 0.3% 铸态合金、Cu 0.3% 轧制合金、Cu 0.4% 铸态合金、Cu 0.4% 轧制合金。

与图 3-141 相比加入稀土后铅合金阳极的循环伏安图多了一个 a′峰，这可能是外层 $PbSO_4$ 膜破裂导致铅基体的氧化所致的，a、b 峰的面积随着铜含量的升高而增大，且比不添加稀土的铅合金 a、b 面积要大；d 与 d′不再明显。说明稀土促进了铅的氧化使氧化膜迅速覆盖铅基体且致密。各阳极的对应于 $PbO_2 \rightarrow Pb$-SO_4 的还原峰 e 相差不大，随着铜含量的增加，e 峰面积总体上先变大后缓慢变小，含铜 0.2% 铸态铅合金阳极 e 峰面积最大，铅合金中铜含量与铅合金阳极逆向扫描时生成 $PbSO_4$ 的量的关系呈抛物线型，与不添加稀土的合金相比，对应 e 峰最大值的铅合金中铜含量向正移了。这说明稀土提高了铜在铅合金中的分布均匀程度。

不同种类阳极未经极化处理，在 45℃ 时，浸入 45g/L $CuSO_4$、180g/L H_2SO_4 的电解液中立即测得的极化曲线如图 3-143 所示。图中 1~8 号曲线依次对应 Pb-0.06% Ca-0.6% Sn（铸态）、Pb-0.06% Ca-0.6% Sn（轧制）、Pb-0.06% Ca-0.6% Sn-RE（铸态）、Pb-0.06% Ca-0.6% Sn-RE（轧制）、Pb-0.06% Ca-0.2% Cu-0.6% Sn（铸态）、Pb-0.06% Ca-0.2% Cu-0.6% Sn（轧制）、Pb-0.06% Ca-0.2% Cu-0.6% Sn-RE（铸态）、Pb-0.06% Ca-0.2% Cu-0.6% Sn-RE（轧制）。

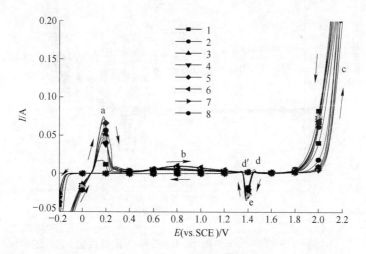

图 3-143 未经极化处理的不同种类阳极的循环伏安图

图 3-143 可以明显看出，加入铜与稀土的铅合金阳极各氧化峰面积比 Pb-Ca-Sn 合金阳极要大，a 峰面积最大的为 Pb-Ca-Cu-Sn-RE 轧制合金阳极，其次为 Pb-Ca-Cu-Sn 铸态合金阳极。还原峰 e 面积最大的为 Pb-Ca-Cu-Sn-RE 铸态合金阳极，其次为 Pb-Ca-Cu-Sn 轧制合金阳极、Pb-Ca-Sn-RE 铸态合金阳极。对还原峰 e 的

大小影响最大的因素就是阳极正向扫描时生成的 PbO_2 的量，所以还原峰 e 在一定程度上反映了阳极的活性。由此可以说明铜与稀土对 $PbSO_4 \rightarrow PbO_2$ 反应具有促进作用。

B 铅合金阳极极化后的循环伏安图

阳极极化 1h 以后，铅合金阳极膜处于比较稳定的状态，此时阳极电化学测试结果比阳极未极化时更准确地反映了阳极的电化学性能。图 3-144 为不同铜含量的 Pb-0.06% Ca-Cu-0.6% Sn 系阳极极化 1h 后，在 45℃ 时，浸入 45g/L $CuSO_4$、180g/L H_2SO_4 的电解液中立即测得的极化曲线。1~8 号曲线依次对应 Cu 0.1% 铸态合金、Cu 0.1% 轧制合金、Cu 0.2% 铸态合金、Cu 0.2% 轧制合金、Cu 0.3% 铸态合金、Cu 0.3% 轧制合金、Cu 0.4% 铸态合金、Cu 0.4% 轧制合金。

由图 3-144 可以看出阳极极化处理 1h 后 a 峰、b 峰在扫描过程中没有出现，说明铅合金阳极极化 1h 后已经被致密的氧化膜所覆盖。对应生成 PbO_2 的氧化峰和氧气析出峰 c′ 出现了分离，说明 PbO_2 的生成量较未极化时明显增大了。当铅合金中铜含量不大于 0.3% 时，还原峰 e 的面积随着铜含量的升高呈增大趋势。还原峰 e 的面积最大的为含 0.3% Cu 的轧制铅合金，其次是含 0.3% Cu 的铸态铅合金。相应地氧化峰 c′ 的面积也有着同样的变化。说明铜含量在 0.3% 以内对 $PbSO_4 \rightarrow PbO_2$ 的反应有良好的促进作用，同时也会相应地降低阳极耐蚀性。

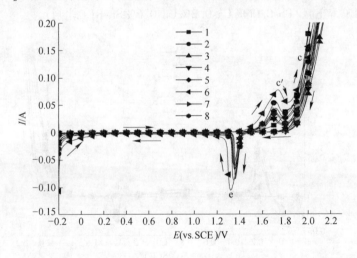

图 3-144 不同铜含量的 Pb-0.06% Ca-Cu-0.6% Sn 系阳极极化 1h 后的循环伏安图

图 3-145 为不同铜含量的 Pb-0.06% Ca-Cu-0.6% Sn-RE 系阳极极化 1h 后，在 45℃ 时，浸入 45g/L $CuSO_4$、180g/L H_2SO_4 的电解液中立即测得的极化曲线。1~8 号曲线依次对应 Cu 0.1% 铸态合金、Cu 0.1% 轧制合金、Cu 0.2% 铸态合金、Cu 0.2% 轧制合金、Cu 0.3% 铸态合金、Cu 0.3% 轧制合金、Cu 0.4% 铸态合金、Cu 0.4% 铸态合金。

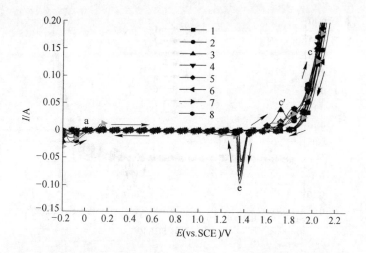

图 3-145　不同铜含量的 Pb-0.06% Ca-Cu-0.6% Sn-RE 系阳极极化 1h 后的循环伏安图

由图 3-145 可以看出加入稀土后的 Pb-0.06% Ca-Cu-0.6% Sn-RE 系的各轧制合金阳极的循环伏安图形基本形状与图 3-144 一样。氧化峰 c′ 和还原峰 e 的面积相应地增大了。各成分合金的轧制后的阳极的还原峰 c′ 均比铸态的面积要大，同种方法制造的合金阳极的还原峰 c′ 的面积随着合金中铜含量的增加而变大。还原峰 c′ 面积最大的为含铜 0.4% 的轧制合金阳极。说明铜能促进 $PbSO_4$ →PbO_2 的进行，在稀土的作用下，铜在铅合金中分布更加均匀，与之前的结论一样。

不同种类阳极极化 1h 后，在 45℃ 时，浸入 45g/L $CuSO_4$、180g/L H_2SO_4 的电解液中立即测得的循环伏安曲线如图 3-146 所示。图中 1~8 号曲线依次对应 Pb-0.06% Ca-0.6% Sn（铸态）、Pb-0.06% Ca-0.6% Sn（轧制）、Pb-0.06% Ca-0.6% Sn-RE（铸态）、Pb-0.06% Ca-0.6% Sn-RE（轧制）、Pb-0.06% Ca-0.2% Cu-0.6% Sn（铸态）、Pb-0.06% Ca-0.2% Cu-0.6% Sn（轧制）、Pb-0.06% Ca-0.2% Cu-0.6% Sn-RE（铸态）、Pb-0.06% Ca-0.2% Cu-0.6% Sn-RE（轧制）。

从图 3-146 可以看出加入稀土与铜之后，阳极循环伏安图中的氧化峰 c′ 与还原峰 e 比 Pb-Ca-Sn 合金阳极的要大。还原峰 c′ 的面积从大到小排列顺序为：Pb-Ca-Cu-Sn-RE 轧制，Pb-Ca-Cu-Sn 铸态，Pb-Ca-Sn-RE（轧制），Pb-Ca-Sn-RE（铸态），Pb-Ca-Cu-Sn-RE 铸态，Pb-Ca-Sn 轧制，Pb-Ca-Sn 铸态，Pb-Ca-Cu-Sn 轧制。由此可见稀土能提高阳极的活性，且稀土与铜一起加入铅合金中时效果更好，这一结论与极化曲线分析结论一样。

通过加速腐蚀实验证明，在高电流密度下，24h 的阳极极化会对阳极造成严重的腐蚀，由此对阳极极化 24h 后的阳极电化学性能进行测试有助于对阳极稳定

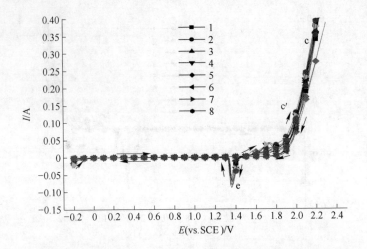

图 3-146　不同种类铅合金阳极极化 1h 后的循环伏安图

性的研究。不同种类阳极极化 24h 后，在 45℃ 时，浸入 45g/L CuSO$_4$、180g/L H$_2$SO$_4$ 的电解液中立即测得的极化曲线如图 3-147 所示。图中 1~8 号曲线依次对应 Pb-0.06% Ca-0.6% Sn（铸态）、Pb-0.06% Ca-0.6% Sn（轧制）、Pb-0.06% Ca-0.6% Sn-RE（铸态）、Pb-0.06% Ca-0.6% Sn-RE（轧制）、Pb-0.06% Ca-0.2% Cu-0.6% Sn（铸态）、Pb-0.06% Ca-0.2% Cu-0.6% Sn（轧制）、Pb-0.06% Ca-0.2% Cu-0.6% Sn-RE（铸态）、Pb-0.06% Ca-0.2% Cu-0.6% Sn-RE（轧制）。

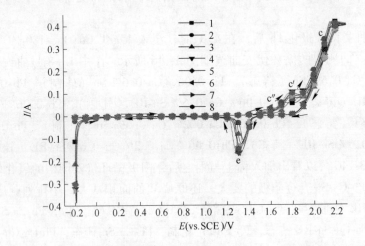

图 3-147　不同种类阳极极化 24h 后的循环伏安曲线

从图 3-147 可以看出各铅合金轧制阳极的还原峰 e 的面积均比铸态的大，阳极扫描过程中生成 PbO$_2$ 的峰 c′ 从大到小的排列顺序为：4、6、8、7、3、5、2、

1；还原峰 e 的面积从大到小的铅合金阳极编号排列顺序为 2、4、6、8、5、7、3、1。说明轧制后的 Pb-Ca-Sn 合金阳极经 24h 极化处理后，在阳极扫描中生成 PbO_2 的量比其他阳极的小，而在阴极扫描过程中 PbO_2 被还原成 $PbSO_4$ 的量却很大，Pb-Ca-Sn 合金阳极在极化过程中生成的片状氧化膜表面积、孔隙率也越大，这能导致更大的腐蚀。Pb-Ca-Sn-Cu-RE 合金阳极在正向扫描过程中生成的 PbO_2 的量比负向扫描过程 PbO_2 被还原的量要多，由此也可推出 Pb-Ca-Sn-Cu-RE 合金阳极在具有较高活性的同时，其腐蚀速率可能会相对较小。

3.5.3.3 铅合金交流阻抗与时间的关系

电极阻抗与阳极反应有关，当电极阻抗处于相对稳定时，也就是阳极氧化膜较为稳定的时候。通过对电极阻抗时间关系研究来粗略测定阳极氧化膜稳定所需时间。各铅合金阳极在 $-1.2V$ 下、180g/L H_2SO_4 溶液中先处理 10 ~ 20min，然后在 45℃，45g/L $CuSO_4$、180g/L H_2SO_4 的电解液中，电位为 1.8V 时，进行交流阻抗与极化的时间的关系测试。交流阻抗与极化时间的关系如图 3-148 所示，各阳极所对应曲线如图中标注。

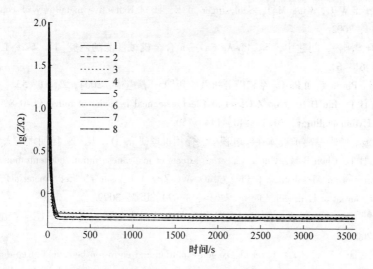

图 3-148　铅合金阳极交流阻抗与时间的关系

1—Pb-Ca-Sn(铸态)；2—Pb-Ca-Sn(轧制)；3—Pb-Ca-Sn-RE(铸态)；4—Pb-Ca-Sn-RE(轧制)；
5—Pb-Ca-Cu-Sn(铸态)；6—Pb-Ca-Cu-Sn(轧制)；7—Pb-Ca-Cu-Sn-RE(铸态)；
8—Pb-Ca-Cu-Sn-RE(轧制)

由图 3-148 可以看出铅合金阳极刚开始的阻抗值很高，极化以后就呈直线下降，说明刚开始形成的是阻抗值比较大的 $PbSO_4$，随着阳极极化的进行，$PbSO_4$ 被逐渐氧化成 PbO、$PbO_x(1 < x < 2)$，最后生成导电性良好的 $\beta\text{-}PbO_2$，各阳极在极化 150s 后阻抗值开始缓慢下降，此时高价铅氧化物的生成与分解反应趋向于

平衡状态。从图 3-148 可知，在 150s 以后，轧制 Pb-Ca-Cu-Sn-RE 合金阳极的阻抗值最小，Pb-Ca-Cu-Sn 的阻抗值最大。

参 考 文 献

[1] Rashkov S, Dobrev T, Noncheva Z. Lead-cobalt anodes for electrowinning of zinc from sulphate electrolytes[J]. Hydrometallurgy, 1999, 52: 223~230.

[2] 李松瑞. 铅及铅合金[M]. 长沙: 中南工业大学出版社, 1996.

[3] Ivanov I, Stefanov Y, Noncheva Z, et al. Insoluble anodes used in hydrometallurgy Part II-Anodic behaviour of lead and lead-alloy anodes[J]. Hydrometallurgy, 2000, 57: 125~139.

[4] Prengaman R D. Method of fabricating stable wrought lead-calcium-tin alloys by means of cold working: US, 3953244[P]. 1976-04-27.

[5] Hrussanova A, Mirkova L, Dobrev T. Anodic behaviour of the Pb-Co_3O_4 composite coating in copper electrowinning[J]. Hydrometallurgy, 2001, 60(3):199~213.

[6] Paul Duby. The history of progress in dimensionally stable anodes[J]. JOM, 1993, 45(3):41~43.

[7] Davenport W G, King M J, Schlesinger M E, et al. Extractive metallurgy of copper [M]. Elsevier, 2002.

[8] 刘良绅, 柳松, 刘建中, 等. Pb-Ag-Ca 三元合金机械性能的研究[J]. 矿冶工程, 1995, 15(4):61~64.

[9] 黄永岐. Pb-Sb 系和 Pb-Ca 系相图分析及应用[J]. 蓄电池, 2004, 2: 51~53.

[10] Yang H T, Liu H R, Guo Z C, et al. Electrochemical behavior of rolled Pb-0.8% Ag anodes [J]. Hydrometallurgy, 2013, 140, 144~150.

[11] 张启波. 咪唑基离子液体在锌电积中的作用机理研究[D]. 昆明: 昆明理工大学, 2009.

[12] Yang H T, Chen B M, Guo Z C, et al. Effects of manganese nitrate concentration on the performance of an Al substrate β-PbO_2-MnO_2-WC-ZrO_2 composite electrode material[J]. International Journal of Hydrogen Energy, 2014, 39(7):3087~3099.

[13] 陈步明. 一种新型节能阳极材料的制备与电化学性能研究 [D]. 昆明: 昆明理工大学, 2009.

[14] Li Y, Jiang L X, Lv X J, et al. Oxygen evolution and corrosion behaviors of co-deposited Pb/Pb-MnO_2 composite anode for electrowinning of nonferrous metals[J]. Hydrometallurgy, 2011, 109(3):252~257.

[15] Xu R D, Huang L P, Zhou J F, et al. Effects of tungsten carbide on electrochemical properties and microstructural features of Al/Pb-PANI-WC composite inert anodes used in zinc electrowinning[J]. Hydrometallurgy, 2012, 125: 8~15.

[16] Zhang W, Houlachi G. Electrochemical studies of the performance of different Pb-Ag anodes during and after zinc electrowinning[J]. Hydrometallurgy, 2010, 104(2):129~135.

[17] Franco D V, Da Silva L M, Jardim W F. Influence of the electrolyte composition on the kinetics of the oxygen evolution reaction and ozone production processes[J]. J. Braz. Chem. Soc. 2006, 17: 746~757.

[18] Piela B, Wrona P K. Capacitance of the gold electrode in 0.5M H_2SO_4 solution: a.c. imped-ance studies[J]. J. Appl. Electrochem, 1995, 388(1):69~79.

[19] Choquette Y, Brossard L, Lasia A, et al. Study of the kinetics of hydrogen evolution reaction on raney nickel composite-coated electrode by AC impedance technique[J]. J. Electrochem. Soc. 1990, 137(6):1723~1730.

[20] Palmas S, Polcaro A M, Ferrara F, et al. Electrochemical performance of mechanically treated SnO_2 powders for OER in acid solution[J]. J. Appl. Electrochem. , 2008, 38(7):907~913.

[21] Rammelt U, Reinhard G. On the applicability of a constant phase element (CPE) to the esti-mation of roughness of solid metal electrodes[J]. Electrochem. Acta. , 1990, 35: 1045~1049.

[22] Okido M, Depo J K, Capuano G A. The mechanism of hydrogen evolution reaction on a modi-fied raney nickel composite-coated electrode by AC impedance[J]. J. Electrochem. Soc. , 1993, 140(1):127~133.

[23] Spataru N, Le Helloco J G, Durand R. A study of RuO_2 as an electrocatalyst for hydrogen evo-lution in alkaline solution[J]. J. Appl. Electrochem. , 1996, 26(4):397~402.

[24] Chen B M, Guo Z C, Huang H, et al. Effect of the current density on electrodepositing alpha-lead dioxide coating on aluminum substrate[J]. Acta Metall. Sin. (Engl. Lett.), 2009, 22 (5):373~382.

[25] Alves VA, Da Silva LA, Boodts JFC. Surface characterisation of $IrO_2/TiO_2/CeO_2$ oxide elec-trodes and Faradaic impedance investigation of the oxygen evolution reaction from alkaline solu-tion[J]. Electrochimica Acta. , 1998, 44(8-9):1525~1534.

[26] Levie, D R. On porous electrodes in electrolyte solutions: I. Capacitance effects[J]. Electro-chimica Acta, 1963, 8(10):751~780.

[27] Casellato U, Cattarin S, Musiani M. Preparation of porous PbO_2 electrodes by electrochemical deposition of composites[J]. Electrochimica Acta, 2000, 48(27):3991~3998.

[28] Rashkov S T, Stefanov Y, Noncheva Z, et al. Investigation of the processes of obtaining plas-tictreatment and electrochemical behaviour of leadalloys in their capacity as anodes during the electro-extraction of zinc. II[J]. Electrochemical formation of phase layers on binary Pb-Ag and Pb-Ca, and ternary Pb-Ag-Ca alloys in a sulphuric-acid electrolyte for zinc electro-extraction [J]. Hydrometallurgy, 1996, 40(3):319~334.

[29] Yang H T, Liu H R, Zhang Y C, et al. Electrochemical behaviors of Pb-0.8% Ag rolled alloy anode during and after zinc electrowinning—CV investigations[J]. Advanced Materials Re-search, 2013, 746: 256~261.

[30] Petrova M, Noncheva Z, Dobrev Ts, et al. Investigation of the processes of obtaining plastic treatment and electrochemical behaviour of lead alloys in their capacity as anodes during the electro-extraction of zinc. I. Behaviour of Pb-Ag, Pb-Ca and Pb-Ag-Ca alloys[J]. Hydrometal-lurgy, 1996, 40(3):293~318.

[31] Dobrev T, Valchanova I, Stefanov Y, et al. Investigations of new anodic materials for zinc electrowinning[J]. T. I. Met. Finish. , 2009, 87: 136~140.

[32] Yamamoto Y, Fumino K, Ueda T, et al. A potentiodynamic study of the lead electrode in sulphuric acid solution[J]. Electrochimica Acta, 1972, 37(2):199~203.

[33] Tjandrawan V. The role of manganese in the electrowinning of copper and zinc[D]. Perth: Murdoch University, 2010.

[34] Mindt W. Electrical properties of electrodeposited PbO_2 films[J]. J. Electrochem. Soc., 1969, 116(8):1076~1080.

[35] Sharpe T F. Low-rate cathodic linear sweep voltammetry (LSV) studies on anodized lead[J]. Journal of the Electrochemical Society, 1975, 122(7):845~851.

[36] 陈国发. 重金属冶金学[M]. 北京: 冶金工业出版社, 2007.

[37] Shi Y H, Meng H M, Sun D B, et al. Effect of SbO_x + SnO_2 intermediate layer on the properties of Ti-based MnO_2 anode[J]. Acta Phys. -Chim. Sin., 2007, 23(10):1553~1559.

[38] Morita M, Iwakura C, Tamura H. The anodic characteristics of manganese dioxide electrodes prepared by thermal decomposition of manganese nitrate[J]. Electrochimica Acta, 1977, 22(4):325~328.

[39] Tamura H, Oda T, Nagayama M, et al. Acid-base dissociation of surface hydroxyl groups on manganese dioxide in aqueous solutions[J]. Journal of The Electrochem. Soc., 1989, 136(10):2782~2786.

[40] Ardizzone S, Trasatti S. Interfacial properties of oxides with technological impact in electrochemistry[J]. Adv. Colloid Interface., 1996, 64: 173~251.

[41] Rethinaraj J P, Visvanathan S. Anodes for the preparation of EMD and application of manganese dioxide coated anodes for electrochemicals[J]. Mater. Chem. Phys., 1991, 27(4):337~349.

[42] Cachet C, Rerolle C, Wiart R. Kinetics of Pb and Pb-Ag anodes for zinc electrowinning—II. Oxygen evolution at high polarization[J]. Electrochimica acta, 1991, 41(1):83~90.

[43] Rerolle C, Wiart R. Kinetics of oxygen evolution on Pb and Pb-Ag anodes during zinc electrowinning[J]. Electrochimica acta, 1996, 41(7):1063~1069.

[44] Adeva P, Caruana G, Aballe M, et al. The lead-rich corner of the Pb-Ca-Sn phase diagram[J]. Materials Science and Engineering, 1982, 54(2):229~236.

[45] Tsubakino H, Nozato R, Yamamoto A. Precipitation in Pb-0.04Ca-1.2Sn alloy[J]. Scripta Metallurgica et Materialia, 1992, 26(11):1681~1685.

[46] Hrussanova A, Mirkova L, Dobrev Ts, et al. Influence of temperature and current density on oxygen overpotential and corrosion rate of Pb-Co_3O_4, Pb-Ca-Sn and Pb-Sb anodes for copper electrowining: Part I[J]. Hydrometallurgy, 2004, 72(3-4):205~213.

[47] 袁学韬, 吕旭东, 华志强, 等. 电积铜用铅合金阳极腐蚀行为研究[J]. 湿法冶金, 2010, 29(1):20~23.

[48] Pavlov D, Poulieff C N, Klaja E, et al. Dependence of the composition of the anodic layer on the oxidation potential of lead in sulfuric acid[J]. Journal of the Electrochemical Society, 1969, 116(3):316~319.

[49] Hrussanova A, Mirkova L, Dobrev Ts. Influence of additives on the corrosion rate and oxygen overpotential of Pb-Co_3O_4, Pb-Ca-Sn and Pb-Sb anodes for copper electrowinning: Part II[J].

Hydrometallurgy, 2004, 72(3-4):215～224.

[50] 柳厚田，蔡文斌，周伟舫. 硫酸溶液中阳极 Pb(II)膜研究进展[J]. 电源技术, 1996, 20(6):256～260.

[51] 柳厚田，王群洲，万泳勤，等. 硫酸溶液中铅阳极膜研究的几个问题(二)[J]. 电化学, 1996, 2(2):123～126.

[52] Wei C, Rajeshwar K. In Situ characterization of lead corrosion layers by combined voltammetry, coulometry, and electrochemical quartz crystal microgravimetry[J]. Journal of the Electrochemical Society, 1993, 140(8):L128～L130.

[53] Ruetschi P. Ion selectivity and diffusion potentials in corrosion layers: Formula Films on Pb in Formula[J]. Journal of the Electrochemical Society, 1973, 120(3):331～336.

[54] 曹楚南，张鉴清. 电化学阻抗谱导论[M]. 北京：科学出版社, 2002.

4 铝基电极材料

4.1 概述

铝为活泼的轻金属，密度小（$2.7g/cm^3$），质轻、塑性好，易冲压、拉伸和加工，焊接性能好、强度高、易回收，是电和热的良导体。近年，以铝及铝合金为基体研发的各种电沉积技术飞速发展，如铝基电结晶锌、高耐腐蚀性能的镀镉或镉锡合金、为增强导电性的铜、银表面改性、高硬度和耐磨性的镀铬工艺、以改善焊接性为目的的电结晶锡、镍等。因其化学性质活泼，不耐酸、碱，表面极易生成致密的氧化薄膜，通过电镀技术对其表面进行改性的难度很大，主要原因有：（1）镀液的酸度及各组分都存在与之发生置换反应形成接触置换层，导致镀层粗糙、疏松；（2）由于氧化膜层的存在使镀层结合力极低甚至不能施镀；（3）过度析氢导致镀层起泡脱落、局部出现黑斑现象；（4）铝的膨胀系数与许多金属相差较大，环境温度发生变化时，内应力增大，导致镀层脱落等。有效的解决方法是对基体进行预处理，增加中间层以提高结合力、耐磨性和耐腐蚀性能。

因此，开发新型稳定的惰性阳极材料显示出重要的现实意义。

4.2 铝基前处理

基材机械处理（喷砂）→水洗→除油（Na_3PO_4 40g/L，Na_4SiO_4 10g/L，3min）→水洗→碱浸（NaOH 20g/L，Na_2CO_3 2g/L，60s）→水洗→酸浸（HF 10mL/L，HNO_3 250mL/L，90s）→水洗。

4.2.1 两步浸锌

浸锌液配方：氢氧化钠（NaOH）300g/L，氧化锌（ZnO）65g/L，酒石酸钾钠50g/L，三氯化铁（$FeCl_3$）1g/L，硝酸钠（$NaNO_3$）2g/L。

工艺流程：经前处理后的 Al 基材→水洗→一次浸锌（60s）→水洗→退锌（用质量浓度50%的 HNO_3 溶液）→二次浸锌（30s）；温度20～30℃。

4.2.2 预镀镍

镀镍液配方：硫酸镍70g/L，配合剂（柠檬酸钠）90g/L，H_3BO_3 5g/L，NaCl 10g/L，Na_2SO_4 40g/L，添加剂（明胶）0.45g/L。

工艺流程：两步浸 Zn 后的 Al 基材→水洗→闪镀镍；温度 $40 \sim 50℃$，电流密度：$1.5A/dm^2$，电镀时间：3min。

4.2.3 Al 基前处理镀层结合力测试

铝基前处理结果的宏观形貌如图 4-1 所示。喷砂后的铝基为银白色，浸锌层为灰色，镀镍层为米黄色，浸锌层和镀镍层表面都均匀致密。

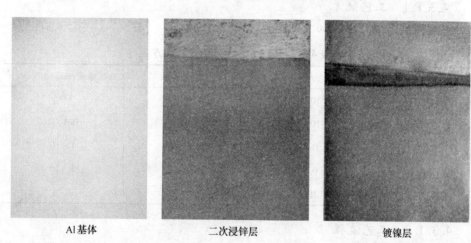

| Al 基体 | 二次浸锌层 | 镀镍层 |

图 4-1 Al 基体前处理工艺的宏观图

通过弯折、划痕、热震实验考察镀镍层与基体结合力的结果如图 4-2 所示。结果表明，镀层在弯折断口处并未出现起皮、脱落现象；热震实验后，镀镍表层

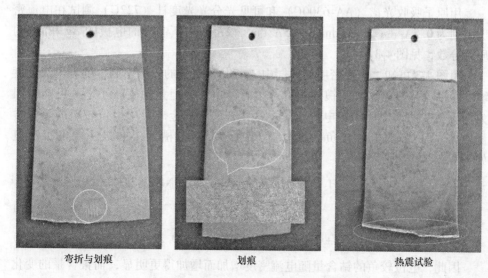

| 弯折与划痕 | 划痕 | 热震试验 |

图 4-2 镀镍层与基体结合力测试结果

未出现起泡、裂纹现象；镀层划痕处清晰，边缘未出现脱皮、剥落等现象，说明镀镍层与基体结合力良好。

4.3 锌电积用 Al/Pb-Ag-Co 阳极的制备及其性能研究

4.3.1 Al/Pb-Ag-Co 阳极的制备工艺研究

4.3.1.1 工艺配方

铝基体上电镀 Pb-Ag-Co 镀液的配方如表4-1所示。

表4-1 电镀 Pb-Ag-Co 镀液的配方

镀液成分	浓度/mL·L^{-1}	镀液成分	浓度/mL·L^{-1}
甲基磺酸铅	10 ~ 200	Op 乳化剂	1 ~ 5
甲基磺酸	10 ~ 200	明胶	0.1 ~ 2
硝酸银	0.1 ~ 2	氢氧化钠	1 ~ 10
硫酸钴	0.1 ~ 2	硫脲	1 ~ 10
柠檬酸三钠	10 ~ 60		

4.3.1.2 工艺流程

铝合金片→打磨抛光→碱浸蚀→蒸馏水水洗→酸洗→蒸馏水水洗→浸锌→蒸馏水水洗→酸洗→蒸馏水水洗→浸锌→蒸馏水水洗→镀铜→蒸馏水水洗→干燥。

4.3.1.3 电流密度的影响

A 镀层成分分析

用原子吸收光谱（AA-6300C）和可见光分光光度计（722G）测试在电流密度分别为 0.5A/dm^2，1A/dm^2，1.5A/dm^2，2A/dm^2 下制得的电极的 Ag 和 Co 的质量分数，见图4-3。

由图4-3可知，电流密度对镀层中 Ag 和 Co 成分的影响不同，随着电流密度增加，钴含量显著增加；镀层银的含量有所增加，但是幅度较小。这可能是因为电流密度的增加使阴极电位变负，这就有利于合金成分中电位较负的金属含量增加，而 Co 的电位较负。在电镀 Pb-Ag-Co 合金槽液中阴极主要电极反应如下[1]：

$$Ag[(NH_2)_2SC]_3^+ + e \Longrightarrow Ag + 3(NH_2)_2SC$$

$$E_{Ag[(NH_2)_2S]_3^+/Ag}^{\ominus} = 0.026V \tag{4-1}$$

$$Co^{2+} + 2e \Longrightarrow Co, \ E_{Co^{2+}/Co}^{\ominus} = -0.233V \tag{4-2}$$

因此，电位较负的钴含量随电流密度增加而增加得更明显，而银含量的变化几乎不明显。

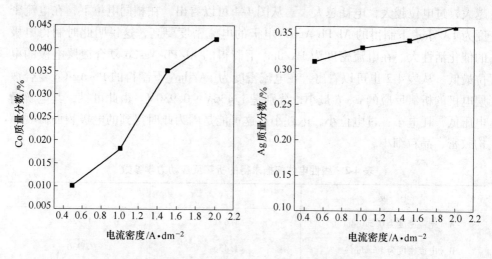

图 4-3 电流密度对镀层中 Ag 和 Co 的质量分数的影响

B 阳极极化曲线

图 4-4 表示不同电流密度下制得的 Al/Pb-Ag-Co 电极在 Zn^{2+} 50g/L, H_2SO_4 150g/L 溶液中（40℃）的阳极极化曲线。在三电极体系下做线性扫描伏安曲线分析，扫描范围是 1.4 ~ 2.6V，扫描速度是 10mV/s。

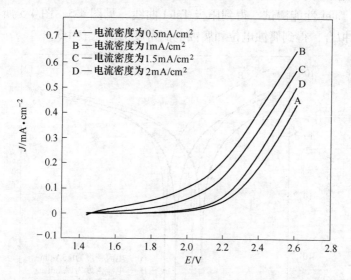

图 4-4 不同电流密度下制备的电极的阳极极化曲线

评价电催化阳极性能的主要参数之一是电催化活性。在满足同样阳极主反应速度下，消耗尽可能少的能耗，即阳极反应的析氧电位最低，这是作为理想阳极材料的条件。从电催化角度来看，a 越大，电解时槽电压越高，耗电量越大；b

越大，过电位越大，电耗越大[2]。从图4-4可以看出，在相同电位下，在电流密度为$1A/dm^2$下制得的Al/Pb-Ag-Co电极的电流密度要高，这说明此时制得电极的催化活性大。在电流密度为$1A/dm^2$下制得的Al/Pb-Ag-Co复合镀层电极的电位最低。从表4-2也可以看出，在电流密度为$1A/dm^2$下制得的Pb-Ag-Co复合镀层电极的析氧反应的a、b最小，分别是1.436V、0.930V。由此可见，其电解槽电压低，耗电小；过电位小，电耗小。这可能是因为此时得到的电极表面微观结构致密，晶粒细小。

表4-2　线性电位扫描求得的析氧反应动力学参数

电　极	a/V	b/V
A（电流密度为$0.5A/dm^2$）	1.691	1.728
B（电流密度为$1A/dm^2$）	1.436	0.930
C（电流密度为$1.5A/dm^2$）	1.569	1.023
D（电流密度为$2A/dm^2$）	1.617	1.458

C　Tafel 曲线分析

不同电流密度下制备得到的Al/Pb-Ag-Co电极，在Zn^{2+} 50g/L，H_2SO_4 150g/L溶液中进行Tafel性能测试，得到阳极Tafel曲线，见图4-5。图4-5所得Tafel曲线数据经过拟合，得到腐蚀电位和腐蚀电流密度的值见表4-3。

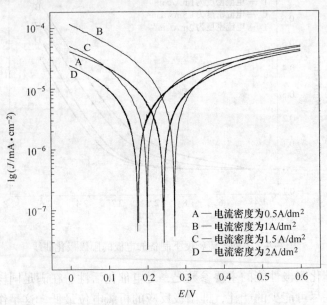

图4-5　不同电流密度下制备的电极的 Tafel 曲线

表 4-3 不同电流密度下制备的电极的腐蚀电位和腐蚀电流密度

电　极	腐蚀电位/V	腐蚀电流密度/A·dm^{-2}
A（电流密度为 0.5A/dm^2）	0.242	2.062×10^{-5}
B（电流密度为 1A/dm^2）	0.272	1.783×10^{-5}
C（电流密度为 1.5A/dm^2）	0.200	2.322×10^{-5}
D（电流密度为 2A/dm^2）	0.175	2.786×10^{-5}

从表 4-3 可知，在腐蚀电位变化不大的情况下，其腐蚀电流越小，耐蚀性能越好。在电流密度为 1A/dm^2 下制得的 Pb-Ag-Co 复合镀层电极的电流密度最小；当腐蚀电流密度变化不大的情况下，腐蚀电位越大，其镀层的耐蚀性能越好，在电流密度为 1A/dm^2 下制得的 Pb-Ag-Co 复合镀层电极的腐蚀电位最大，故此时其耐蚀性能最好。

D　表面微观组织分析

图 4-6 表示在不同电流密度下得到的 Pb-Ag-Co 复合镀层在锌电积 24h 后的表面形貌，电解液是 Zn^{2+} 50g/L，H$_2$SO$_4$ 150g/L。在 1A/dm^2 制得的镀层颗粒细小且分布均匀（图 4-6b）。在电流密度为 0.5A/dm^2 制得的镀层的颗粒也较小，但是其在相同时间下得到的镀层的厚度很薄（图 4-6a）。而在 1.5A/dm^2 制得的镀层的颗粒较大，且分布不均匀（图 4-6c）。在 2A/dm^2 制得的镀层颗粒分布不均匀，空洞较多（图 4-6d）。

E　腐蚀速率测试

表 4-4 是在不同电流密度下制得的复合镀层在电解液为 Zn^{2+} 50g/L、H$_2$SO$_4$ 150g/L 的条件下，进行锌电积实验 24h 后，经计算得到的腐蚀速率。

表 4-4 不同电流密度下制备的电极的腐蚀速率

电　极	腐蚀速率/mg·(h·cm^2)$^{-1}$	相对腐蚀速率/%
A（电流密度为 0.5A/dm^2）	0.329	100
B（电流密度为 1A/dm^2）	0.301	91.5
C（电流密度为 1.5A/dm^2）	0.286	86.9
D（电流密度为 2A/dm^2）	0.292	88.8

在极化状态下，影响阳极腐蚀速率的主要因素有[3~5]：实际电流密度，阳极材料的微观结构，电解液的组成。

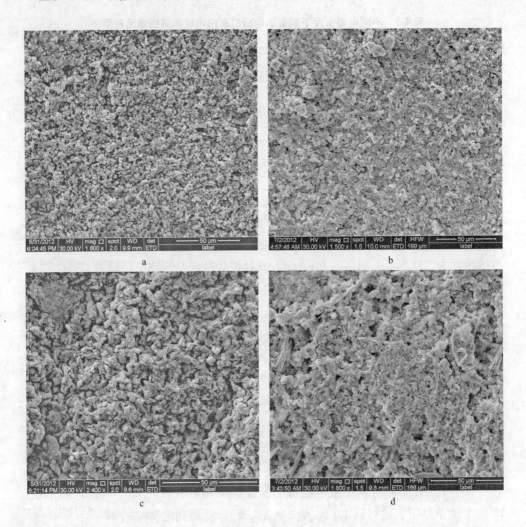

图 4-6   不同电流密度下制备的电极的表面微观组织

4.3.1.4   温度的影响

A   电极制备的镀液组成与工艺条件

a   镀液组成

80g/L 甲基磺酸铅，50g/L 甲基磺酸，60g/L 柠檬酸三钠，0.5g/L AgNO$_3$，0.5g/L CoSO$_4$，0.5g/L 明胶，10g/L 硫脲，pH 值为 1。

b   工艺条件

电流密度为 1A/dm^2，不搅拌，电镀时间为 24h。

在镀液温度分别为 30℃，40℃，50℃，60℃下制备得到不同的电极，分别标记为 A，B，C，D。

B 镀层成分分析

温度对复合镀层中 Ag 和 Co 含量的影响见图 4-7。从图中可以看出，当温度从 30℃逐渐升高到 60℃，镀层中银含量从 0.18% 增加到 0.45%，而钴含量从 0.01% 降低到 0.0155%。这主要是由于随着温度的变化，各金属的交换电流也改变，金属离子的扩散和迁移速度也发生变化。金属离子在阴极扩散层中的浓度直接影响镀层中的合金成分，温度升高，极化降低，将使电位较正的金属沉积得更多[6]。由于 $E^{\ominus}_{\mathrm{Ag[(NH_2)_2SC]_3^+/Ag}} = 0.026\mathrm{V}$ 大于 $E^{\ominus}_{\mathrm{Co^{2+}/Co}} = -0.233\mathrm{V}$，所以 Ag 在镀层中的含量随温度的升高增加的要比 Co 含量的增加多。而本实验对 Ag 含量的要求是在 0.3% 左右，所以温度控制在 40℃。

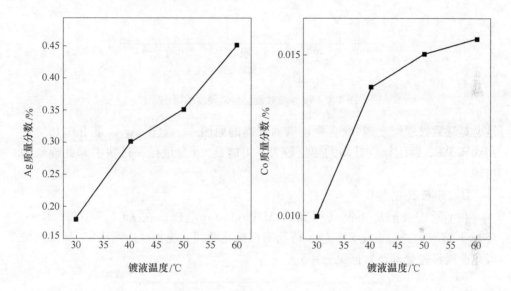

图 4-7 温度对复合镀层中 Ag 和 Co 含量的影响

C 镀层成分对硬度的影响

为了考察镀层成分对镀层硬度的影响，先在一定的工艺条件下制备出不同 Ag 含量的合金镀层，测其镀层硬度，得到镀层 Ag 含量与硬度的关系曲线如图 4-8 所示。

由图 4-8 可见，随着镀层 Ag 含量的升高，镀层硬度随之升高。当 Ag 含量为 0.45% 时硬度达到最大，约为 10.8HV。这可分两方面来解释：一方面根据位错理论，当负荷压在镀层上而进行位错运动时，遇到镀层中的结构缺陷会产生切割面和各种阻力。镀层中的结构缺陷越多，则对位错运动的阻力越大，位错线还可能产生弯曲而形成位错环，从而使镀层强化，位错环越多，强化效果越明显[7]。一般随 Ag 含量的提高，镀层中结构缺陷越多，镀层硬度也随之升高。另一方面，Ag 含量越大的镀层在沉积过程中析氢量越少，则溶入到镀层中的氢含量也减少，

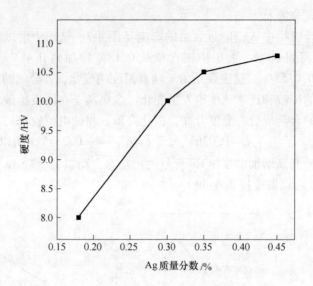

图 4-8 Ag 含量对镀层显微硬度的影响

这也是导致镀层硬度随 Ag 含量增大而提高的原因[8]。至于 Ag 含量由 0.18% 升高到 0.3%，镀层硬度升高的幅度较大，可能是 Co 含量提高过快引起此现象的出现。

D 阳极极化曲线

在不同镀液温度下制备得到的 Al/Pb-Ag-Co 电极，在 Zn^{2+} 50g/L，H_2SO_4 150g/L 溶液中进行极化 24h 后，得到阳极极化曲线，见图 4-9。图 4-9 所得阳极极化曲线经过处理，数据见表 4-5。

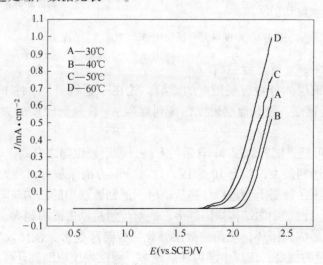

图 4-9 不同温度下制备的电极的阳极极化曲线

表4-5 线性电位扫描求得的析氧反应动力学参数

电极	a/V	b/V
A(温度30℃)	2.38	0.27
B(温度40℃)	2.38	0.20
C(温度50℃)	2.40	0.50
D(温度60℃)	2.34	0.55

从表4-5 也可以看出，在不同温度下制备得到的电极的比值相差不大，而在40℃下制得的 Pb-Ag-Co 复合镀层电极的析氧反应的 b 最小，是0.2V。由此可见，在40℃制得的电极能耗小，此时的温度最适合。

E Tafel 曲线

在不同温度下制备得到的 Al/Pb-Ag-Co 的电极，在 Zn^{2+} 50g/L，H_2SO_4 150g/L 的电解液条件下进行锌电积24h后，进行 Tafel 测试，得阳极 Tafel 曲线，见图4-10。图4-10 所得 Tafel 曲线经过数据拟合，得到腐蚀电位和腐蚀电流密度见表4-6。

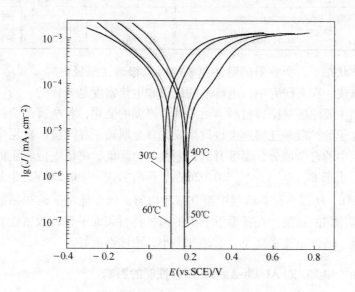

图4-10 不同温度所得复合镀层的 Tafel 图

表4-6 不同温度所得复合镀层的腐蚀电位和腐蚀电流密度

温度/℃	腐蚀电位/V	腐蚀电流密度/mA·cm^{-2}
30	0.076	4.752×10^{-4}
40	0.188	0.665×10^{-4}
50	0.173	1.231×10^{-4}
60	0.108	2.690×10^{-4}

从表 4-6 可知，在腐蚀电位变化不大的情况下，其腐蚀电流密度越小，腐蚀得越慢；当腐蚀电流密度变化不大的情况下，腐蚀电位越大，镀层的腐蚀越难，说明该电极热力学稳定性越好。在 40℃、50℃ 所得的复合镀层的腐蚀电位差不多大，且比 30℃、60℃ 所得的复合镀层的腐蚀电位要大，表明 40℃、50℃ 所得的复合镀层更难被腐蚀。但是 50℃ 所得的复合镀层的腐蚀电流密度比 40℃ 所得的复合镀层的腐蚀电流密度要大，说明 40℃ 所得的复合镀层腐蚀更难发生。综上所述，一方面，复合镀层的成分随温度的升高，Ag 含量会显著增加，有利于增强镀层的耐蚀性能；另一方面，温度升高复合镀层的表面形貌会很粗糙，导致耐蚀性能降低，而且温度太高会增加阳极制备的成本。因此选择在 40℃ 制备阳极比较好。

表 4-7 是在不同的温度下制得的复合镀层在 Zn^{2+} 50g/L、H_2SO_4 150g/L 的电解液条件下进行锌电积 24h 后，计算的复合镀层的腐蚀速率。

表 4-7   不同温度所得复合镀层的腐蚀速率

温度/℃	腐蚀速率/mg·(h·cm²)⁻¹	温度/℃	腐蚀速率/mg·(h·cm²)⁻¹
30	0.226	50	0.262
40	0.288	60	0.248

在极化状态下，影响阳极腐蚀速率的因素很多：阳极材料，实际电流密度，电解液的组成。在本研究中，电解液的组成和电流密度是一样的，所以影响阳极腐蚀速率的主要原因是阳极材料。由于随着温度的变化，各金属的交换电流也改变，金属离子的扩散和迁移速度也发生变化。金属离子在阴极扩散层中的浓度直接影响镀层中的合金成分，温度升高，电极电位降低，将使电位较正的金属沉积的更多[6]。由于 $E_{Ag[(NH_2)_2SC]_3^+/Ag}^{\ominus} = 0.026V$ 大于 $E_{Co^{2+}/Co}^{\ominus} = -0.233V$，但是由于电沉积时间是 24h，所以会使得镀层中银分布不均匀，而在低温下银和钴能够缓慢地沉积，得到均匀的镀层。在低温下制得的阳极材料表面平整，致密性好，使得其腐蚀电位高，腐蚀电流密度小，腐蚀速率小，耐蚀性能好。

4.3.2 Mn^{2+} 和 Cl^- 对 Al/Pb-Ag-Co 阳极性能的影响

4.3.2.1 Mn^{2+} 的影响

A   线性扫描曲线分析

Al/Pb-Ag-Co 在 Zn^{2+} 50g/L，H_2SO_4 150g/L，含不同浓度 Mn^{2+} 的电解液条件下进行锌电积 24h 后，实验使用武汉科斯特仪器有限公司电化学工作站（CS300），在三电极体系下做线性扫描伏安曲线分析。扫描范围是 0.8 ~ 2.3V，扫描速度是 10mV/s。得到的线性扫描曲线见图 4-11。曲线拟合获得析氧反应动力学参数见表 4-8。

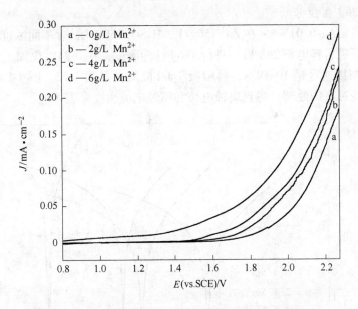

图 4-11　电解液中不同 Mn^{2+} 浓度对阳极极化曲线的影响

表 4-8　线性电位扫描求得的析氧反应动力学参数

不同 Mn^{2+} 浓度/g·L^{-1}	a/V	b/V
0	1.691	0.776
2	1.636	0.588
4	1.569	0.413
6	1.617	0.534

　　评价阳极性能的主要参数之一是电催化活性。在满足同样阳极主反应速度下，消耗尽可能少的能耗，即阳极反应的析氧电位最低，这是作为理想阳极材料的条件。从电催化角度来看，a 越大，电解时槽电压高，耗电量大；b 越大，过电位越大，电耗越大。从图 4-11 可以看出，在相同电位下，Pb-0.3% Ag-0.01% Co 复合镀层在电解液中添加 Mn^{2+} 的电流密度比不含 Mn^{2+} 的要高。这说明电解液中含有 Mn^{2+} 的条件下，在复合镀层上形成 MnO_2，这使得电极的催化活性增大。但是并不是 Mn^{2+} 越大越好，从图 4-11 可以看出，在相同电流密度时，含 4g/L Mn^{2+} 其析氧电位最低。从表 4-8 也可以看出，在电解液中含 4g/L Mn^{2+} 时，Pb-0.3% Ag-0.01% Co 复合镀层析氧反应的 a、b 最小，分别是 1.569V、0.413V，由此可见，其电解槽电压低，耗电小；过电位小，电耗小。这可能是因为电解液中的 Mn^{2+} 在 1.6V 开始氧化成 MnO_4^-，其马上和 Mn^{2+} 反应生成 Mn^{3+}，最终生成 MnO_2。锌电积完成后电极表面形成一层棕色的膜可以说明这一点[9,10]。

B　Tafel 曲线分析

Pb-0.3% Ag-0.01% Co 在 Zn^{2+} 50g/L，H_2SO_4 150g/L，含不同浓度 Mn^{2+} 的电解液条件下进行锌电积24h后，进行 Tafel 性能测试，在开路电位加上 ±0.4V 之间进行，扫描速度是10mV/s，得阳极 Tafel 曲线，见图4-12。图4-12 所得 Tafel 曲线数据经过特殊处理，得到腐蚀电位和腐蚀电流密度见表4-9。

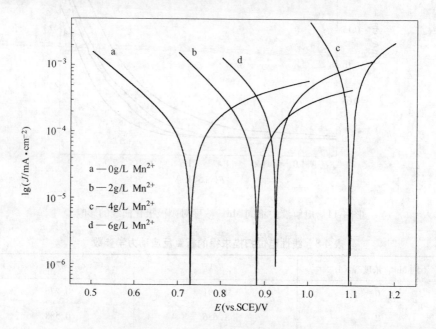

图 4-12　复合镀层在不同 Mn^{2+} 浓度的电解液下的 Tafel 图

表 4-9　复合镀层在不同 Mn^{2+} 浓度的电解液中的腐蚀电位和腐蚀电流密度

Mn^{2+} 浓度/g·L^{-1}	腐蚀电位/V	腐蚀电流密度/A·cm^{-2}
0	0.7298	0.0013
2	0.8818	0.0005
4	1.0968	0.0004
6	0.9248	0.0003

从表4-9和图4-12可知，在腐蚀电位变化不大的情况下，其腐蚀电流越小，耐蚀性能越好。电解液中不含 Mn^{2+} 时，复合镀层 Pb-0.3% Ag-0.01% Co 的腐蚀电流密度相对于其他的高很多，而电解液中含 Mn^{2+} 时的电流密度较小，说明阳极的自腐蚀速度较慢，也就是说电解液中添加一定的 Mn^{2+} 有助于改善其耐蚀性能。这可能是因为在 Pb-0.3% Ag-0.01% Co 复合镀层形成了 PbO_2-MnO_2 层，这提高了电极的耐蚀性能。但是电解液中的 Mn^{2+} 浓度不宜过高，因为电解液中含一定量的 Mn^{2+} 有助于改善其耐蚀性能，但是当其含量过高时会减小其电流效率[11]。

C 微观组织结构分析

Al/Pb-0.3%Ag-0.01%Co 在 Zn^{2+} 50g/L，H_2SO_4 150g/L，含不同浓度 Mn^{2+} 的电解液条件下进行锌电积 24h 后，用 FEI QUANTA 200 进行微观组织形貌的分析，见图 4-13。

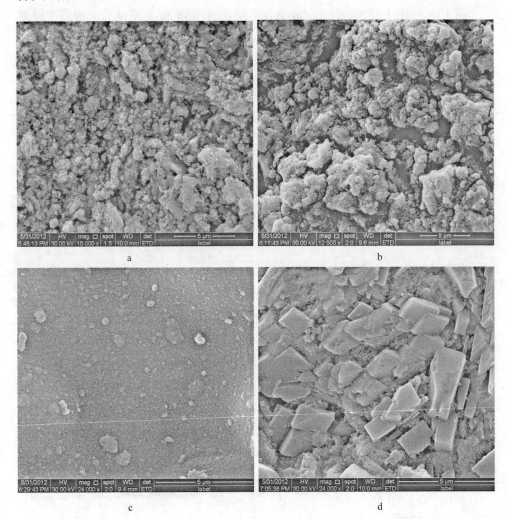

图 4-13　电解液中 Mn^{2+} 浓度对复合镀层表面微观组织的影响

a—0g/L Mn^{2+}；b—2g/L Mn^{2+}；c—4g/L Mn^{2+}；d—6g/L Mn^{2+}

图 4-13 表明，电解液中添加一定浓度的 Mn^{2+}，复合镀层的晶粒得到细化，而当浓度过高时电极表面仍然是 $PbSO_4$ 晶体，主要原因可能是添加一定量的 Mn^{2+} 后，在复合镀层表面形成 PbO_2-MnO_2 层，MnO_2 的形成使得镀层表面晶粒尺寸减小，达到晶粒细化的效果。而当 Mn^{2+} 的浓度较高时，在电极表面沉积的

MnO$_2$ 较多导致脱落，使得电极表面裸露出 PbSO$_4$ 晶体。张文生[11] 也指出 Mn^{2+} 浓度并不是越高越好，因为其较高时会降低其电流效率，所以要控制在一定的浓度。而从图 4-13c 可以看出，当 Mn^{2+} 的浓度为 4g/L 时，电极表面更致密。

D X-衍射分析

图 4-14 和图 4-15 是 Pb-Ag-Co 复合镀层在含不同 Mn^{2+} 浓度的电解液中得到的 X 射线衍射图谱。

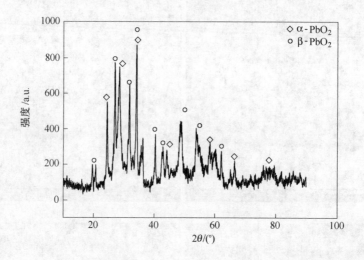

图 4-14 电解液中不含 Mn^{2+} 时复合镀层的 XRD 图谱

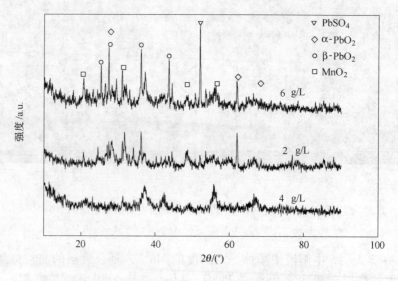

图 4-15 电解液不同 Mn^{2+} 时复合镀层的 XRD 图谱

从图 4-14 中可以看出，当电解液中不含 Mn^{2+} 时，其衍射峰最强，且没有

MnO_2 的衍射峰。由图 4-15 可知，电解液中含 4g/L 的 Mn^{2+} 时，其衍射峰最弱，分别在 $2\theta=21.5°$，$31.6°$，$48.8°$，$57.5°$ 出现 MnO_2 的衍射峰。在 Mn^{2+} 的浓度为 4g/L 时，会使阳极表面更容易生成一层玻璃态的沉积物，此沉积物是 β-PbO_2-MnO_2 的混合型氧化物[12]。由于电极表面有 $PbSO_4$，α-PbO_2，β-PbO_2，MnO_2 的存在，而氧在这三种物质上析出超电压各不相同。这四种物质在电极表面所占份额将影响电极电位[13]。从而改变镀层上产物的特性，使得电极在 Mn^{2+} 的浓度为 4g/L 时的电催化性能和耐蚀性能最好。

E 腐蚀速率测试

表 4-10 列出了电解液中含不同浓度的 Mn^{2+} 时复合镀层的腐蚀速率，从表中可以看出当 Mn^{2+} 浓度为 6g/L 时，复合镀层的腐蚀速率最小，大概是不含 Mn^{2+} 的 85.7%。

表 4-10 电解中含不同浓度的 Mn^{2+} 时复合镀层的腐蚀速率

Mn^{2+} 浓度/g·L^{-1}	腐蚀速率/mg·(h·cm^2)$^{-1}$	相对腐蚀速率/%
0	0.329	100
2	0.301	91.5
4	0.286	86.9
6	0.282	85.7

在极化状态下，影响阳极腐蚀速率的主要因素有：实际电流密度，阳极材料的微观结构，电解液的组成。在本研究中，阳极材料和电流密度是一样的。因此影响阳极腐蚀速率的主要原因是电解液的组成。而在 X 衍射分析中，可知 Mn^{2+} 浓度为 4g/L 时，复合镀层表面易形成玻璃态的 β-PbO_2-MnO_2 混合沉积物，复合镀层表面的在 SEM 分析中也知道，Mn^{2+} 浓度为 4g/L 时，复合镀层表面形成晶粒细小、致密的 PbO_2-MnO_2 混合沉积物。Mn^{2+} 浓度为 6g/L 时，$PbSO_4$ 的衍射峰最强，说明其表面 $PbSO_4$ 晶体较多，其自腐蚀速率慢。这说明电解液中含 Mn^{2+} 浓度越高耐蚀性能越好。

4.3.2.2 氯离子的影响

A Tafel 曲线和腐蚀速率测试

将制得的 Pb-0.3% Ag-0.01% Co 复合镀层在 Zn^{2+} 50g/L，H_2SO_4 150g/L，Mn^{2+} 浓度为 4g/L，Cl^- 浓度分别为 100mg/L、300mg/L、500mg/L 的电解液条件下进行锌电积24h后，测试其 Tafel 曲线，在开路电位加上 ±0.4V 之间进行，扫描速度是 10mV/s，用失重法测试其腐蚀速率。

阳极在不同 Cl^- 浓度的电解液中的 Tafel 曲线如图 4-16 所示。拟合得腐蚀电位及腐蚀电流见表 4-11。从图 4-16 和表 4-11 可以看出，随着 Cl^- 浓度的增加，其腐蚀电位降低，腐蚀电流密度增大。可见在 Cl^- 浓度为 100mg/L 时的耐蚀性能最好。那是因为，随着阳极的腐蚀，阳极中的 Ag 氧化为 Ag^+ 而进入电解液，而

Cl^- 的存在，与 Ag^+ 生成 AgCl 沉淀（$Ag^+ + Cl^- = AgCl$），加速了阳极的腐蚀。

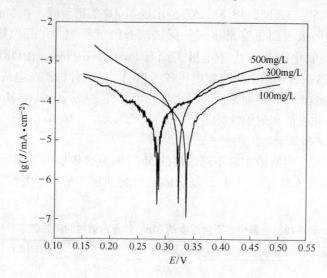

图 4-16 阳极在不同 Cl^- 浓度的电解液中极化后的 Tafel 图

表 4-11 阳极在不同 Cl^- 浓度的电解液中极化后的腐蚀电位和腐蚀电流密度

Cl^- 浓度/mg·L^{-1}	腐蚀电位/V	腐蚀电流密度/mA·cm^{-2}
100	0.341	3.779
300	0.325	6.902
500	0.285	7.205

阳极在不同 Cl^- 浓度的电解液中极化后的腐蚀速率见表 4-12。从表 4-12 可以看出，在有 Mn^{2+} 存在的条件下腐蚀速率比没有 Mn^{2+} 存在的条件下腐蚀速率要小，即耐蚀性能要好。并且在 Mn^{2+} 存在的条件下腐蚀速率随 Cl^- 浓度的增大而增大的幅度比在不含 Mn^{2+} 存在的条件下腐蚀速率随 Cl^- 浓度的增大而增大的幅度要小。

表 4-12 阳极在不同 Cl^- 浓度的电解液中极化后的腐蚀速率

Cl^- 浓度 /mg·L^{-1}	腐蚀速率/mg·(h·cm^2)$^{-1}$	
	Mn^{2+} (4g/L)	Mn^{2+} (0g/L)
100	0.255	0.366
300	0.292	0.578
500	0.386	0.846

B 微观组织结构分析

Al/Pb-Ag-Co 在 Zn^{2+} 50g/L，H_2SO_4 150g/L，Mn^{2+} 浓度为 4g/L，Cl^- 浓度分别为 100mg/L、300mg/L、500mg/L 的电解液条件下进行锌电积 24h 后，用 FEI

QUANTA200 进行微观组织形貌的分析，见图 4-17。

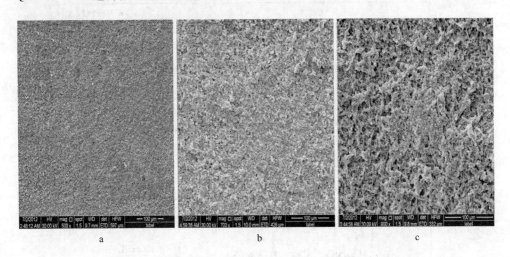

图 4-17　电解液中 Cl⁻ 浓度对复合镀层表面微观组织的影响

从图 4-17 可以看出，Cl⁻ 浓度为 100mg/L 时，复合镀层的晶粒得到细化，表面平整度提高，主要原因可能是添加一定量的 Mn^{2+} 后，在复合镀层表面形成 PbO_2-MnO_2 层，MnO_2 的形成使得镀层表面晶粒尺寸减小，达到晶粒细化的效果[14]。但是随着 Cl⁻ 浓度增大，阳极腐蚀得越来越严重，镀层表面的晶粒更粗大，致密性不好，导致腐蚀速率增大，耐蚀性能减小。原因可能是：当电解液中有 Mn^{2+} 存在时，可以控制 Cl⁻ 的危害，在阳极发生如下反应[15]：

$$Mn^{2+} + 2H_2O - 2e \Longrightarrow MnO_2 + 4H^+ \qquad (4-3)$$

生成的 MnO_2 黏附在阳极上，可以与溶液中的 Cl⁻ 发生如下反应：

$$MnO_2 + 4H^+ + 2Cl^- \Longrightarrow Mn^{2+} + Cl_2 + 2H_2O \qquad (4-4)$$

从而起到保护阳极的作用。但是当 Cl⁻ 浓度过高时，Mn^{2+} 的保护作用就不明显了。

C　XRD 分析

Al/Pb-Ag-Co 在 Zn^{2+} 50g/L，H_2SO_4 150g/L，Mn^{2+} 浓度为 4g/L，Cl⁻ 浓度分别为 100mg/L、300mg/L、500mg/L 的电解液条件下进行锌电积 24h 后，用 Rigaku TTRⅢ 对复合镀层进行 XRD 分析，结果见图 4-18。

从图 4-18 可以看出，电解液中的氯离子浓度虽然不同，但是电极极化后，镀层的晶相成分并未发生改变，均为 α-PbO_2，β-PbO_2，$PbSO_4$，MnO_2，表明氯离子浓度对电极的电化活性并不影响[16]。电解液中含 Mn^{2+} 的浓度为 4g/L，Cl⁻ 的浓度为 100mg/L 时，其衍射峰最弱，分别在 $2\theta = 28.549°$，$31.831°$，$35.582°$ 出现 MnO_2 的衍射峰。阳极表面生成一层沉积物，此时由于氯离子浓度比较

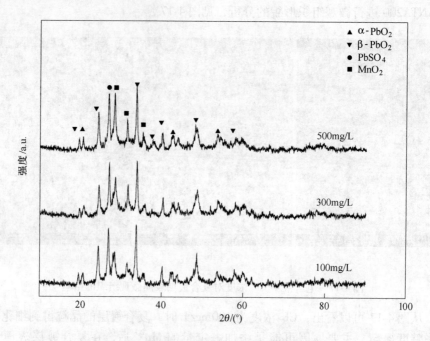

图 4-18　电解液中不同 Cl⁻ 浓度时复合镀层的 XRD 图谱

低，还没有严重破坏这层保护膜，随着氯离子浓度的升高，其与 MnO_2 反应，破坏了 β-PbO_2-MnO_2 保护层。这样使得镀层表面出现孔洞，晶粒也变得粗大，表层不致密，氯离子进一步与复合镀层的 Ag 和 Pb 反应，使得复合镀层的耐蚀性能减弱。

4.3.3　Al/Pb-Ag-Co 电极在锌电积中的应用

4.3.3.1　电化学性能研究

A　线性电位扫描

图 4-19 为 Al/Pb-0.3% Ag、Al/Pb-0.3% Ag-0.01% Co 和铸态的 Pb-0.3% Ag 三种阳极在温度为 40℃，电解液为 Zn^{2+} 50g/L，H_2SO_4 150g/L 条件下的线性扫描曲线，扫描范围是 1.3~2.3V，扫描速度是 10mV/s。图 4-20 为拟合得到的 E 与 $\lg J$ 之间的关系。表 4-13 为析氧反应动力学参数。

从图 4-20 可以看出，当电流密度相同的情况下，Al/Pb-0.3% Ag 电极的析氧电位比铸态的要低，Al/Pb-0.3% Ag-0.01% Co 电极的析氧电位最低。从表 4-13 可以看出 b 差不多都一样，2 号（1.642V）电极的析氧反应过电位和 3 号（1.637V）一样大，且都低于 1 号（1.651V）。a 越小，槽电压越小。这可能是因为 Ag 在复合镀层的分布比铸态中的银更加均匀。钴融进了铅颗粒中，取代了一部分铅原子，这样使得颗粒更加细化，增加了活性基团，加快了电化学传递步

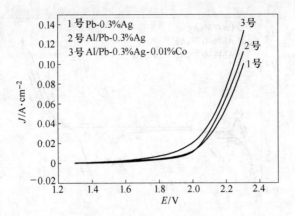

图 4-19 三种电极在 50g/L Zn^{2+}，150g/L H_2SO_4 电解液中的线性扫描曲线

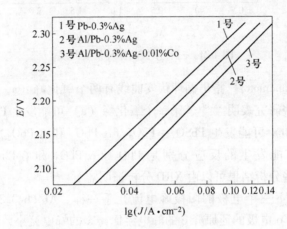

图 4-20 三种电极的 E 与 lg$J$ 之间的关系

骤，由此加快了析氧反应。

表 4-13 析氧反应动力学参数

电 极	a/V	b/V
1 号 Pb-0.3% Ag	1.651	0.355
2 号 Al/Pb-0.3% Ag	1.642	0.369
3 号 Al/Pb-0.3% Ag-0.01% Co	1.637	0.386

B 循环伏安曲线

图 4-21 为三种电极在温度为 40℃，Zn^{2+} 50g/L，H_2SO_4 150g/L 条件下，在三电极体系下，扫描范围是 -0.8 ~ 2.5V，扫描速度是 10mV/s，所得到的循环伏安曲线。

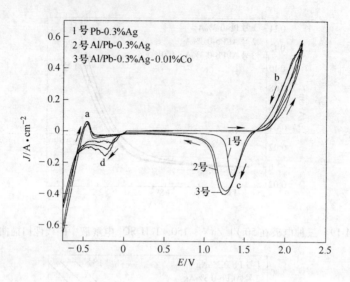

图 4-21 三种阳极的循环伏安曲线

Yoshifumi Yamamoto[17] 指出循环伏安曲线有两个氧化峰（a、b）和两个还原峰（c、d），一些研究表明[18,19]，第一个氧化峰（a）可能发生 Pb→PbSO₄ 反应，第二个氧化峰（b）可能发生 PbSO₄→PbO₂（α-PbO₂ 和 β-PbO₂）反应。两个还原峰（c，d）可能发生的反应分别是 PbO₂（α-PbO₂ 和 β-PbO₂）→PbSO₄ 和 PbSO₄→Pb。这些分析结果可以由 XRD 分析证明。

在相同电位下三个电极的阳极峰电流几乎一样。Al/Pb-0.3%Ag 和 Al/Pb-0.3%Ag-0.01%Co 电极的还原峰 c 的峰电流比铸态的峰电流小，Al/Pb-0.3%Ag-0.01%Co 电极的还原峰的峰电流最小。这可能是因为在不同的时候有不同的物相，复合镀层的 PbO₂ 层较薄。

C Tafel 曲线

将 Pb-0.3%Ag、Al/Pb-0.3%Ag、Al/Pb-0.3%Ag-0.01%Co 三种电极在温度 40℃，电解液为 Zn²⁺ 50g/L，H₂SO₄ 150g/L 条件下进行 Tafel 性能测试，得到 Tafel 曲线，见图 4-22。图 4-22 所得 Tafel 曲线数据经拟合，得到腐蚀电位和腐蚀电流密度见表 4-14。

表 4-14 不同阳极在极化后的腐蚀电位和腐蚀电流密度

电 极	腐蚀电位/V	腐蚀电流密度/A·cm⁻²
1 号 Pb-0.3%Ag	-0.625	0.477×10⁻⁴
2 号 Al/Pb-0.3%Ag	-0.522	0.234×10⁻⁴
3 号 Al/Pb-0.3%Ag-0.01%Co	-0.419	0.213×10⁻⁴

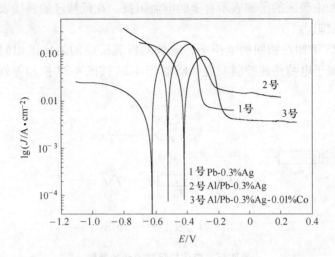

图 4-22 不同电极在 50g/L Zn^{2+}，150g/L H_2SO_4 溶液中的 Tafel 图

通常来说，合金的耐蚀性能随着腐蚀电位的上升而改善[20]。从表 4-14 可以看出 Pb-0.3% Ag 的复合镀层的腐蚀电位比铸态的 Pb-0.3% Ag 的腐蚀电位要小，并且 Pb-0.3% Ag-0.01% Co 复合镀层的腐蚀电位最小，但是腐蚀电流的大小顺序刚好相反。Al/Pb-0.3% Ag-0.01% Co 和 Al/Pb-0.3% Ag 的耐蚀性能比铸态的 Pb-0.3% Ag 要好。

D　电化学阻抗谱（EIS）测试

图 4-23 是阻抗谱的 Nyquist 图。依据 Stefanov Y[19] 的理论：所有合金电极 Nyquist 图在高频区有一个小的半圆，在中频区包含一个大的半圆，在低频区是一条斜线。高频区的小半圆与合金颗粒、合金粉末、电流元件之间的接触电阻有

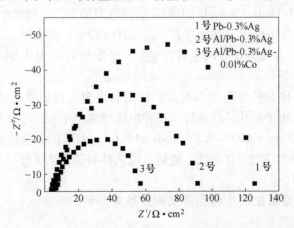

图 4-23　不同电极在 50g/L Zn^{2+}，150g/L H_2SO_4 溶液中测得的 Nyquist 图

关。在高频和中频区的半圆表示合金的电流阻抗，在低频区的斜线表示氢在合金电极中的分散阻力。

由图 4-23 可知在相同的电位下，电极的析氧反应的阻抗谱相似。在高频区测试的半圆属于电荷传递控制。表 4-15 是图 4-24 按图 4-23 拟和等效电路拟合得到的参数。

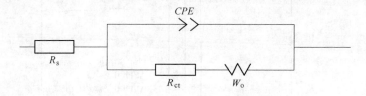

图 4-24　拟合等效电路图

表 4-15　电化学阻抗拟合的参数

电极	1 号	2 号	3 号
$R_s/\Omega \cdot cm^2$	2.2174×10^{-8}	2.2904×10^{-8}	0.1559
$R_{ct}/\Omega \cdot cm^2$	182.7	87	23.94
CPE-T/$\Omega^{-1} \cdot cm^{-2} \cdot S^n$	26065	4634	992650
n	0.62599	0.73129	0.80414
W-P/$\Omega \cdot cm^2$	1105	74.98	128.5
W-T	0.21443	0.00686	7.96×10^{-5}
W-R	0.8535	0.82253	0.79959

一些研究人员认为[21,22]，R_{ct} 也相当于 R_f，即电极的膜电阻。从表 4-15 可以看出 3 号电极 Al/Pb-0.3% Ag-0.01% Co 的膜电阻最小，这说明电极 Al/Pb-0.3% Ag-0.01% Co 的导电性优于其他两者。在元件（CPE）拟合时，无量纲参数 n 在 0.5~0.9 之间，表现出较好的电容性能，3 号阳极的 n 为 0.80414，比 2 号、1 号阳极电容性能好。

一般认为，电荷传递电阻和电荷扩散电容决定电极的催化活性[23]，曲率半径越小，表明电极的催化活性越好。三种电极的曲率半径大小顺序是：Pb-0.3% Ag > Al/Pb-0.3% Ag > Al/Pb-0.3% Ag-0.01% Co，铝基体上电镀铅银钴合金比铸态的铅银合金有更好的催化活性。也就是说这种制备方法更好，并且钴有利于改善电极的催化活性。

4.3.3.2　显微组织结构和强化腐蚀结果分析

A　显微组织分析

通过 EDAX 对镀层进行成分测试，图 4-25 是铝基体上镀铅银（a）和铅银钴

（b）的线扫描能谱图。从图中可以看出银和钴在镀层的分布较均匀。

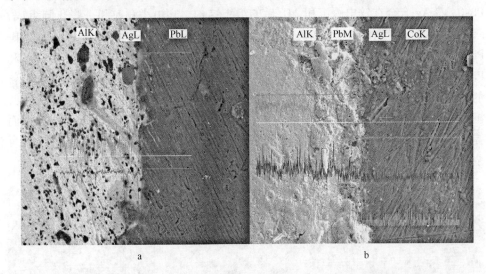

图 4-25　Al/Pb-Ag（a）和 Al/Pb-Ag-Co（b）的线扫描能谱图

　　图 4-26 所示为 1 号阳极、2 号阳极、3 号阳极的金相显微组织照片。从图 4-26 中可看出，1 号阳极的金相显微组织呈细小，腐蚀得比较均匀；2 号阳极的金相显微组织均匀，但是腐蚀比较严重；3 号阳极的显微组织细小均匀，腐蚀均匀且不严重。由二元合金中的铅银合金图可以知道，银在铅中虽然可以形成低熔共晶，但是在低温固态下为有限溶解。通过电沉积的方法可以将银均匀地沉积在复合镀层中，它们通过沉积硬化增强了阳极的强度，其本身无益于耐腐蚀性的提高。但是钴是一种硬度比较大的金属，阳极中加入钴有利于增强其强度和硬度，这样有利于改善阳极的耐腐蚀性。

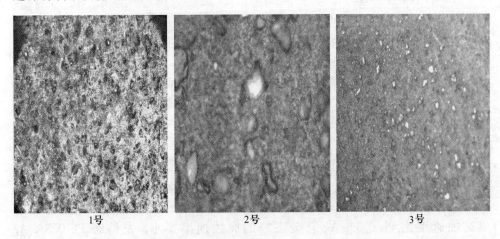

图 4-26　阳极极化前的金相图（1000×）

图 4-27 为三种电极的显微组织的界面图。从图 4-27 的 1 号可以看出铸态的 Pb-0.3% Ag 合金在锌电解沉积 24h 后的组织结构。它由小颗粒和一些孔洞组成，杂乱无章的锥体型的 $PbSO_4$ 占主要的部分，由于不稳定的阳极薄层，导致 β-PbO_2 几乎没有[24]。2 号和 3 号的扫描电镜形貌分别是复合镀层 Pb-0.3% Ag 和 Pb-0.3% Ag-0.01% Co 在锌电解沉积 24h 后的微观组织形貌。在铝基体表面制备的 Pb-0.3% Ag 沉积层晶粒形状接近于斜方四面体。当钴与 Pb-0.3% Ag 在发生共沉积后，使 Pb-0.3% Ag 的致密度增大，晶粒更细，有利于提高比表面积，从而提高其电化学性能。但是铝基体上电沉积得到的这两种电极相较于铸态的铅银合金电极，晶粒大小较均匀，晶粒轮廓清晰，微观组织结构较致密。

1号   2号   3号

图 4-27 三种电极的显微组织的界面图

B XRD 衍射分析

三种阳极极化后表面的 X 射线衍射图谱见图 4-28。从图 4-28 的 XRD 衍射分析可以看出出现的主要物相为 α-PbO_2、β-PbO_2 和 $PbSO_4$。铸态的 Pb-0.3% Ag 最强的 XRD 衍射峰是 2θ 为 28.633°，晶粒方向是 $PbSO_4$ 比其他两个的峰都强。并且三者最强的峰都不同，铸态的 Pb-0.3% Ag 最强的 XRD 衍射峰是 $PbSO_4$，复合镀层 Pb-0.3% Ag 和 Pb-0.3% Ag-0.01% Co 的衍射峰是 β-PbO_2（2θ = 32.007°）。这表明复合镀层的衍射峰发生了择优取向。

C 寿命强化实验

将制备得到的电极用作锌电积实验的阳极，进行锌电积实验 24h，电解液的组成是 Zn^{2+} 50g/L，H_2SO_4 150g/L。三种电极的腐蚀速率见表 4-16。从表 4-16 中也可以看出 Al/Pb-0.3% Ag-0.01% Co 电极以及 Al/Pb-0.3% Ag 电极用作阳极时其腐蚀速率比 Pb-0.3% Ag 合金阳极的腐蚀速率要小，是铸态 Pb-0.3% Ag 的 71.9%。

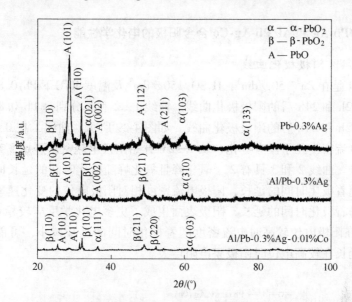

图 4-28 三种阳极极化后表面的 X 射线衍射图谱

表 4-16 三种电极的腐蚀速率

电 极	腐蚀速率/mg·(h·cm^2)$^{-1}$	相对腐蚀速率/%
1 号 Pb-0.3% Ag	0.249	100
2 号 Al/Pb-0.3% Ag	0.209	83.9
3 号 Al/Pb-0.3% Ag-0.01% Co	0.173	71.9

在极化状态下，影响阳极腐蚀速率的因素很多，主要包括：极化后阳极表面形貌和组成，阳极材料本身的组成和微观组织结构，电解液成分。上述三种电极的腐蚀速率所呈现的不同，从图 4-27 可以看出 2 号，3 号的微观结构更致密，在 3 号阳极中有 0.01% 的钴加入，使得晶粒更细小，孔洞更少。

4.4 Al 基 Pb-Ag 和 Pb-Ag-Co 合金阳极的制备及电化学性能研究

4.4.1 Al/Pb-Ag 和 Al/Pb-Ag-Co 合金阳极的制备

以镀镍后的 Al 片为阴极，单侧略小的纯铅板为阳极，直流电镀。

Al/Pb-Ag 和 Al/Pb-Ag-Co 复合阳极的制备工艺为：甲基磺酸铅 150～200 g/dm^3，甲基磺酸银 0.2～1g/dm^3，甲基磺酸钴 0～2g/dm^3，甲基磺酸 80～100 g/dm^3，添加剂 A 0～10g/dm^3，添加剂 B 80g/dm^3，添加剂 C 0.1～0.5g/dm^3，明胶 0.5g/dm^3，pH = 1，电流密度 1A/dm^2，施镀时间 12h，机械搅拌 480rad/min，温度 40℃。镀液温度在 20℃ 和 30℃ 时添加剂 A 会出现凝结现象，破坏镀液的稳定性。

4.4.2 Al/Pb-Ag 和 Al/Pb-Ag-Co 合金阳极的电化学性能

4.4.2.1 阳极极化曲线

图 4-29 是在 Zn^{2+} 50g/dm^3，H_2SO_4 150g/dm^3 及温度 40℃下 Pb-0.8% Ag 阳极极化 0h、12h 和 24h 后的阳极极化曲线。曲线 1，2 和 3 分别是 Pb-0.8% Ag 阳极极化 0h，12h 和 24h 后的阳极极化曲线。如图 4-29 所示，曲线 1 在 0~1.52V 范围内阳极电流密度几乎没有变化，从 1.52V 开始阳极电流密度开始上升随之以指数形式上升。曲线 2 和 3 具有 2 个氧化峰且氧化峰随极化时间的延长向负电位方向移动。随着极化时间的延长，阳极电流密度相对阳极电位的变化速率变小，可能是由于随着极化时间的延长，阳极表面生成了更多电化学反应较稳定的 $PbSO_4$ 和 PbO_2。在阳极电位较高时电流密度随着极化时间的延长减小，可能是随着极化时间的延长在较高电位时阳极膜电阻增大。

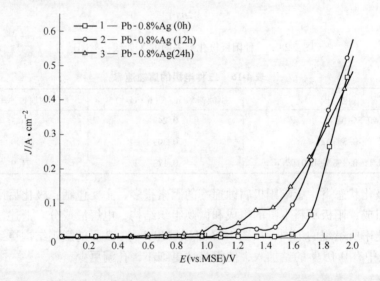

图 4-29 Pb-0.8% Ag 阳极极化 0h，12h 和 24h 后的阳极极化曲线

图 4-30 是图 4-29 的 Tafel 拟合曲线，如图 4-30 所示，曲线 1 是较低电流密度区域（$E < 1.75V$）的 Tafel 拟合斜线，曲线 2 是较高电流密度区域（$E > 1.75V$）的 Tafel 拟合斜线。表 4-17 是 Pb-0.8% Ag，Al/Pb-0.8% Ag 和 Al/Pb-0.75% Ag-0.03% Co 复合阳极极化 0h、12h 和 24h 后的析氧反应动力学参数。如表 4-17 所示，Pb-0.8% Ag 阳极随着极化时间的延长，在较低电流密度区域，a 先减小后增大，可能与阳极表面导电相（Pb、α-PbO_2 和 β-PbO_2）的含量有关。b 随极化时间的延长增大，可能与阳极膜的结构随着极化时间的延长阳极膜更有利于 O_2 的析出有关[25]。i^0 随极化时间的延长先增大后减小。在较高电流密度区域，a 和 b

随极化时间延长增大，i^0 随极化时间延长先增大后减小。

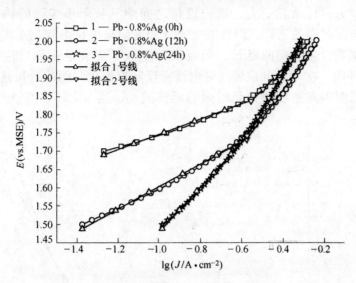

图 4-30 图 4-29 的 Tafel 拟合曲线

表 4-17 Pb-0.8%Ag、Al/Pb-0.8%Ag 和 Al/Pb-0.75%Ag-0.03%Co
阳极的析氧反应动力学参数

阳 极	拟合 1 号线		拟合 2 号线		电流密度/A·cm^{-2}	
	a	b	a	b	i_1^0	i_2^0
Pb-0.8% Ag(0h)	0.713	0.209	0.909	0.566	3.89×10^{-4}	2.45×10^{-2}
Pb-0.8% Ag(12h)	0.670	0.309	0.928	0.759	6.76×10^{-3}	6.02×10^{-2}
Pb-0.8% Ag(24h)	0.850	0.613	1.056	0.968	1.23×10^{-3}	4.07×10^{-2}
Al/Pb-0.8% Ag(0h)	0.798	0.195	0.898	0.293	8.13×10^{-5}	8.71×10^{-4}
Al/Pb-0.8% Ag(12h)	0.881	0.706	0.958	0.875	5.62×10^{-2}	8.13×10^{-2}
Al/Pb-0.8% Ag(24h)	1.195	1.004	1.168	1.098	6.46×10^{-2}	8.71×10^{-2}
Al/Pb-0.75% Ag-0.03% Co(0h)	0.709	0.232	0.904	0.357	8.71×10^{-4}	2.95×10^{-3}
Al/Pb-0.75% Ag-0.03% Co(12h)	0.585	0.268	0.726	0.893	6.61×10^{-3}	1.56×10^{-1}
Al/Pb-0.75% Ag-0.03% Co(24h)	0.592	0.426	0.701	0.865	5.25×10^{-2}	1.55×10^{-1}

图 4-31 是在 Zn^{2+} 50g/dm^3，H_2SO_4 150g/dm^3 及温度 40℃下 Al/Pb-0.8% Ag 复合阳极极化 0h、12h 和 24h 后的阳极极化曲线。如图 4-31 所示，曲线 1 在 0～1.6V 范围内阳极电流密度几乎没有变化，从 1.6V 开始阳极电流密度开始上升，

随之以指数形式上升。曲线 2 和 3 具有 2 个氧化峰且氧化峰随极化时间的延长向负电位方向移动且变大，随着极化时间的延长阳极表面的物相发生变化。随着极化时间的延长，阳极电流密度相对阳极电位的变化速率变小，可能是由于随着极化时间的延长，阳极表面生成了更多电化学反应较稳定的 $PbSO_4$ 和 PbO_2。在阳极电位较高时电流密度随着极化时间的延长减小，在阳极电位较低时电流密度随极化时间的延长减小，这与 Pb-0.8% Ag 阳极的结果相似。

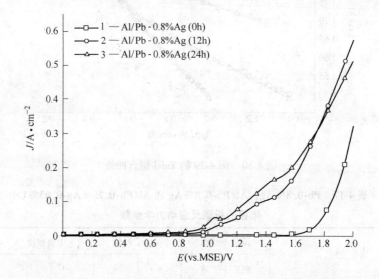

图 4-31 Al/Pb-0.8% Ag 复合阳极极化 0h、12h 和 24h 后的阳极极化曲线

图 4-32 是图 4-31 的 Tafel 拟合曲线。曲线 1 是较低电流密度区域的 Tafel 拟合斜线 ($E < 1.70V$)，曲线 2 是较高电流密度区域（$E > 1.70V$）的 Tafel 拟合斜线。表 4-17 是 Pb-0.8% Ag、Al/Pb-0.8% Ag 和 Al/Pb-0.75% Ag-0.03% Co 阳极极化 0h、12h 和 24h 后的析氧反应动力学参数。如表 4-17 所示，Al/Pb-0.8% Ag 复合阳极随着极化时间的延长，在较低电流密度区域，a 和 b 随极化时间的延长增大，i^0 随极化时间的延长先减小后增大；在较高电流密度区域，a 和 b 也随极化时间延长增大，i^0 随极化时间延长先增大。

图 4-33 是在 Zn^{2+} 50g/dm³、H_2SO_4 150g/dm³ 及温度 40℃ 下 Al/Pb-0.75% Ag-0.03% Co 合金阳极极化 0h、12h 和 24h 后的阳极极化曲线。如图 4-33 所示，曲线 1 在 0~1.6V 范围内阳极电流密度几乎没有变化，从 1.6V 开始阳极电流密度开始上升，随之以指数形式上升。曲线 2 和 3 具有 2 个氧化峰且氧化峰随极化时间的延长变大。随着极化时间的延长，阳极电流密度相对阳极电位的变化速率变小，可能是由于随着极化时间的延长，阳极表面生成了更多在该电极下电化学稳

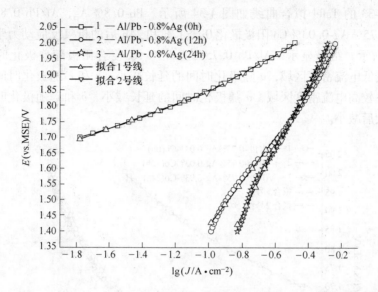

图 4-32   图 4-31 的 Tafel 拟合曲线

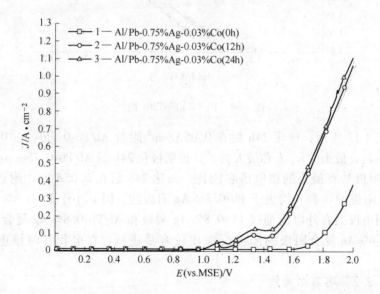

图 4-33   Al/Pb-0.75% Ag-0.03% Co 合金阳极极化 0h、12h 和 24h 后的阳极极化曲线

定的 PbO$_2$。曲线 3 相对曲线 2 变化不大，可能是由于 Al/Pb-0.75% Ag-0.03% Co 复合阳极在极化过程中更容易生成 PbO$_2$。在阳极电位较高时电流密度随着极化时间的延长减小，在阳极电位较低时电流密度随极化时间的延长减小，这与 Pb-0.8% Ag 和 Al/Pb-0.8% Ag 阳极的结果相似。

　　图 4-33 的 Tafel 拟合曲线如图 4-34 所示。Pb-0.8% Ag，Al/Pb-0.8% Ag 和 Al/Pb-0.75%Ag-0.03%Co 阳极极化 0h、12h 和 24h 后的析氧反应动力学参数如表 4-17 所示。结果显示，Al/Pb-0.75%-0.03% Ag 复合阳极随着极化时间的延长，在较低电流密度区域，a 随极化时间的延长减小，b 和 i^0 随极化时间的延长增大；在较高电流密度区域，a 随极化时间的延长减小，b 和 i^0 随极化时间的延长先增大后减小。

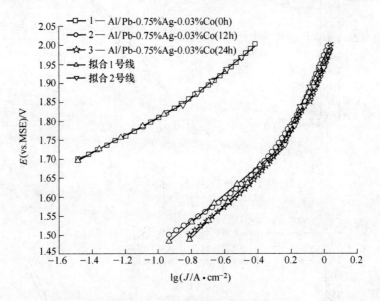

图 4-34　图 4-33 的 Tafel 曲线

　　如表 4-17 所示，极化 24h 后在 0.05A/cm² 附近 Al/Pb-0.75% Ag-0.03% Co 复合阳极具有最小的 a、b 和最大的 i^0，说明极化 24h 后 Al/Pb-0.75%Ag-0.03% Co 复合阳极具有最小的槽电压和能耗。极化 24h 后在 0.05A/cm² 附近 Al/Pb-0.8% Ag 阳极的 a 和 b 均大于 Pb-0.8% Ag 阳极的，但 i^0 小于 Pb-0.8% Ag 阳极的，说明电极当有外电流通过 Pb-0.8% Ag 阳极和 Al/Pb-0.8% Ag 复合阳极时，Al/Pb-0.8% Ag 复合阳极的阳极反应比较容易进行，在电积锌时该电极耗能较少。

4.4.2.2　塔菲尔曲线

　　图 4-35 是在 Zn^{2+} 50g/dm³，H_2SO_4 150g/dm³ 及温度 40℃下 Pb-0.8% Ag 阳极极化 0h、12h 和 24h 后的 Tafel 极化曲线。如图 4-35 所示，随着极化时间的延长，Pb-0.8% Ag 阳极腐蚀电位升高。

　　图 4-36 是在 Zn^{2+} 50g/dm³，H_2SO_4 150g/dm³ 及温度 40℃下 Al/Pb-0.8% Ag 复合阳极极化 0h、12h 和 24h 后的 Tafel 极化曲线。如图 4-36 所示，随着极化时间的延长，Al/Pb-0.8% Ag 复合阳极腐蚀电位升高。

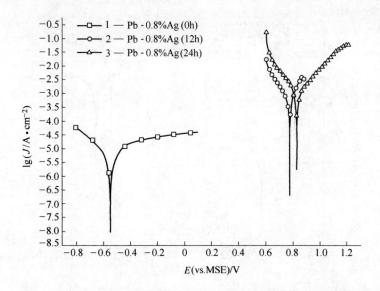

图 4-35　Pb-0.8% Ag 阳极极化 0h、12h 和 24h 后的 Tafel 曲线

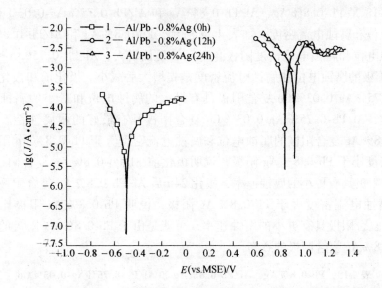

图 4-36　Al/Pb-0.8% Ag 复合阳极极化 0h、12h 和 24h 后的 Tafel 曲线

　　图 4-37 是在 Zn^{2+} 50g/dm^3，H_2SO_4 150g/dm^3 及温度 40℃ 下 Al/Pb-0.75% Ag-0.03% Co 复合阳极极化 0h、12h 和 24h 后的 Tafel 极化曲线。曲线 1、2 和 3 分别是 Al/Pb-0.75% Ag-0.03% Co 复合阳极极化 0h、12h 和 24h 后的 Tafel 极化曲线。如图 4-37 所示，随着极化时间的延长，Al/Pb-0.75% -0.03% Ag 复合阳极腐蚀电位升高。

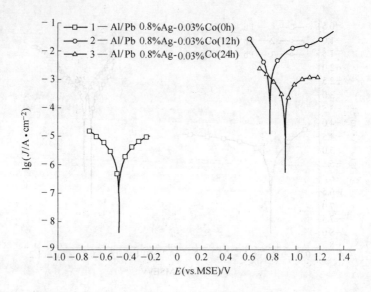

图4-37 Al/Pb-0.75%Ag-0.03%Co复合阳极极化0h、12h和24h后的Tafel曲线

表4-18是Pb-0.8%Ag，Al/Pb-0.8%Ag和Al/Pb-0.75%Ag-0.03%Co阳极的腐蚀电位和腐蚀电流密度。如表4-18所示，Pb-0.8%Ag和Al/Pb-0.8%Ag阳极的腐蚀电位和腐蚀电流密度随极化时间的延长增大，Al/Pb-0.75%Ag-0.03%Co复合阳极的腐蚀电位和腐蚀电流密度是先增大后减小。极化前和极化24h后Al/Pb-0.75%Ag-0.03%Co复合阳极具有最大的腐蚀电位和最小的腐蚀电流密度，因此，Al/Pb-0.75%Ag-0.03%Co复合阳极具有最好的耐腐蚀性。极化前Al/Pb-0.8%Ag复合阳极的腐蚀电位和腐蚀电流密度大于Pb-0.8%Ag阳极，腐蚀电流密度小于Pb-0.8%Ag阳极，说明极化前Al/Pb-0.8%Ag复合阳极比Pb-0.8%Ag阳极具有更小的腐蚀速率，极化24h后Al/Pb-0.8%Ag复合阳极的腐蚀电位和腐蚀电流密度大于Pb-0.8%Ag阳极，说明Pb-0.8%Ag阳极比Al/Pb-0.8%Ag复合阳极具有更小的腐蚀速率，可能是由于Pb-0.8%Ag阳极的结构比Al/Pb-0.8%Ag复合阳极的致密。

表4-18 Pb-0.8%Ag、Al/Pb-0.8%Ag和Al/Pb-0.75%Ag-0.03%Co
阳极的腐蚀电位和腐蚀电流密度

阳 极	腐蚀电位/V	腐蚀电流密度/A·cm^{-2}
Pb-0.8%Ag (0h)	-0.548	9.05×10^{-6}
Pb-0.8%Ag (12h)	0.776	1.05×10^{-3}
Pb-0.8%Ag (24h)	0.828	2.11×10^{-3}
Al/Pb-0.8%Ag (0h)	-0.499	6.21×10^{-6}

续表4-18

阳　极	腐蚀电位/V	腐蚀电流密度/A·cm^{-2}
Al/Pb-0.8% Ag（12h）	0.831	1.86×10^{-3}
Al/Pb-0.8% Ag（24h）	0.839	5.93×10^{-3}
Al/Pb-0.8% Ag-0.03% Co（0h）	-0.484	4.22×10^{-6}
Al/Pb-0.8% Ag-0.03% Co（12h）	0.778	2.25×10^{-3}
Al/Pb-0.8% Ag-0.03% Co（24h）	0.842	1.16×10^{-3}

4.4.2.3　循环伏安曲线

图 4-38 是在 Zn^{2+} 50g/dm^3，H_2SO_4 150g/dm^3 及温度40℃下 Pb-0.8% Ag 阳极极化 0h、12h 和 24h 后的循环伏安（CV）曲线。如图 4-38 所示，3 条曲线都具有一个氧化峰 a（Pb/PbSO$_4$），一个析氧峰 b（PbSO$_4$/β-PbO$_2$），两个还原峰 c（PbO$_2$/PbSO$_4$）和 d（PbSO$_4$/Pb）。随着极化时间的延长，氧化峰 a 变大且向正电位方向移动，析氧峰 b 先向负电位方向移动后略向正电位方向移动，当阳极电流密度在 0.05A/cm^2 附近正向扫描时电位相差不大，说明在阳极电流密度在 0.05A/cm^2 附近时随着极化时间的延长 Pb-0.8% Ag 阳极的极化区域减小。随着极化时间的延长，还原峰 c 和 d 明显向负电位方向移动，说明随着极化时间的延长 Pb-0.8% Ag 阳极的去极化电位区域增大。

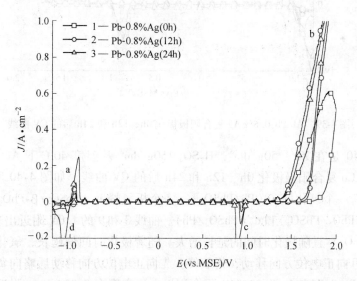

图 4-38　Pb-0.8% Ag 阳极极化 0h、12h 和 24h 后的 CV 曲线

图 4-39 是在 Zn^{2+} 50g/dm^3，H_2SO_4 150g/dm^3 及温度40℃下 Al/Pb-0.8% Ag 复合阳极极化 0h、12h 和 24h 后的 CV 曲线。如图 4-39 所示，3 条曲线都具有一

个氧化峰 a(Pb/PbSO₄),一个析氧峰 b(PbSO₄/β-PbO₂),两个还原峰 c(PbO₂/PbSO₄)和 d(PbSO₄/Pb)。随着极化时间的延长,曲线 4 和 5 的氧化峰 a 没有明显变化,曲线 4 的氧化峰 a 向正电位方向移动,随着极化时间的延长析氧峰 b 先向负电位方向移动后略向正电位方向移动,在阳极电流密度在 0.05A/cm² 附近时正向扫描时曲线 6 的电位小于曲线 5,说明在阳极电流密度在 0.05A/cm² 附近时随着极化时间的延长 Al/Pb-0.8% Ag 复合阳极的极化区域减小。随着极化时间的延长还原峰 c 和 d 明显向负电位方向移动,说明随着极化时间的延长 Al/Pb-0.8% Ag 复合阳极的去极化电位区域增大。

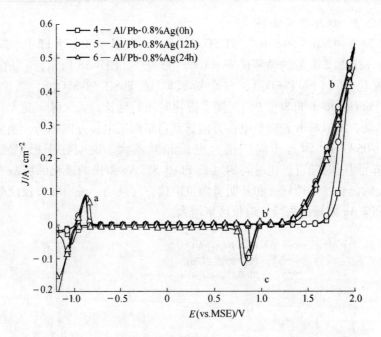

图 4-39   Al/Pb-0.8% Ag 复合阳极极化 0h、12h 和 24h 后的 CV 曲线

图 4-40 是在 Zn²⁺ 50g/dm³,H₂SO₄ 150g/dm³ 及温度 40℃ 下 Al/Pb-0.75% Ag-0.03% Co 复合阳极极化 0h、12h 和 24h 后的 CV 曲线。如图 4-40 所示,3 条曲线都具有一个氧化峰 a (Pb/PbSO₄),一个析氧峰 b (PbSO₄/β-PbO₂) 和两个还原峰 c (PbO₂/PbSO₄)和 d (PbSO₄/Pb)。曲线 8 和 9 的 1.0V 附近出现氧化峰 b (PbSO₄/PbO₂) 且随极化时间的延长增大。随着极化时间的延长,氧化峰 a 先变小后变大且向正电位方向移动,析氧峰 b 先向正电位方向移动后略向负电位方向移动,Al/Pb-0.75% Ag-0.03% Co 复合阳极电流密度在 0.05A/cm² 附近时随着极化时间的延长 Pb-0.8% Ag 阳极的极化区域先增大后减小且极化 24h 后最小。随着极化时间的延长还原峰 c 和 d 明显向负电位方向移动,说明随着极化时间的延长 Pb-0.8% Ag 阳极的去极化区域增大。

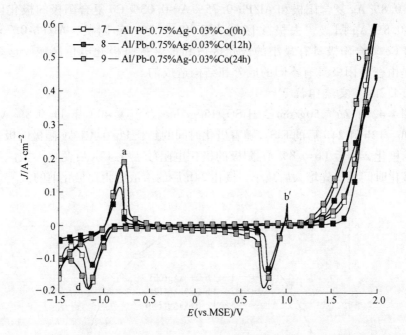

图 4-40 Al/Pb-0.75%Ag-0.03%Co 复合阳极极化 0h、12h 和 24h 后的 CV 曲线

图 4-41 是 Pb-0.8%Ag、Al/Pb-0.8%Ag 和 Al/Pb-0.75%Ag-0.03%Co 阳极极化 24h 后的 CV 曲线。如图 4-41 所示，阳极电流密度在 0.05A/cm² 附近时

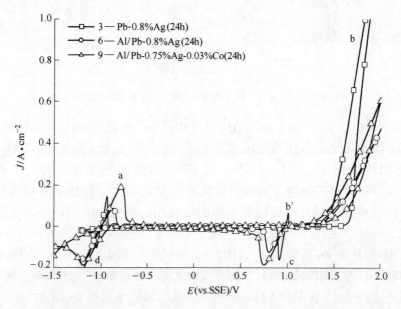

图 4-41 Pb-0.8%Ag、Al/Pb-0.8%Ag 和 Al/Pb-0.75%Ag-0.03%Co 阳极极化 24h 后的 CV 曲线

Al/Pb-0.8% Ag 复合阳极和 Al/Pb-0.75% Ag-0.03% Co 复合阳极的极化区域小于 Pb-0.8% Ag 阳极，去极化区域大于 Pb-0.8% Ag 阳极，Al/Pb-0.75% Ag-0.03% Co 复合阳极具有最小的极化区域和最大的去极化电位区域。这个结果可能是由三种阳极具有不同的成分和结构造成的。

4.4.2.4　交流阻抗

图 4-42 在 Zn^{2+} 50g/dm³，H_2SO_4 150g/dm³ 及温度 40℃ 下 Pb-0.8% Ag 阳极极化 0h、12h 和 24h 后的 EIS。随着极化时间的延长 Pb-0.8% Ag 阳极的极化电阻减小，极化 24h 后 Pb-0.8% Ag 阳极的极化电阻较极化 12h 后变化不大。溶液电阻随极化时间延长先增大后减小。极化 24h 后的溶液电阻比极化前的大。

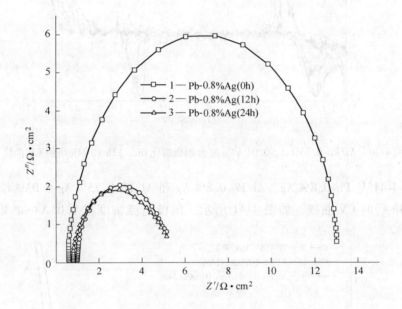

图 4-42　Pb-0.8% Ag 阳极极化 0h、12h 和 24h 后的 EIS

图 4-43 是在 Zn^{2+} 50g/dm³，H_2SO_4 150g/dm³ 及温度 40℃ 下 Al/Pb-0.8% Ag 复合阳极极化 0h、12h 和 24h 后的 EIS。曲线 4、5 和 6 分别是 Al/Pb-0.8% Ag 复合阳极极化 0h、12h 和 24h 后的 EIS。如图 4-43 所示，极化前和极化 12h 后 Al/Pb-0.8% Ag 复合阳极的极化电阻变化不大，极化 24h 后极化电阻最小，溶液电阻随极化时间延长先增大后减小。极化 24h 后的溶液电阻比极化前大。

图 4-44 是在 Zn^{2+} 50g/dm³，H_2SO_4 150g/dm³ 及温度 40℃ 下 Al/Pb-0.75% Ag-0.03% Co 复合阳极极化 0h、12h 和 24h 后的 EIS。如图 4-44 所示，随着极化时间的延长，Al/Pb-0.75% Ag-0.03% Co 阳极的极化电阻减小。溶液电阻随极化时间的延长变化不明显。

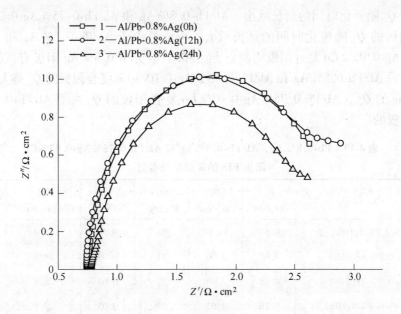

图 4-43　Al/Pb-0.8% Ag 复合阳极极化 0h、12h 和 24h 后的 EIS

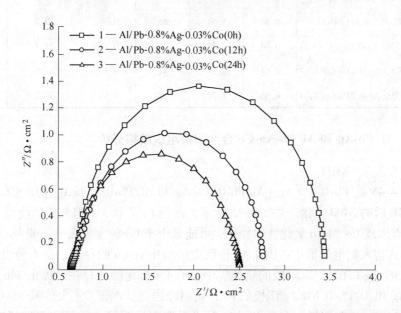

图 4-44　Al/Pb-0.75% Ag-0.03% Co 复合阳极极化 0h、12h 和 24h 后的 EIS

表 4-19 是 Pb-0.8% Ag，Al/Pb-0.8% Ag 和 Al/Pb-0.75% Ag-0.03% Co 阳极 EIS 的等效电路拟合参数。如表 4-19 所示，Pb-0.8% Ag，Al/Pb-0.8% Ag 和 Al/Pb-0.75% Ag-0.03% Co 阳极的 R_s 和 R_1 之和随极化时间的延长减小。Pb-0.8% Ag

阳极的 Q_{dl} 随极化时间的延长减小，Al/Pb-0.8% Ag 和 Al/Pb-0.75% Ag-0.03% Co 复合阳极的 Q_{dl} 随极化时间的延长增大。可能是由于 Al/Pb-0.8% Ag 和 Al/Pb-0.75% Ag-0.03% Co 复合阳极的制备方法和结构与 Pb-0.8% Ag 阳极有区别。极化 24h 后 Al/Pb-0.8% Ag 和 Al/Pb-0.75% Ag-0.03% Co 复合阳极的 Q_{dl} 都大于 Pb-0.8% Ag 的 Q_{dl}，Al/Pb-0.75% Ag-0.03% Co 复合阳极的 Q_{dl} 大于 Al/Pb-0.8% Ag 复合阳极的。

表 4-19 Pb-0.8%Ag，Al/Pb-0.8%Ag 和 Al/Pb-0.75%Ag-0.03%Co 阳极 EIS 的等效电路参数

阳 极	R_s /$\Omega \cdot cm^2$	R_f /$\Omega \cdot cm^2$	C_{dl} /$F \cdot cm^{-2}$	R_t /$\Omega \cdot cm^2$	Q_{dl} /$\Omega \cdot (s \cdot cm^2)^{-1}$	n
Pb-0.8% Ag(0h)	0.61	14.77	38	0.48	35.4	0.97
Pb-0.8% Ag(12h)	0.92	3.96	31	0.08	28.6	0.90
Pb-0.8% Ag(24h)	0.85	3.46	29	0.04	28.8	0.94
Al/Pb-0.8% Ag(0h)	0.76	1.92	19	0.05	19.1	0.94
Al/Pb-0.8% Ag(12h)	0.74	1.84	24	0.09	22.8	0.93
Al/Pb-0.8% Ag(24h)	0.88	1.64	45	0.06	39.7	0.87
Al/Pb-0.75% Ag-0.03% Co(0h)	0.64	2.73	29	0.14	23.7	0.83
Al/Pb-0.75% Ag-0.03% Co(12h)	0.64	2.14	42	0.10	32.5	0.80
Al/Pb-0.75% Ag-0.03% Co(24h)	0.65	1.70	38	0.06	34.7	0.86

4.4.3 Al/Pb-Ag 和 Al/Pb-Ag-Co 合金阳极组织结构分析

4.4.3.1 XRD

图 4-45 是 Pb-0.8% Ag，Al/Pb-0.8% Ag 和 Al/Pb-0.75% Ag-0.03% Co 阳极极化 24h 后的 XRD 图谱。如图 4-45 所示，曲线 1，2 和 3 具有相似的物相。曲线 3 并没有出现 Co 和 Co 氧化物的物相，可能是由于 Co 的含量太少，或者 Co 以离子的形式溶入到电解液中。图 4-45 证明电解液中有 Co 的存在，但不能说明 Al/Pb-0.75% Ag-0.03% Co 阳极的氧化膜中没有 Co 氧化物的存在。极化 24h 后 Pb-0.8% Ag 和 Al/Pb-0.8% Ag 阳极的 XRD 衍射峰强度基本相差不大。Al/Pb-0.75% Ag-0.03% Co 复合阳极各种物相的衍射峰强度都增强了，这可能是取样时造成的。但是较高的两个 Pb 衍射峰的相对强度与 Pb-0.8% Ag 和 Al/Pb-0.8% Ag 阳极不一样，可能是 Co 可以促进 Pb 晶体的结晶度更好。

4.4.3.2 SEM

图 4-46 是 Al/Pb-Ag-Co 和 Al/Pb-Ag 复合阳极的 MnO_2-PbO_2 层和 $PbSO_4$-PbO_2

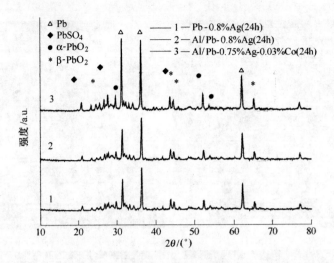

图 4-45　Pb-0.8% Ag, Al/Pb-0.8% Ag 和 Al/Pb-0.75% Ag-0.03% Co
阳极极化 24h 后的 XRD 图谱

层的 SEM 图。如图 4-46a、d 所示，Al/Pb-Ag-Co 和 Al/Pb-Ag 复合阳极极化 24h
后，表面氧化膜主要是由上层的 MnO_2-PbO_2 层和下层的 $PbSO_4$-PbO_2 层组成。如
图 4-46c 所示，Al/Pb-Ag-Co 复合阳极的 MnO_2-PbO_2 层主要是由针状的球形晶体
组成，$PbSO_4$-PbO_2 层主要是由均匀的、无序的 $PbSO_4$ 晶体组成（图 4-46b）。如
图 4-46f 所示，Al/Pb-Ag 复合阳极 MnO_2-PbO_2 层主要是由枝状的晶体组成的，
$PbSO_4$-PbO_2 层主要是由有序的 $PbSO_4$ 晶体组成的（图 4-46f）。

　　图 4-47 是 Al/Pb-Ag 和 Al/Pb-Ag-Co 复合阳极极化前的 SEM 图。如图 4-47b
所示，Al/Pb-Ag-Co 复合阳极的晶体结构致密，夹杂球形的微晶，这种微晶可能
是 Ag。Al/Pb-Ag 阳极的晶体（图 4-47a）略大于 Al/Pb-Ag-Co 复合阳极是由于
Co 的掺杂具有细化晶粒的作用。如图 4-47c、d 所示，Al/Pb-Ag-Co 复合阳极的
晶粒尺寸小于 Al/Pb-Ag 复合阳极。Al/Pb-Ag-Co 复合阳极的 Ag 晶粒是球形的且
附着在 Al/Pb-Ag-Co 阳极表面。Al/Pb-Ag 复合阳极的 Ag 晶粒是椭球形的，被铅
覆盖在 Al/Pb-Ag 复合阳极表面。

　　如图 4-47a、b 所示，Al/Pb-Ag-Co 复合阳极的晶粒尺寸小于 Al/Pb-Ag 阳极。
因此，Al/Pb-Ag-Co 复合阳极的晶体具有较小的形核能，耐腐蚀性较高。如图
4-47e 所示，Al/Pb-Ag 复合阳极截面的 SEM 清楚地显示铝基体与镍过渡层之间，
镍过渡层与 Pb-Ag 复合镀层之间结合紧密，图 4-47f 的线扫描显示 Ag 在 Pb-Ag 复
合镀层中分布均匀，铝基体与镍过渡层之间，镍过渡层与 Pb-Ag 复合镀层之间有
明显的合金相互渗透现象，可能是由于铝基体与镍过渡层之间，镍过渡层与 Pb-
Ag 复合镀层之间分别在电沉积过程中发生了冶金过程，说明铝基体与镍过渡层
之间，镍过渡层与 Pb-Ag 复合镀层之间结合紧密。

图 4-46　Al/Pb-Ag-Co(a,b,c)和 Al/Pb-Ag(d,e,f)复合阳极极化 24h 后的 SEM 图

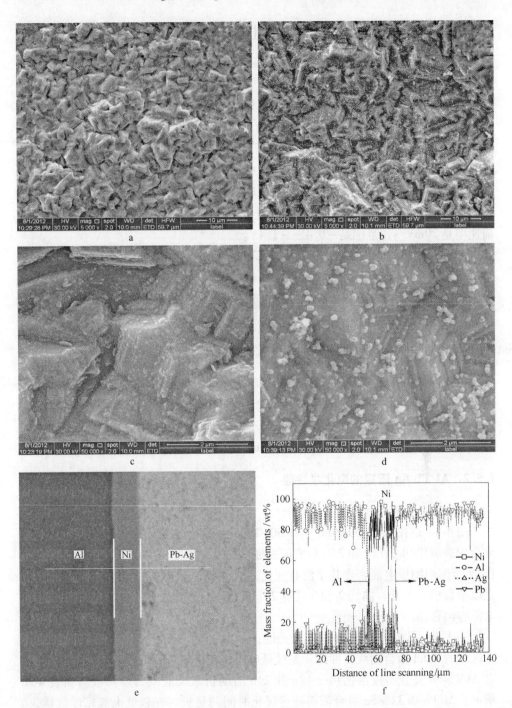

图 4-47　Al/Pb-Ag(a,c,e)和 Al/Pb-Ag-Co(b,d)复合阳极镀态表面的 SEM 图和
Al/Pb-Ag 复合阳极截面的 SEM 图及线扫描 （f）

4.5 Al/Pb-Sn 合金阳极的制备及电化学性能

将经过预处理的 40mm×30mm×4mm 铝板镀镍作过渡层，然后将其作为阴极，采用直流电沉积技术在过渡层上电沉积 Pb-Sn 复合镀层。并通过极化 0h、12h 和 24h 后的阳极极化曲线、Tafel 曲线、CV 和 EIS 分析了不同 Sn 含量的 Al/Pb-Sn 复合阳极在铜电积过程中的阳极行为的影响。

Pb，Sn 和 Pb-Sn 的阴极极化曲线分别是在溶液 200g/dm³ Pb(CH₃SO₃)₂，120mL/dm³ HCH₃SO，3g/dm³ Sn(CH₃SO₃)₂，120mL/dm³ HCH₃SO₃ 和 200g/dm³ Pb(CH₃SO₃)₂，3g/dm³ Sn，120mL/dm³ HCH₃SO₃Sn(CH₃SO₃)₂ 中得到。对电极是高纯石墨电极，参比电极是硫酸亚汞电极，工作电极是镀镍后的铝片。测试扫描速率是 20mV/s，范围是 -0.4 ~ -1.4V。

阳极极化曲线、Tafel 曲线、CV 和 EIS 的测试电解液组成为：Cu²⁺ 50g/dm³，H₂SO₄ 200g/dm³。阳极极化曲线、Tafel 曲线和 CV 曲线的测试速率为 30mV/s。EIS 的测试范围是 0.01 ~ 10kHz，铜电积阳极 EIS 的测试电位是相对 MSE 电极 1.4V。

4.5.1 Al/Pb-Sn 阳极的制备

以镀镍后的 Al 片为阴极，单侧略小的 Pb-Sn 合金板为阳极，直流电镀。

Al/Pb-Sn 阳极的制备工艺为：80 ~ 120mL/dm³ HCH₃SO₃，150 ~ 200g/dm³ Pb(CH₃SO₃)₂，2 ~ 50g/dm³ Sn²⁺，2 ~ 5g/dm³ C₄O₆H₄KNa，添加剂 0.5 ~ 5g/dm³，pH=1~1.5，电流密度 3A/dm²，施镀时间 12h，机械搅拌 480rad/min，温度 30℃。

4.5.2 Al/Pb-Sn 阳极的电化学性能

4.5.2.1 阳极极化曲线

图 4-48 是在 Cu²⁺ 50g/dm³，H₂SO₄ 200g/dm³ 及温度 40℃下 Al/Pb-0.32% Sn 复合阳极极化 0h、12h 和 24h 后的阳极极化曲线。如图 4-48 所示，曲线 1 在 0 ~ 1.6V 范围内阳极电流密度几乎没有变化，从 1.6V 开始阳极电流密度开始上升随之以指数形式上升。曲线 2 和 3 具有 2 个氧化峰且氧化峰随极化时间的延长向负电位方向移动。

图 4-49 是图 4-48 的 Tafel 拟合曲线，如图 4-49 所示，曲线 1 是较低电流密度区域的 Tafel 拟合斜线，曲线 2 是较低电流密度区域的 Tafel 拟合斜线。表 4-20 是 Al/Pb-Sn 复合阳极极化 0h、12h 和 24h 后的析氧反应动力学参数。如表 4-20 所示，Al/Pb-0.32% Sn 复合阳极随着极化时间的延长，在较低电流密度区域，a 和 i^0 随极化时间的延长增大，b 先减小后增大；在较高电流密度区域 a、b 和 i^0 随极化时间延长增大。

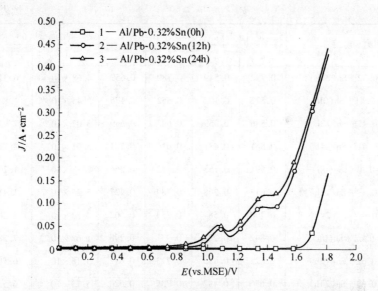

图 4-48 Al/Pb-0.32%Sn 复合阳极极化 0h、12h 和 24h 后的阳极极化曲线

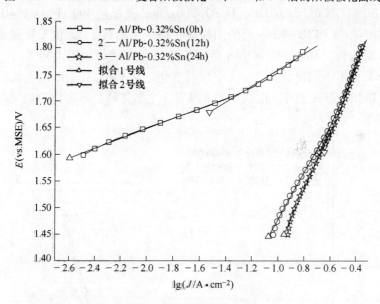

图 4-49 图 4-48 的 Tafel 曲线

表 4-20 **Al/Pb-Sn 复合阳极的析氧反应动力学参数**

阳　极	拟合 1 号线		拟合 2 号线		电流密度/A·cm^{-2}	
	a	b	a	b	1	2
Al/Pb-0.32%Sn(0h)	0.594	0.093	0.670	0.152	4.07×10^{-7}	3.89×10^{-5}
Al/Pb-0.32%Sn(12h)	0.676	0.440	0.776	0.606	2.88×10^{-2}	5.25×10^{-2}

续表 4-20

阳　极	拟合 1 号线		拟合 2 号线		电流密度/A·cm^{-2}	
	a	b	a	b	1	2
Al/Pb-0.32%Sn(24h)	0.732	0.549	0.789	0.659	4.68×10^{-2}	6.31×10^{-2}
Al/Pb-0.41%Sn(0h)	0.572	0.102	0.652	0.175	2.45×10^{-6}	1.86×10^{-4}
Al/Pb-0.41%Sn(12h)	0.546	0.359	0.623	0.549	3.02×10^{-2}	7.41×10^{-2}
Al/Pb-0.41%Sn(24h)	0.561	0.431	0.616	0.581	5.01×10^{-2}	8.71×10^{-2}
Al/Pb-0.49%Sn(0h)	0.591	0.153	0.772	0.264	1.38×10^{-4}	1.20×10^{-3}
Al/Pb-0.49%Sn(12h)	0.613	0.268	0.789	0.427	5.25×10^{-3}	1.41×10^{-2}
Al/Pb-0.49%Sn(24h)	0.790	0.581	0.833	0.662	4.37×10^{-2}	5.50×10^{-2}
Al/Pb-0.62%Sn(0h)	0.842	0.222	0.931	0.298	1.62×10^{-4}	7.58×10^{-4}
Al/Pb-0.62%Sn(12h)	0.622	0.415	0.713	0.612	3.16×10^{-2}	6.76×10^{-2}
Al/Pb-0.62%Sn(24h)	0.636	0.492	0.735	0.620	5.13×10^{-2}	6.53×10^{-2}

图 4-50 是在 Cu^{2+} 50g/dm^3，H_2SO_4 200g/dm^3 及温度 40℃下 Al/Pb-0.41%Sn 复合阳极极化 0h、12h 和 24h 后的阳极极化曲线。曲线 1、2 和 3 分别是 Al/Pb-0.41%Sn 阳极极化 0h、12h 和 24h 后的阳极极化曲线。如图 4-50 所示，曲线 1 在 0~1.6V 范围内阳极电流密度几乎没有变化，从 1.6V 开始阳极电流密度开始上升随之以指数形式上升。曲线 2 和 3 具有 2 个氧化峰且峰电位随极化时间的延长负向移动。

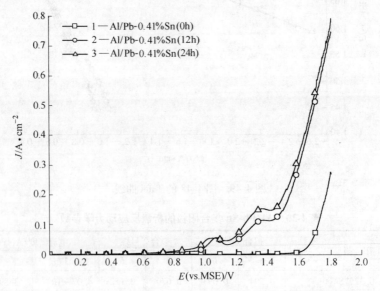

图 4-50　Al/Pb-0.41%Sn 复合阳极极化 0h、12h 和 24h 后的阳极极化曲线

图 4-51 是图 4-50 的 Tafel 拟合曲线，如图 4-51 所示，曲线 1 是 Al/Pb-0.41%Sn 复合阳极极化 0h 时较低电流密度区域的 Tafel 拟合斜线，曲线 2 是 Al/Pb-0.41%Sn 复合阳极极化 12h 时较低电流密度区域的 Tafel 拟合斜线。如表 4-20 所示，Al/Pb-0.41%Sn 复合阳极随着极化时间的延长，在较低电流密度区域，a 先减小后增大，b 和 i^0 随极化时间的延长增大；在较高电流密度区域，a 随极化时间的延长减小，b 和 i^0 随极化时间延长增大。

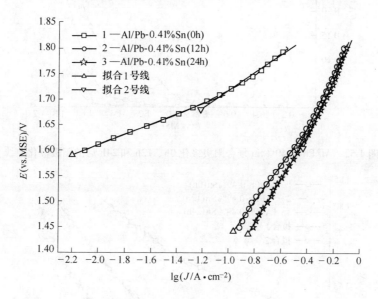

图 4-51　图 4-50 的 Tafel 拟合曲线

图 4-52 为在 Cu^{2+} 50g/dm^3，H_2SO_4 200g/dm^3 及温度 40℃下 Al/Pb-0.49%Sn 复合阳极极化 0h、12h 和 24h 后的阳极极化曲线。曲线 1、2 和 3 分别是 Al/Pb-0.49Sn 阳极极化 0h、12h 和 24h 后的阳极极化曲线。如图 4-52 所示，曲线 1 在 0～1.6V 范围内阳极电流密度几乎没有变化，从 1.6V 开始阳极电流密度开始上升，随之以指数形式上升。曲线 2 和 3 具有 2 个氧化峰且峰电位随极化时间的延长负向移动。

图 4-53 为图 4-52 的 Tafel 拟合曲线，如图 4-53 所示，曲线 1 是 Al/Pb-0.49%Sn 复合阳极极化 0h 时较低电流密度区域的 Tafel 拟合斜线，曲线 2 是 Al/Pb-0.49%Sn 复合阳极极化 12h 时较低电流密度区域的 Tafel 拟合斜线。如表 4-20 所示，Al/Pb-0.49%Sn 复合阳极随着极化时间的延长，在较低电流密度区域 a、b 和 i^0 随极化时间的延长增大。在较高电流密度区域 a、b 和 i^0 随极化时间延长增大。

图 4-54 是在 Cu^{2+} 50g/dm^3，H_2SO_4 200g/dm^3 及温度 40℃下 Al/Pb-0.62%Sn 复合阳极极化 0h、12h 和 24h 后的阳极极化曲线。如图 4-54 所示，曲线 1 在 0～

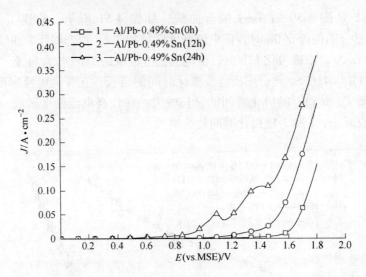

图 4-52　Al/Pb-0.49％Sn 复合阳极极化 0h、12h 和 24h 后的阳极极化曲线

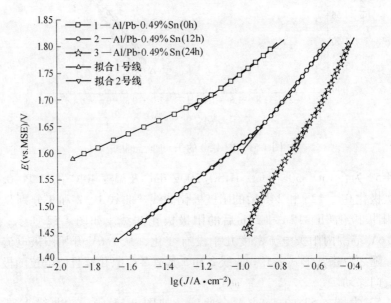

图 4-53　图 4-52 的 Tafel 拟合曲线

1.6V 范围内阳极电流密度几乎没有变化，从 1.6V 开始阳极电流密度开始上升随之以指数形式上升。曲线 2 和 3 具有 2 个氧化峰且峰电位随极化时间的延长负向移动。

　　图 4-55 是图 4-54 的 Tafel 拟合曲线，如图 4-55 所示，曲线 1 是 Al/Pb-0.62％Sn 复合阳极极化 0h 时较低电流密度区域的 Tafel 拟合斜线，曲线 2 是 Al/Pb-0.62％Sn 复合阳极极化 12h 时较低电流密度区域的 Tafel 拟合斜线。如表 4-20

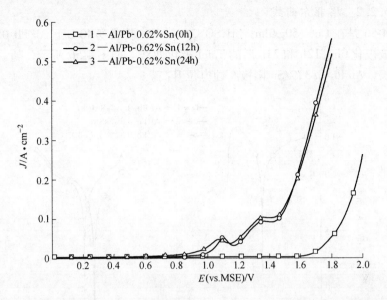

图 4-54 Al/Pb-0.62%Sn 复合阳极极化 0h、12h 和 24h 后的阳极极化曲线

所示，Al/Pb-0.62%Sn 复合阳极随着极化时间的延长，在较低电流密度区域，a 先减小后增大，b 和 i^0 随极化时间的延长增大；在较高电流密度区域，a 随极化时间的延长先减小后增大，b 随极化时间的延长增大，i^0 随极化时间的延长先增大后减小。在较低电流密度区域，Al/Pb-0.62%Sn 复合阳极具有最大的 i^0，说明 Al/Pb-0.62%Sn 阳极电沉积铜时能耗最低。

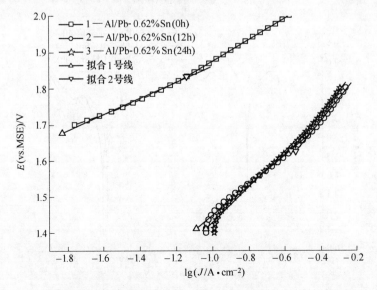

图 4-55 图 4-54 的 Tafel 拟合曲线

4.5.2.2 塔菲尔曲线

图 4-56 是在 Cu^{2+} 50g/dm^3，H_2SO_4 200g/dm^3 及温度 40℃下 Al/Pb-0.32% Sn 复合阳极极化 0h、12h 和 24h 后的 Tafel 极化曲线。如图 4-56 所示，随着极化时间的延长，Al/Pb-0.32% Sn 阳极腐蚀电位升高。

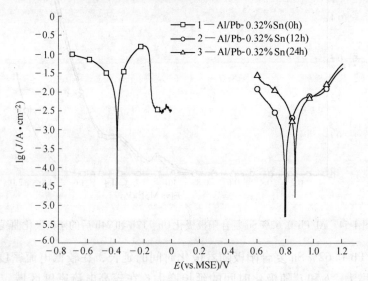

图 4-56 Al/Pb-0.32% Sn 复合阳极极化 0h、12h 和 24h 后的 Tafel 极化曲线

图 4-57 是在 Cu^{2+} 50g/dm^3，H_2SO_4 200g/dm^3 及温度 40℃下 Al/Pb-0.41% Sn 复合阳极极化 0h、12h 和 24h 后的 Tafel 极化曲线。曲线 1、2 和 3 分别是 Al/Pb-

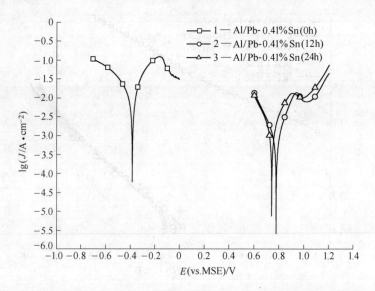

图 4-57 Al/Pb-0.41% Sn 复合阳极极化 0h、12h 和 24h 后的 Tafel 极化曲线

0.41%Sn 复合阳极极化 0h、12h 和 24h 后的 Tafel 极化曲线。如图 4-57 所示，随着极化时间的延长，Al/Pb-0.41%Sn 复合阳极腐蚀电位升高。

图 4-58 是在 Cu^{2+} 50g/dm^3，H_2SO_4 200g/dm^3 及温度 40℃下 Al/Pb-0.49%Sn 复合阳极极化 0h、12h 和 24h 后的 Tafel 极化曲线。如图 4-58 所示，随着极化时间的延长，Al/Pb-0.49%Sn 复合阳极腐蚀电位升高。

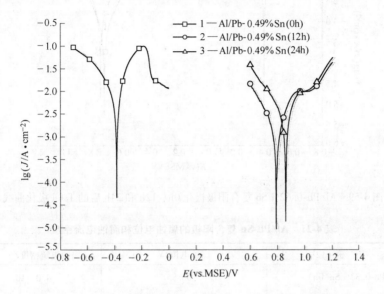

图 4-58 Al/Pb-0.49%Sn 复合阳极极化 0h、12h 和 24h 后的 Tafel 极化曲线

图 4-59 是在 Cu^{2+} 50g/dm^3，H_2SO_4 200g/dm^3 及温度 40℃下 Al/Pb-0.62%Sn 复合阳极极化 0h、12h 和 24h 后的 Tafel 极化曲线。曲线 1、2 和 3 分别是 Al/Pb-0.62%Sn 复合阳极极化 0h、12h 和 24h 后的 Tafel 极化曲线。如图 4-59 所示，随着极化时间的延长，Al/Pb-0.62%Sn 复合阳极腐蚀电位升高。

表 4-21 是 Al/Pb-Sn 复合阳极的腐蚀电位和腐蚀电流密度。如表 4-21 所示，Al/Pb-0.32%Sn 复合阳极的腐蚀电位随极化时间的延长增大，腐蚀电流密度随极化时间的延长减小。Al/Pb-0.41%Sn 复合阳极的腐蚀电位随极化时间的延长先增大后减小，腐蚀电流密度随极化时间的延长减小。Al/Pb-0.49%Sn 复合阳极的腐蚀电位随极化时间的延长增大，腐蚀电流密度随极化时间的延长减小。Al/Pb-0.62%Sn 复合阳极的腐蚀电位随极化时间的延长增大，腐蚀电流密度随极化时间的延长减小。Al/Pb-Sn 复合阳极的腐蚀速率随极化时间的延长减小。极化前，随 Sn 含量的增大，Al/Pb-Sn 复合阳极的腐蚀电流密度先减小后增大。可能是由于随着 Sn 含量的增大 Pb-Sn 复合镀层的导电能力增大，同时 Pb-Sn 复合镀层的晶粒尺寸也增大。极化 24h 后，随 Sn 含量的增大，Al/Pb-Sn 复合阳极的腐蚀电流密度先减小后增大。随着 Pb-Sn 复合镀层中 Sn 含量的增大，Al/Pb-Sn 复合阳极的腐蚀速率先减小后增大。

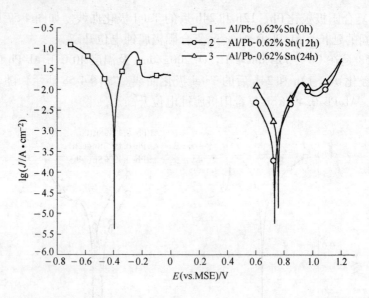

图 4-59　Al/Pb-0.62%Sn 复合阳极极化 0h、12h 和 24h 后的 Tafel 极化曲线

表 4-21　Al/Pb-Sn 复合阳极的腐蚀电位和腐蚀电流密度

阳　　极	腐蚀电位/V	腐蚀电流密度/A·cm^{-2}
Al/Pb-0.32%Sn(0h)	−0.385	4.0×10^{-2}
Al/Pb-0.32%Sn(12h)	0.798	1.5×10^{-2}
Al/Pb-0.32%Sn(24h)	0.866	1.0×10^{-2}
Al/Pb-0.41%Sn(0h)	−0.384	1.3×10^{-2}
Al/Pb-0.41%Sn(12h)	0.779	2.2×10^{-3}
Al/Pb-0.41%Sn(24h)	0.743	1.4×10^{-3}
Al/Pb-0.49%Sn(0h)	−0.384	1.1×10^{-2}
Al/Pb-0.49%Sn(12h)	0.791	7.0×10^{-3}
Al/Pb-0.49%Sn(24h)	0.861	5.6×10^{-3}
Al/Pb-0.62%Sn(0h)	−0.394	1.5×10^{-2}
Al/Pb-0.62%Sn(12h)	0.732	7.6×10^{-3}
Al/Pb-0.62%Sn(24h)	0.759	2.5×10^{-3}

4.5.2.3　循环伏安曲线

图 4-60 是在 Cu^{2+} 50g/dm^3，H$_2$SO$_4$ 200g/dm^3 及温度 40℃下 Al/Pb-0.32%Sn 复合阳极极化 0h、12h 和 24h 后的 CV 曲线。如图 4-60 所示，曲线 1 在正向扫描

时只有以一个析氧峰 c，1.7V 开始发生析氧反应且此时只有 β-PbO$_2$ 生成，反向扫描时有一个还原峰 d。在 0.9V 附近的还原峰是 α-PbO$_2$ 和 β-PbO$_2$ 还原生成 PbSO$_4$ 的反应。曲线 2 具有两个氧化峰 a(PbO/α-PbO$_2$) 和 b(PbSO$_4$/β-PbO$_2$)。与曲线 1 相比，曲线 2 的析氧峰 c 向负电位方向移动，还原峰 d 向负电位方向移动，说明曲线 2 的电极极化 12h 后 Al/Pb-0.32% Sn 复合阳极的析氧电位降低，去极化区域增大。与曲线 2 相比，曲线 3 的析氧峰略向负电位方向移动，还原峰 c 向负电位方向移动，说明曲线 3 的电极极化 24h 后 Al/Pb-0.32% Sn 复合阳极的去极化区域继续增大，这个结果说明随着极化时间的延长 Al/Pb-0.32% Sn 复合阳极表面生成物中 PbO$_2$ 含量增加。

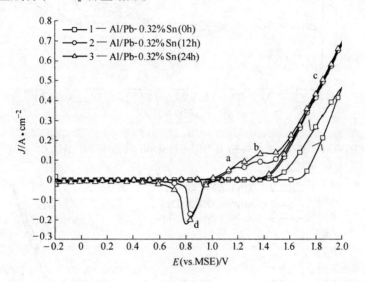

图 4-60　Al/Pb-0.32% Sn 复合阳极极化 0h、12h 和 24h 后的 CV 曲线

图 4-61 是在 Cu^{2+} 50g/dm^3，H$_2$SO$_4$ 200g/dm^3 及温度 40℃下 Al/Pb-0.41% Sn 复合阳极极化 0h、12h 和 24h 后的 CV 曲线。曲线 1、2 和 3 分别是 Al/Pb-0.41% Sn 复合阳极极化 0h、12h 和 24h 后的 CV 曲线。如图 4-61 所示，曲线 1 在正向扫描时只有一个析氧峰 c，1.65V 开始发生析氧反应。曲线 2 和 3 出现两个氧化峰 a 和 b，随极化时间的延长，Al/Pb-0.41% Sn 复合阳极的析氧电位降低，去极化电位区域增大。

图 4-62 是在 Cu^{2+} 50g/dm^3，H$_2$SO$_4$ 200g/dm^3 及温度 40℃下 Al/Pb-0.49% Sn 复合阳极极化 0h、12h 和 24h 后的 CV 曲线。曲线 1、2 和 3 分别是 Al/Pb-0.49% Sn 复合阳极极化 0h、12h 和 24h 后的 CV 曲线。如图 4-62 所示，曲线 1 在正向扫描时只有一个析氧峰 c，1.60V 开始发生析氧反应。曲线 2 和 3 出现两个氧化峰 a 和 b，随极化时间的延长，Al/Pb-0.49% Sn 复合阳极的析氧电位降低，去极化电位区域增大。

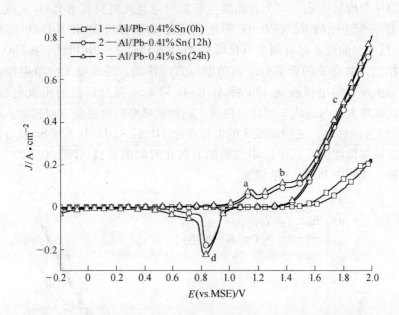

图 4-61　Al/Pb-0.41% Sn 复合阳极极化 0h、12h 和 24h 后的 CV 曲线

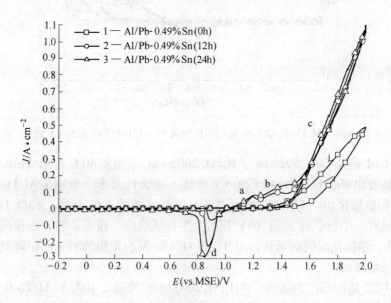

图 4-62　Al/Pb-0.49% Sn 复合阳极极化 0h、12h 和 24h 后的 CV 曲线

图 4-63 是在 Cu^{2+} 50g/dm³, H_2SO_4 200g/dm³ 及温度 40℃下 Al/Pb-0.62% Sn 复合阳极极化 0h、12h 和 24h 后的 CV 曲线。如图 4-63 所示，曲线 1 在正向扫描时只有一个析氧峰 c，1.55V 开始发生析氧反应。曲线 2 和 3 出现两个氧化峰 a

和 b，随极化时间的延长 Al/Pb-0.62%Sn 复合阳极的析氧电位降低，去极化电位区域增大。

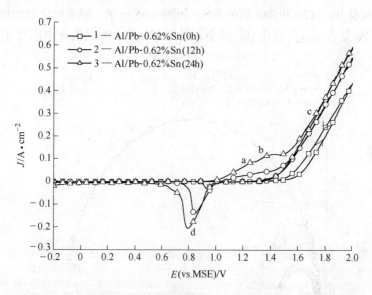

图 4-63 Al/Pb-0.62%Sn 复合阳极极化 0h、12h 和 24h 后的 CV 曲线

图 4-64 是 Al/Pb-Sn 复合阳极极化 24h 后的 CV 曲线。如图 4-64 所示，曲线 1、2、3 和 4 分别是 Al/Pb-0.32%Sn、Al/Pb-0.41%Sn、Al/Pb-0.49%Sn 和 Al/Pb-0.62%Sn 复合阳极极化 24h 后的 CV 曲线。极化 24h 后，随着 Al/Pb-Sn 复合阳极中 Sn 含量的增加，Al/Pb-Sn 阳极的析氧电位降低，去极化电位区域增大。

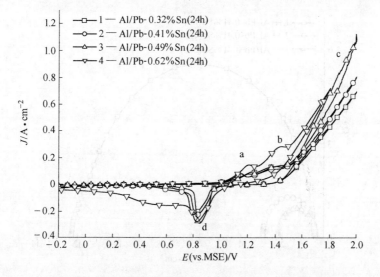

图 4-64 Al/Pb-Sn 阳极极化 0h、12h 和 24h 后的 CV 曲线

4.5.2.4 交流阻抗

图 4-65 是在 Cu^{2+} 50g/dm^3，H_2SO_4 200g/dm^3 及温度 40℃下 Al/Pb-0.32%Sn 复合阳极极化 0h、12h 和 24h 后的 EIS。如图 4-65 所示，随着极化时间的延长 Al/Pb-0.32%Sn 复合阳极的极化电阻减小，极化 12h 和 24h 其极化电阻变化不大。

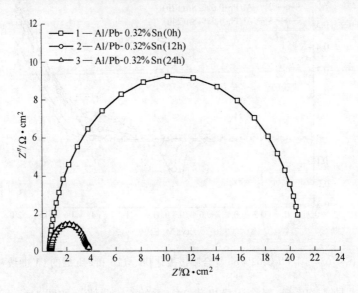

图 4-65 Al/Pb-0.32%Sn 复合阳极极化 0h、12h 和 24h 后的 EIS

图 4-66 是在 Cu^{2+} 50g/dm^3，H_2SO_4 200g/dm^3 及温度 40℃下 Al/Pb-0.41%Sn 复合阳极极化 0h、12h 和 24h 后的 EIS。如图 4-66 所示，随着极化时间的延长，

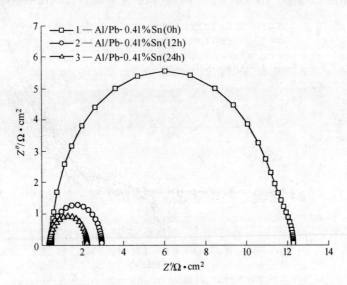

图 4-66 Al/Pb-0.41%Sn 复合阳极极化 0h、12h 和 24h 后的 EIS

Al/Pb-0.41%Sn 复合阳极的极化电阻减小。

图 4-67 是在 Cu^{2+} 50g/dm³，H_2SO_4 200g/dm³ 及温度 40℃下 Al/Pb-0.49% Sn 复合阳极极化 0h、12h 和 24h 后的 EIS。如图 4-67 所示，随着极化时间的延长，Al/Pb-0.49% Sn 复合阳极的极化电阻减小。

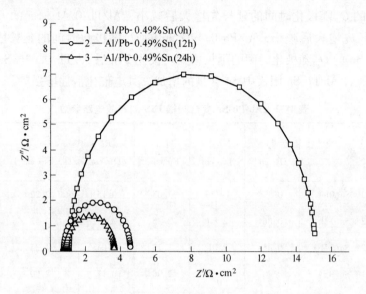

图 4-67　Al/Pb-0.49% Sn 复合阳极极化 0h、12h 和 24h 后的 EIS

图 4-68 是在 Cu^{2+} 50g/dm³，H_2SO_4 200g/dm³ 及温度 40℃下 Al/Pb-0.62% Sn 复合阳极极化 0h、12h 和 24h 后的 EIS。如图 4-68 所示，随着极化时间的延长，

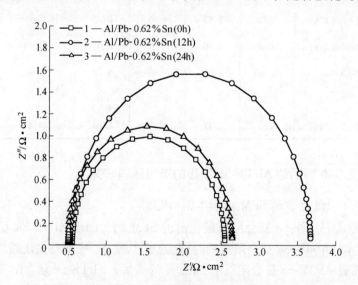

图 4-68　Al/Pb-0.62% Sn 阳极极化 0h、12h 和 24h 后的 EIS

Al/Pb-0.62%Sn 阳极的极化电阻先增大后减小。极化 24h 后 Al/Pb-0.62%Sn 复合阳极具有最小的极化电阻。

表 4-22 是 Al/Pb-Sn 阳极 EIS 的等效电路参数。如表 4-22 所示，随着极化时间的延长，Al/Pb-Sn 复合阳极的 R_s 和 R_f 之和随极化时间的延长减小。Al/Pb-0.32%Sn 的 Q_{dl} 随极化时间的延长先增大后减小，Al/Pb-0.41%Sn 的 Q_{dl} 随极化时间的延长先增大后减小，Al/Pb-0.49%Sn 的 Q_{dl} 随极化时间的延长增大，Al/Pb-0.62%Sn 的 Q_{dl} 随极化时间的延长增大。极化 24h 后 Al/Pb-0.62%Sn 的 Q_{dl} 最大，说明随着 Al/Pb-Sn 阳极中 Sn 含量的增加，其电催化活性增强。

表 4-22 Al/Pb-Sn 复合阳极 EIS 的等效电路参数

阳 极	R_s /$\Omega \cdot cm^2$	R_f /$\Omega \cdot cm^2$	C_{dl} /$F \cdot cm^{-2}$	R_t /$\Omega \cdot cm^2$	Q_{dl} /$\Omega \cdot (s \cdot cm^2)^{-1}$	n
Al/Pb-0.32%Sn(0h)	0.57	19.39	2.03	0.15	2.22	0.94
Al/Pb-0.32%Sn(12h)	0.66	2.80	2.25	0.05	2.52	0.95
Al/Pb-0.32%Sn(24h)	0.85	2.01	1.23	0.04	1.35	0.97
Al/Pb-0.41%Sn(0h)	0.48	10.99	2.96	0.17	2.99	0.99
Al/Pb-0.41%Sn(12h)	0.39	2.55	7.83	0.53	7.83	1
Al/Pb-0.41%Sn(24h)	0.41	1.85	5.34	0.19	5.39	0.97
Al/Pb-0.49%Sn(0h)	1.01	14	2.21	0.61	2.21	1
Al/Pb-0.49%Sn(12h)	0.70	3.83	9.83	0.45	9.09	0.92
Al/Pb-0.49%Sn(24h)	0.82	2.76	10.32	0.05	11.34	0.87
Al/Pb-0.62%Sn(0h)	0.56	1.99	1.93	0.02	2.51	0.92
Al/Pb-0.62%Sn(12h)	0.53	3.16	8.71	0.05	8.71	1
Al/Pb-0.62%Sn(24h)	0.54	2.17	11.4	0.04	14.12	0.98

4.5.3 极化 24h 前后的 Al/Pb-Sn 阳极的组织结构研究

4.5.3.1 极化前的 SEM 图和 XRD 图谱

图 4-69 是 Al/Pb-Sn 复合阳极极化前的 SEM 图。随着 Al/Pb-Sn 复合阳极中 Sn 含量的增加 Al/Pb-Sn 复合阳极 Pb 晶粒的尺寸增大。根据公式从晶粒尺寸的角度分析，随着 Al/Pb-Sn 复合阳极中 Sn 含量的增加，Al/Pb-Sn 复合阳极的耐腐蚀性会降低。

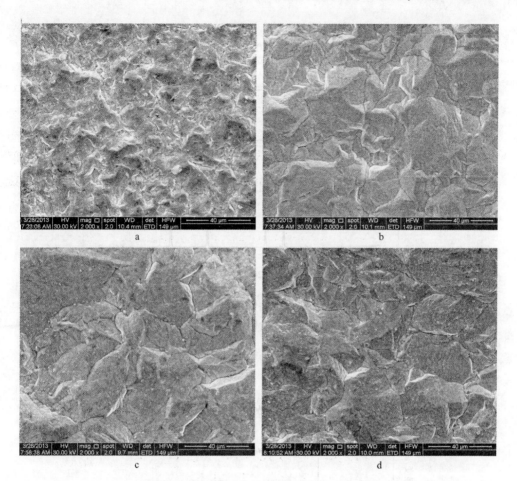

图 4-69　Al/Pb-0.32%Sn(a)、Al/Pb-0.41%Sn(b)、Al/Pb-0.49%Sn(c)和
Al/Pb-0.62%Sn(d)复合阳极极化前的 SEM 图

图 4-70 是 Al/Pb-Sn 复合阳极极化前的 XRD 图谱。这四种阳极具有相似的 X
射线衍射峰 Pb(111)、Pb(200)、Pb(220)、Pb(311)、Sn(101)和 Sn(211)。随
着 Al/Pb-Sn 复合阳极中 Sn 含量的增加，Pb(111)和 Pb(200)衍射峰强度减弱，
Pb(220)和 Pb(311)衍射峰增强。这说明 Al/Pb-Sn 复合阳极中 Sn 含量的增
加使 Pb 的晶粒尺寸增大。

4.5.3.2　极化 24h 后的 XRD 图谱和 SEM 图

图 4-71 是 Al/Pb-Sn 复合阳极极化 24h 后的 XRD 图谱。极化 24h 后 Al/Pb-Sn
阳极的氧化膜主要是由 α-PbO$_2$、β-PbO$_2$、Pb 和 PbSO$_4$ 组成。随着 Al/Pb-Sn 复合
阳极中 Sn 含量的增加，Al/Pb-Sn 阳极极化 24h 后的氧化膜的 PbSO$_4$ 含量降低，
β-PbO$_2$ 含量增加。

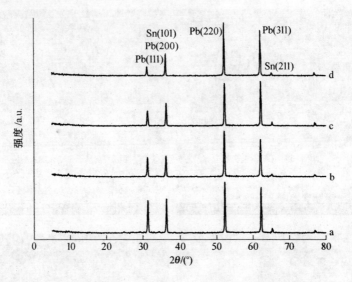

图 4-70 Al/Pb-0.32%Sn(a)、Al/Pb-0.41%Sn(b)、Al/Pb-0.49%Sn(c)和
Al/Pb-0.62%Sn(d)复合阳极极化前的 XRD 图谱

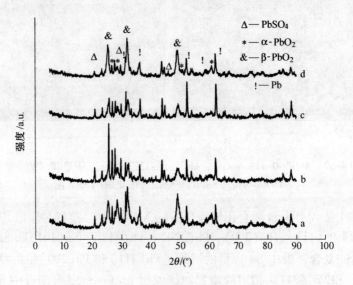

图 4-71 Al/Pb-0.32%Sn(a)、Al/Pb-0.41%Sn(b)、Al/Pb-0.49%Sn(c)和
Al/Pb-0.62%Sn(d)复合阳极极化 24h 后的 XRD 图谱

图 4-72 是 Al/Pb-Sn 复合阳极极化 24h 后的 SEM 图。随着 Al/Pb-Sn 阳极中
Sn 含量的增加，Al/Pb-Sn 复合阳极表面四边晶体的尺寸增大。Al/Pb-0.32%Sn
和 Al/Pb-0.41%Sn 复合阳极表面主要表现为矩形微晶组成的线状晶簇。Al/Pb-
0.49%Sn 和 Al/Pb-0.62%Sn 复合阳极表面主要表现为晶粒尺寸较大的菱形晶体。

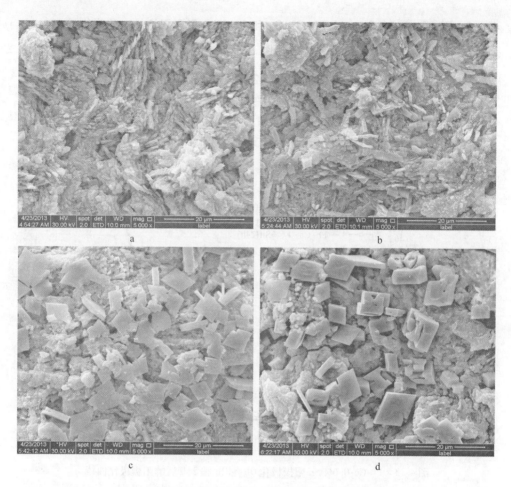

图 4-72 Al/Pb-0.32%Sn(a)、Al/Pb-0.41%Sn(b)、Al/Pb-0.49%Sn(c)和
Al/Pb-0.62%Sn(d)复合阳极极化 24h 后的 SEM 图

4.6 Al/Pb-Co₃O₄ 和 Pb-WC 复合阳极的制备及电化学性能

4.6.1 Al/Pb-Co₃O₄ 和 Pb-WC 复合阳极的制备

以镀镍后的 Al 片和 Pb-Ca-Sn 合金板为阴极，单侧略小的 Pb 板为阳极，直流电镀。

甲基磺酸镀液组成：甲基磺酸铅 $180 \sim 240$mL/dm³，甲基磺酸 $40 \sim 100$mL/dm³，Co₃O₄ $50 \sim 150$g/dm³，WC 颗粒 $50 \sim 150$g/dm³。明胶 $0.5 \sim 5$g/dm³，分散剂 $0.2 \sim 5$mL/dm³，添加剂 $0 \sim 10$g/dm³。

操作条件：电流密度 $1 \sim 3$A/dm²，温度 30℃，电磁搅拌 $180 \sim 480$rad/min。

4.6.2 Pb-Ca-0.6%Sn、Al/Pb-Co₃O₄ 和 Pb-WC 复合阳极的电化学性能

4.6.2.1 阳极极化曲线

图 4-73 是在 Cu²⁺ 50g/dm³，H₂SO₄ 200g/dm³ 及温度 40℃下 Pb-Ca-0.6% Sn 阳极极化 0h、12h 和 24h 后的阳极极化曲线。如图 4-73 所示，曲线 1 在 0～1.5V 范围内阳极电流密度几乎没有变化，从 1.5V 开始阳极电流密度开始上升，随之以指数形式上升。曲线 2 和 3 具有 2 个氧化峰且峰电位随极化时间的延长负向移动。

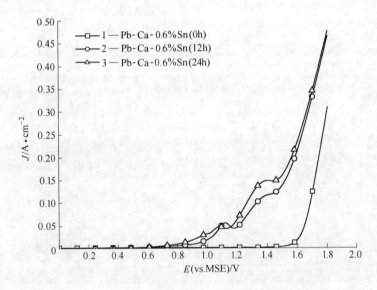

图 4-73　Pb-Ca-0.6% Sn 阳极极化 0h、12h 和 24h 后的阳极极化曲线

图 4-74 是图 4-73 的 Tafel 拟合曲线。如图 4-74 所示，曲线 1 是 Pb-Ca-0.6% Sn 复合阳极极化 0h 时较低电流密度区域的 Tafel 拟合斜线，曲线 2 是 Pb-Ca-0.6% Sn 复合阳极极化 12h 时较低电流密度区域的 Tafel 拟合斜线。表 4-23 是 Pb-Ca-0.6% Sn 和 Pb-Co₃O₄ 和 Pb-WC 复合阳极极化 0h、12h 和 24h 后的析氧反应动力学参数。如表 4-23 所示，Pb-Ca-0.6% Sn 阳极随着极化时间的延长，在较低电流密度区域，a、b 和 i^0 随极化时间的延长增大；在较高电流密度区域，a、b 和 i^0 随极化时间延长增大。

图 4-75 是在 Cu²⁺ 50g/dm³，H₂SO₄ 200g/dm³ 及温度 40℃下 Al/Pb-WC 复合阳极极化 0h、12h 和 24h 后的阳极极化曲线。如图 4-75 所示，曲线 1 在 0～0.9V 范围内阳极电流密度几乎没有变化，从 0.9V 开始阳极电流密度开始上升，随之以指数形式上升。曲线 2 和 3 具有 2 个氧化峰且峰电位随极化时间的延长负向移动。

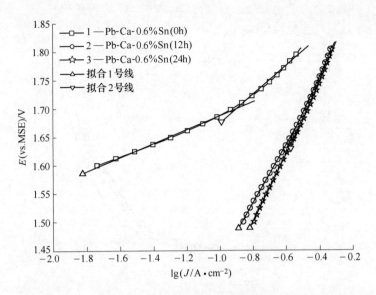

图 4-74 图 4-73 的 Tafel 拟合曲线

表 4-23 Pb-Ca-0.6%Sn、Pb-Co$_3$O$_4$ 和 Pb-WC 复合阳极的析氧反应动力学参数

阳 极	拟合 1 号线		拟合 2 号线		电流密度/A·cm^{-2}	
	a	b	a	b	1	2
Pb-Ca-0.6%Sn(0h)	0.564	0.120	0.685	0.253	2.00×10^{-5}	1.95×10^{-3}
Pb-Ca-0.6%Sn(12h)	0.699	0.509	0.772	0.645	4.24×10^{-2}	6.35×10^{-2}
Pb-Ca-0.6%Sn(24h)	0.730	0.588	0.780	0.690	5.74×10^{-2}	7.41×10^{-2}
Al/Pb-WC(0h)	0.682	0.479	0.783	0.614	3.85×10^{-2}	5.25×10^{-2}
Al/Pb-WC(12h)	0.787	0.699	0.824	0.796	7.41×10^{-2}	9.12×10^{-2}
Al/Pb-WC(24h)	0.828	0.812	0.810	0.826	9.77×10^{-2}	1.04×10^{-1}
Pb-WC(0h)	0.842	0.636	0.842	0.663	4.74×10^{-2}	5.37×10^{-2}
Pb-WC(12h)	0.973	0.872	0.896	0.827	7.59×10^{-2}	8.26×10^{-2}
Pb-WC(24h)	0.869	0.884	0.812	0.831	1.04×10^{-1}	1.05×10^{-1}
Al/Pb-Co$_3$O$_4$(0h)	0.454	0.304	0.524	0.550	3.21×10^{-2}	1.11×10^{-1}
Al/Pb-Co$_3$O$_4$(12h)	0.423	0.315	0.513	0.656	4.54×10^{-2}	1.65×10^{-1}
Al/Pb-Co$_3$O$_4$(24h)	0.419	0.318	0.508	0.679	4.81×10^{-2}	1.79×10^{-1}
Pb-Co$_3$O$_4$(0h)	0.813	0.576	0.903	0.694	3.88×10^{-2}	5.00×10^{-2}
Pb-Co$_3$O$_4$(12h)	0.910	0.837	0.885	0.839	8.18×10^{-2}	8.81×10^{-2}
Pb-Co$_3$O$_4$(24h)	0.922	0.912	0.873	0.862	9.75×10^{-2}	9.71×10^{-2}

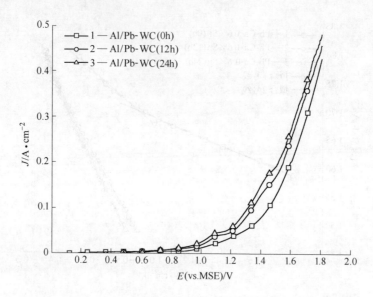

图 4-75　Al/Pb-WC 复合阳极极化 0h、12h 和 24h 后的阳极极化曲线

图 4-76 是图 4-75 的 Tafel 拟合曲线。如图 4-76 所示，曲线 1 是 Al/Pb-WC 复合阳极极化 0h 时较低电流密度区域的 Tafel 拟合斜线，曲线 2 是 Al/Pb-WC 复合阳极极化 12h 时较低电流密度区域的 Tafel 拟合斜线。如表 4-23 所示，Al/Pb-WC 阳极随着极化时间的延长，在较低电流密度区域，a、b 和 i^0 随极化时间的延长增大；在较高电流密度区域，a 随极化时间的延长先增大后减小，b 和 i^0 随极化时间延长增大。

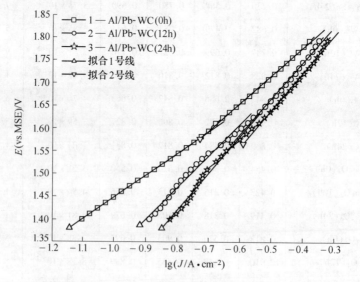

图 4-76　图 4-75 的 Tafel 拟合曲线

图 4-77 是在 Cu²⁺ 50g/dm³，H₂SO₄ 200g/dm³ 及温度 40℃下 Pb/Pb-WC 复合阳极极化 0h、12h 和 24h 后的阳极极化曲线。如图 4-77 所示，曲线 1 在 0 ~ 0.9V 范围内阳极电流密度几乎没有变化，从 0.9V 开始阳极电流密度开始上升，随之以指数形式上升。曲线 2 和 3 具有 2 个氧化峰且峰电位随极化时间的延长负向移动。

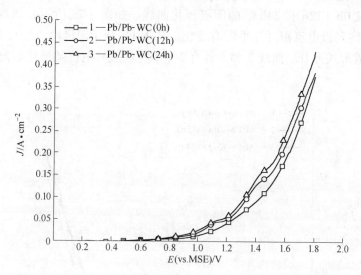

图 4-77 Pb/Pb-WC 复合阳极极化 0h、12h 和 24h 后的阳极极化曲线

图 4-78 是图 4-77 的 Tafel 拟合曲线。如图 4-78 所示，曲线 1 是 Pb/Pb-WC 复合电极极化 0h 时较低电流密度区域的 Tafel 拟合斜线，曲线 2 是 Pb/Pb-WC 复合

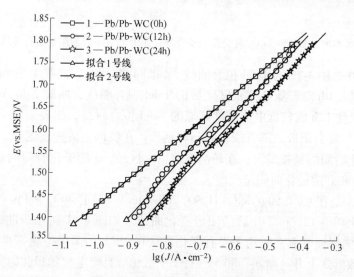

图 4-78 图 4-77 的 Tafel 拟合曲线

电极极化 12h 时较低电流密度区域的 Tafel 拟合斜线。如表 4-23 所示，对于 Pb/Pb-WC 阳极，随着极化时间的延长，在较低电流密度区域，a 先增大后减小，b 和 i^0 随极化时间的延长增大；在较高电流密度区域，a 随极化时间的延长先增大后减小，b 和 i^0 随极化时间延长增大。

图 4-79 是在 Cu^{2+} 50g/dm³，H_2SO_4 200g/dm³ 及温度 40℃ 下 Al/Pb-Co$_3$O$_4$ 复合阳极极化 0h、12h 和 24h 后的阳极极化曲线。如图 4-79 所示，曲线 1 在 0 ~ 1.1V 范围内阳极电流密度几乎没有变化，从 1.1V 开始阳极电流密度开始上升，随之以指数形式上升。曲线 2 和 3 具有 2 个氧化峰且峰电位随极化时间的延长负向移动。

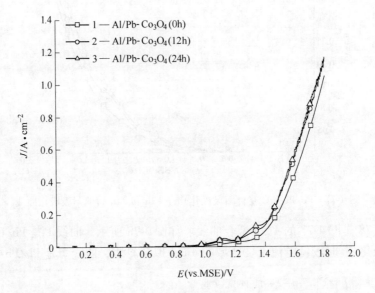

图 4-79 Al/Pb-Co$_3$O$_4$ 复合阳极极化 0h、12h 和 24h 后的阳极极化曲线

图 4-80 是图 4-79 的 Tafel 拟合曲线。如图 4-80 所示，曲线 1 是 Al/Pb-Co$_3$O$_4$ 复合阳极极化 0h 时较低电流密度区域的 Tafel 拟合斜线，曲线 2 是 Al/Pb-Co$_3$O$_4$ 复合阳极极化 12h 时较低电流密度区域的 Tafel 拟合斜线。如表 4-23 所示，对于 Al/Pb-Co$_3$O$_4$ 复合阳极，随着极化时间的延长，在较低电流密度区域，a 减小，b 和 i^0 随极化时间的延长增大；在较高电流密度区域，a 随极化时间的延长先增大后减小，b 和 i^0 随极化时间延长增大。

图 4-81 是在 Cu^{2+} 50g/dm³，H_2SO_4 200g/dm³ 及温度 40℃ 下 Pb/Pb-Co$_3$O$_4$ 复合阳极极化 0h、12h 和 24h 后的阳极极化曲线。如图 4-81 所示，曲线 1 在 0 ~ 0.9V 范围内阳极电流密度几乎没有变化，从 0.9V 开始阳极电流密度开始上升，随之以指数形式上升。曲线 2 和 3 具有 2 个氧化峰且峰电位随极化时间的延长负向移动。

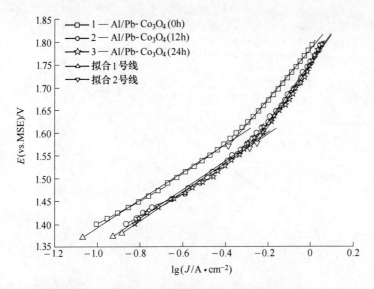

图 4-80 图 4-79 的 Tafel 拟合曲线

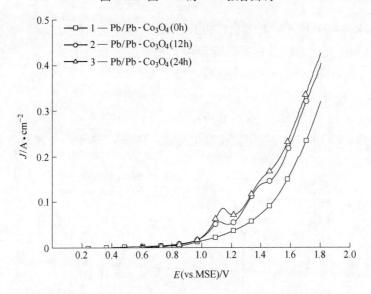

图 4-81 Pb/Pb-Co$_3$O$_4$ 复合阳极极化 0h、12h 和 24h 后的阳极极化曲线

图 4-82 是图 4-81 的 Tafel 拟合曲线。如图 4-82 所示，曲线 1 是 Pb/Pb-Co$_3$O$_4$ 复合阳极极化 0h 时较低电流密度区域的 Tafel 拟合斜线，曲线 2 是 Pb/Pb-Co$_3$O$_4$ 复合阳极极化 12h 时较低电流密度区域的 Tafel 拟合斜线。如表 4-23 所示，对于 Pb/Pb-Co$_3$O$_4$ 复合阳极，随着极化时间的延长，在较低电流密度区域，a、b 和 i^0 随极化时间的延长增大；在较高电流密度区域，a 随极化时间的延长先增大后减小，b 和 i^0 随极化时间延长增大。

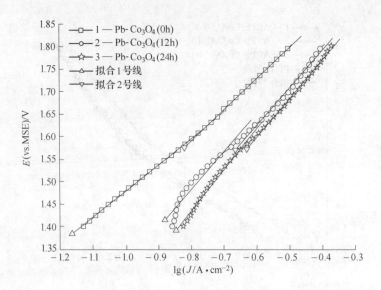

图 4-82　图 4-81 的 Tafel 拟合曲线

极化 24h 后 Al/Pb-Co$_3$O$_4$ 复合阳极具有最小的 a、b 和最大的 i^0，说明 Al/Pb-Co$_3$O$_4$ 复合阳极在铜电积过程中具有最小的析氧电位和最低的能耗。与 Pb 基复合阳极相比 Al 基复合阳极具有较小的 a、b。

4.6.2.2　塔菲尔曲线

图 4-83 是在 Cu^{2+} 50g/dm^3，H$_2$SO$_4$ 200g/dm^3 及温度 40℃下 Pb-Ca-0.6% Sn 阳极极化 0h、12h 和 24h 后的 Tafel 极化曲线。如图 4-83 所示，随着极化时间的

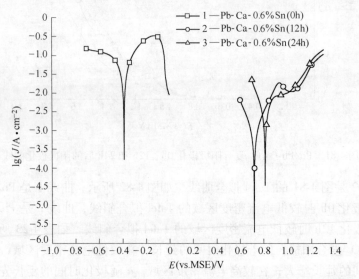

图 4-83　Pb-Ca-0.6% Sn 阳极极化 0h、12h 和 24h 后的 Tafel 极化曲线

延长，Al/Pb-WC 阳极腐蚀电位升高。

图 4-84 是在 Cu^{2+} 50g/dm³，H_2SO_4 200g/dm³ 及温度 40℃下 Al/Pb-WC 复合阳极极化 0h、12h 和 24h 后的 Tafel 极化曲线。如图 4-84 所示，随着极化时间的延长，Al/Pb-WC 复合阳极腐蚀电位升高。

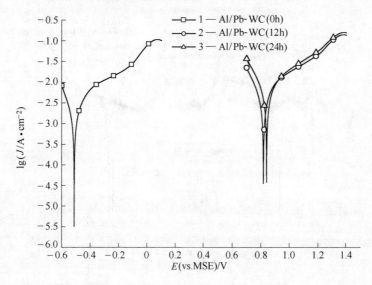

图 4-84　Al/Pb-WC 复合阳极极化 0h、12h 和 24h 后的 Tafel 极化曲线

图 4-85 是在 Cu^{2+} 50g/dm³，H_2SO_4 200g/dm³ 及温度 40℃下 Pb/Pb-WC 复合阳极极化 0h、12h 和 24h 后的 Tafel 极化曲线。如图 4-85 所示，随着极化时间的

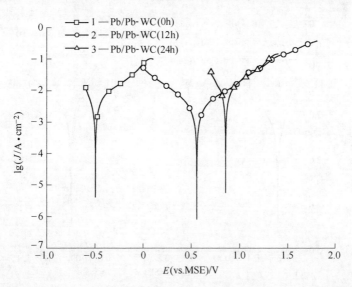

图 4-85　Pb/Pb-WC 复合阳极极化 0h、12h 和 24h 后的 Tafel 极化曲线

延长, Pb/Pb-WC 复合阳极腐蚀电位升高。

图 4-86 是在 Cu^{2+} 50g/dm^3, H_2SO_4 200g/dm^3 及温度 40℃ 下 Al/Pb-Co$_3$O$_4$ 复合阳极极化 0h、12h 和 24h 后的 Tafel 极化曲线。如图 4-86 所示, 随着极化时间的延长, Al/Pb-Co$_3$O$_4$ 复合阳极腐蚀电位升高。

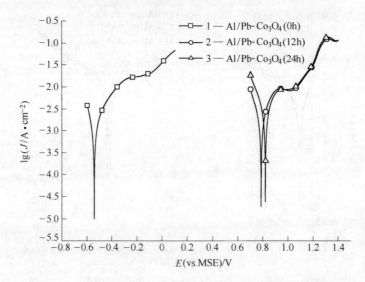

图 4-86   Al/Pb-Co$_3$O$_4$ 复合 0h、12h 和 24h 后的 Tafel 极化曲线

图 4-87 是在 Cu^{2+} 50g/dm^3, H_2SO_4 200g/dm^3 及温度 40℃ 下 Pb/Pb-Co$_3$O$_4$ 复合阳极极化 0h、12h 和 24h 后的 Tafel 极化曲线。如图 4-87 所示, 随着极化时间

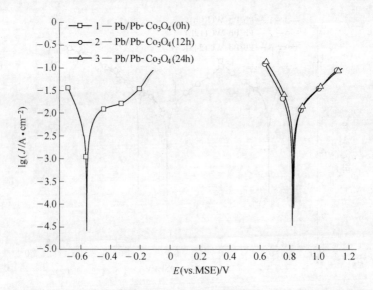

图 4-87   Pb/Pb-Co$_3$O$_4$ 复合阳极极化 0h、12h 和 24h 后的 Tafel 极化曲线

的延长，Pb/Pb-Co$_3$O$_4$ 复合阳极腐蚀电位升高。

表 4-24 是 Pb-Ca-0.6%Sn、Pb-Co$_3$O$_4$ 和 Pb-WC 复合阳极的腐蚀电位和腐蚀电流密度。如表 4-24 所示，Pb-Ca-0.6%Sn 阳极的腐蚀电位随极化时间延长而增大，腐蚀电流密度随极化时间延长先减小后增大，可能是 Pb-Ca-0.6%Sn 阳极在极化过程中阳极膜的物相发生了变化（导电相和绝缘相的含量发生了变化）。Al/Pb-WC 和 Al/Pb-Co$_3$O$_4$ 复合阳极的腐蚀电位随极化时间的延长增大，而它们自身的腐蚀电流密度随极化时间的延长有不同的变化。Pb-WC 和 Pb-Co$_3$O$_4$ 复合阳极的腐蚀电流密度随极化时间的延长增大，极化 24h 后 Al/Pb-WC 复合阳极具有最小的腐蚀电流密度。根据腐蚀电流密度与腐蚀速率之间的关系，Al/Pb-WC 复合阳极具有最小的腐蚀速率。

表 4-24 Pb-Ca-0.6%Sn、Pb-Co₃O₄ 和 Pb-WC 复合阳极的腐蚀电位和腐蚀电流密度

阳极	腐蚀电位/V	腐蚀电流密度/A·cm^{-2}
Pb-Ca-0.6%Sn(0h)	-0.389	1.7×10^{-1}
Pb-Ca-0.6%Sn(12h)	0.720	1.2×10^{-3}
Pb-Ca-0.6%Sn(24h)	0.812	1.3×10^{-2}
Al/Pb-WC(0h)	-0.512	3.2×10^{-3}
Al/Pb-WC(12h)	0.817	9.2×10^{-3}
Al/Pb-WC(24h)	0.839	1.1×10^{-2}
Pb/Pb-WC(0h)	-0.497	5.0×10^{-3}
Pb/Pb-WC(12h)	0.887	1.0×10^{-2}
Pb/Pb-WC(24h)	0.858	2.0×10^{-2}
Al/Pb-Co$_3$O$_4$(0h)	-0.542	4.9×10^{-3}
Al/Pb-Co$_3$O$_4$(12h)	0.786	5.7×10^{-3}
Al/Pb-Co$_3$O$_4$(24h)	0.820	1.2×10^{-2}
Pb/Pb-Co$_3$O$_4$(0h)	-0.563	1.4×10^{-3}
Pb/Pb-Co$_3$O$_4$(12h)	0.836	1.3×10^{-3}
Pb/Pb-Co$_3$O$_4$(24h)	0.811	1.8×10^{-3}

4.6.2.3 循环伏安曲线

图 4-88 是在 Cu^{2+} 50g/dm^3，H$_2$SO$_4$ 200g/dm^3 及温度 40℃下 Pb-Ca-0.6%Sn 阳极极化 0h，12h 和 24h 后的 CV 曲线。如图 4-88 所示，正向扫描时曲线 1 有一个析氧峰 c 且此时只有 β-PbO$_2$ 生成，反向扫描时有一个还原峰 d。在 0.9V 附近的还原峰是 α-PbO$_2$ 和 β-PbO$_2$ 还原生成 PbSO$_4$ 的反应。曲线 2 具有两个氧化峰 a(PbO/α-PbO$_2$) 和 b(PbSO$_4$/β-PbO$_2$)。与曲线 1 相比，曲线 2 的析氧峰 c 向负

电位方向移动，还原峰 d 向负电位方向移动，说明极化 12h 后 Pb-Ca-0.6%Sn 阳极的析氧电位降低，去极化区域增大。与曲线 2 相比，曲线 3 的析氧峰继续向负电位方向移动，还原峰 c 向负电位方向移动，说明极化 24h 后 Pb-Ca-0.6%Sn 阳极的去极化区域继续增大，这个结果说明随着极化时间的延长，Pb-Ca-0.6%Sn阳极表面生成物中 PbO_2 含量增加。

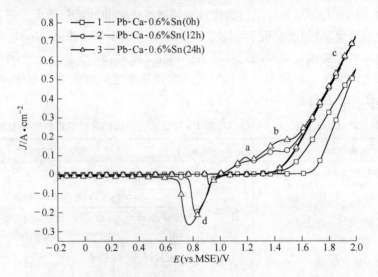

图 4-88 Pb-Ca-0.6%Sn 阳极极化 0h、12h 和 24h 后的 CV 曲线

图 4-89 是在 Cu^{2+} 50g/dm³，H_2SO_4 200g/dm³ 及温度 40℃下 Al/Pb-Co_3O_4 复合阳极极化 0h、12h 和 24h 后的 CV 曲线。如图 4-89 所示，正向扫描时曲线 1 只

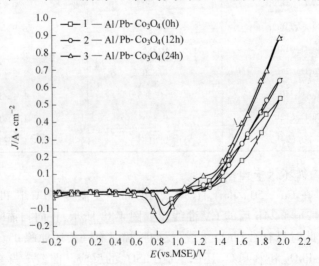

图 4-89 Al/Pb-Co_3O_4 复合阳极极化 0h、12h 和 24h 后的 CV 曲线

有一个析氧峰 c，曲线 2 和 3 出现两个氧化峰 a 和 b。反向扫描时曲线 1、2 和 3 有一个还原峰 d。随极化时间的延长，Al/Pb-Co₃O₄ 复合阳极的析氧电位降低，去极化电位区域增大。

图 4-90 是在 Cu^{2+} 50g/dm³，H_2SO_4 200g/dm³ 及温度 40℃下 Al/Pb-WC 复合阳极极化 0h、12h 和 24h 后的 CV 曲线。如图 4-90 所示，正向扫描时曲线 1、2 和 3 有两个氧化峰 a 和 b 以及一个析氧峰 c，反向扫描时曲线 1、2 和 3 有一个还原峰 d。随极化时间的延长，Al/Pb-WC 复合阳极的析氧电位降低，去极化电位区域增大。

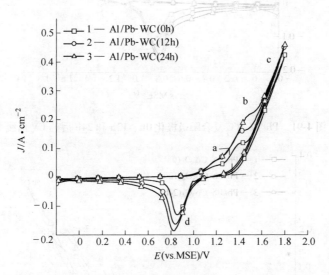

图 4-90　Al/Pb-WC 复合阳极极化 0h、12h 和 24h 后的 CV 曲线

图 4-91 是在 Cu^{2+} 50g/dm³，H_2SO_4 200g/dm³ 及温度 40℃下 Pb/Pb-WC 复合阳极极化 0h、12h 和 24h 后的 CV 曲线。如图 4-91 所示，正向扫描时曲线 1、2 和 3 有两个氧化峰 a 和 b 以及一个析氧峰 c，反向扫描时曲线 1、2 和 3 有一个还原峰 d。随极化时间的延长，Pb/Pb-WC 复合阳极的析氧电位降低，去极化电位区域增大。

图 4-92 是在 Cu^{2+} 50g/dm³，H_2SO_4 200g/dm³ 及温度 40℃下 Pb/Pb-Co₃O₄ 复合阳极极化 0h、12h 和 24h 后的 CV 曲线。如图 4-92 所示，正向扫描时曲线 1、2 和 3 有两个氧化峰 a 和 b 以及一个析氧峰 c，反向扫描时曲线 1、2 和 3 有一个还原峰 d。随极化时间的延长，Pb/Pb-Co₃O₄ 复合阳极的析氧电位降低，去极化电位区域增大。

图 4-93 是 Pb-Ca-0.6% Sn、Al/Pb-Co₃O₄、Al/Pb-WC、Pb/Pb-Co₃O₄ 和 Pb/Pb-WC 阳极极化 24h 后的 CV 曲线。如图 4-93 所示，曲线 1 的氧化峰 a 在 1.2V 附近，与之相比曲线 3 和 5 的氧化峰 a 向负电位方向偏移了 0.04V，说明 Pb-WC

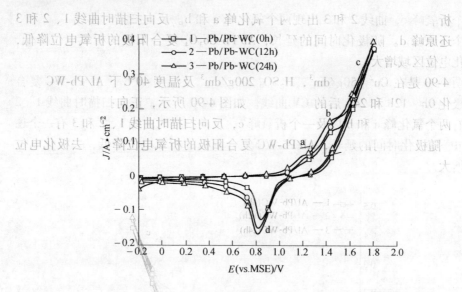

图 4-91   Pb/Pb-WC 复合阳极极化 0h、12h 和 24h 后的 CV 曲线

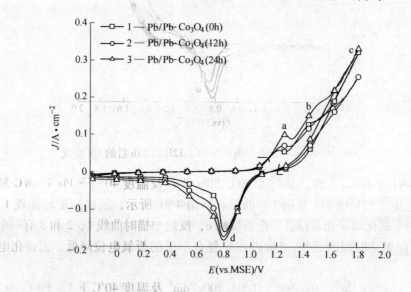

图 4-92   Pb/Pb-Co₃O₄ 复合阳极极化 0h、12h 和 24h 后的 CV 曲线

复合阳极比 Pb-Ca-0.6% Sn 阳极更容易生成 α-PbO₂。曲线 1 的氧化峰要比曲线 3 和 5 大，说明在 Pb-Ca-0.6% Sn 阳极表面生成的 α-PbO₂ 比较多，可能是由 WC 在阳极表面分布不均匀造成的。曲线 2 和 4 的氧化峰 a 向正电位方向偏移了 0.05V。曲线 2 的氧化峰 b 与氧化峰 a 重合且其析氧峰电位最低，说明 Al/ Pb-Co₃O₄ 复合阳极更容易生成 β-PbO₂。这可能是由 WC 和 Co₃O₄ 的催化作用不同造成的。

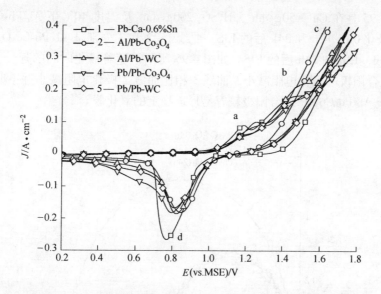

图 4-93　Pb-Ca-0.6%Sn、Al/Pb-Co₃O₄、Al/Pb-WC、Pb/Pb-Co₃O₄ 和
Pb/Pb-WC 阳极极化 24h 后的 CV 曲线

4.6.2.4　交流阻抗

图 4-94 是在 Cu^{2+} 50g/dm³，H_2SO_4 200g/dm³ 及温度 40℃ 下 Pb-Ca-0.6%Sn 阳极极化 0h、12h 和 24h 后的 EIS。如图 4-94 所示，随着极化时间的延长，Pb-Ca-0.6%Sn 阳极的极化电阻先减小后增大。这可能是由于 Pb-Ca-0.6%Sn 阳极在极化初期容易生成较多的 α-PbO₂。

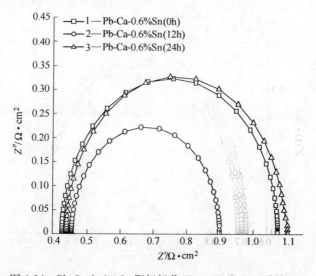

图 4-94　Pb-Ca-0.6%Sn 阳极极化 0h、12h 和 24h 后的 EIS

图 4-95 是在 Cu^{2+} 50g/dm^3，H_2SO_4 200g/dm^3 及温度 40℃下 Al/Pb-Co_3O_4 复合阳极极化 0h、12h 和 24h 后的 EIS。曲线 1、2 和 3 分别是 Al/Pb-Co_3O_4 复合阳极极化 0h、12h 和 24h 后的 EIS。如图 4-95 所示，随着极化时间的延长，Al/Pb-Co_3O_4 复合阳极的极化电阻减小。曲线 3 相比曲线 2 极化电阻减小并不明显，可能是由于 Al/Pb-Co_3O_4 复合阳极较容易形成稳定的氧化膜。

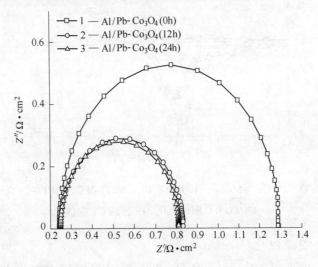

图 4-95 Al/Pb-Co_3O_4 复合阳极极化 0h、12h 和 24h 后的 EIS

图 4-96 是在 Cu^{2+} 50g/dm^3，H_2SO_4 200g/dm^3 及温度 40℃下 Al/Pb-WC 复合阳极极化 0h、12h 和 24h 后的 EIS。如图 4-96 所示，随着极化时间的延长，

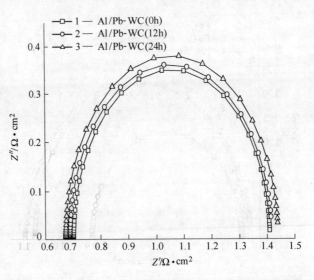

图 4-96 Al/Pb-WC 复合阳极极化 0h、12h 和 24h 后的 EIS

Al/Pb-WC 复合阳极的极化电阻增大，可能是由于 Al/Pb-WC 复合阳极在极化过程中会生成 WO₂。

图 4-97 是在 Cu^{2+} 50g/dm³，H_2SO_4 200g/dm³ 及温度 40℃ 下 Pb/Pb-WC 复合阳极极化 0h、12h 和 24h 后的 EIS。如图 4-97 所示，随着极化时间的延长，Pb/Pb-WC 复合阳极的极化电阻先增大后减小且变化不大，与 Al/Pb-WC 复合阳极相似。

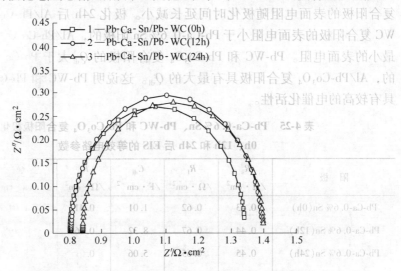

图 4-97 Pb/Pb-WC 复合阳极极化 0h、12h 和 24h 后的 EIS

图 4-98 是在 Cu^{2+} 50g/dm³，H_2SO_4 200g/dm³ 及温度 40℃ 下 Pb/Pb-Co₃O₄ 复合阳极极化 0h、12h 和 24h 后的 EIS。如图 4-98 所示，随着极化时间的延长，

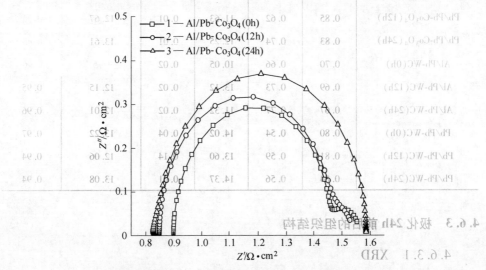

图 4-98 Pb/Pb-Co₃O₄ 复合阳极极化 0h、12h 和 24h 后的 EIS

Pb/Pb-Co$_3$O$_4$ 复合阳极的极化电阻增大，极化 24h 后 Al/Pb-Co$_3$O$_4$ 复合阳极具有最小的极化电阻。

表 4-25 是 Pb-Ca-0.6% Sn、Pb-WC 和 Pb-Co$_3$O$_4$ 复合阳极极化 0h、12h 和 24h 后 EIS 的等效电路参数。如表 4-25 所示，Pb-Ca-0.6% Sn、Pb/Pb-WC 和 Al/Pb-Co$_3$O$_4$ 复合阳极的 R_s 和 R_f 之和随极化时间延长增大，Pb/Pb-Co$_3$O$_4$ 和 Al/Pb-WC 复合阳极的表面电阻随极化时间延长减小。极化 24h 后 Al/Pb-Co$_3$O$_4$ 和 Pb/Pb-WC 复合阳极的表面电阻小于 Pb-Ca-0.6% Sn 阳极的，Al/Pb-Co$_3$O$_4$ 复合阳极具有最小的表面电阻。Pb-WC 和 Pb-Co$_3$O$_4$ 复合阳极的 Q_{dl} 大于 Pb-Ca-0.6% Sn 阳极的，Al/Pb-Co$_3$O$_4$ 复合阳极具有最大的 Q_{dl}。这说明 Pb-WC 和 Pb-Co$_3$O$_4$ 复合阳极具有较高的电催化活性。

表 4-25　Pb-Ca-0.6%Sn、Pb-WC 和 Pb-Co$_3$O$_4$ 复合阳极极化
0h、12h 和 24h 后 EIS 的等效电路参数

阳　极	R_s /$\Omega \cdot cm^2$	R_f /$\Omega \cdot cm^2$	C_{dl} /$F \cdot cm^{-2}$	R_t /$\Omega \cdot cm^2$	Q_{dl} /$\Omega \cdot (s \cdot cm^2)^{-1}$	n
Pb-Ca-0.6% Sn(0h)	0.43	0.62	1.01	0.41	1.04	0.98
Pb-Ca-0.6% Sn(12h)	0.44	0.67	8.32	0.16	7.79	0.92
Pb-Ca-0.6% Sn(24h)	0.45	0.65	5.06	0.01	5.12	0.94
Al/Pb-Co$_3$O$_4$(0h)	0.24	0.46	1.05	0.01	1.05	0.97
Al/Pb-Co$_3$O$_4$(12h)	0.25	0.53	10.50	0.01	12.05	0.94
Al/Pb-Co$_3$O$_4$(24h)	0.26	0.42	13.81	0.03	14.51	0.95
Pb/Pb-Co$_3$O$_4$(0h)	0.90	0.57	10.28	0.02	11.69	0.92
Pb/Pb-Co$_3$O$_4$(12h)	0.85	0.62	11.63	0.01	12.67	0.96
Pb/Pb-Co$_3$O$_4$(24h)	0.83	0.74	12.25	0.01	13.61	0.95
Al/Pb-WC(0h)	0.70	0.66	10.05	0.02	9.75	0.96
Al/Pb-WC(12h)	0.69	0.73	13.12	0.02	12.15	0.95
Al/Pb-WC(24h)	0.67	0.77	11.32	0.02	12.01	0.96
Pb/Pb-WC(0h)	0.80	0.54	14.02	0.04	13.22	0.97
Pb/Pb-WC(12h)	0.81	0.59	13.60	0.14	12.06	0.94
Pb/Pb-WC(24h)	0.84	0.56	14.37	0.01	13.08	0.94

4.6.3　极化 24h 前后的组织结构

4.6.3.1　XRD

图 4-99 是 Pb-Ca-0.6% Sn、Pb-WC 和 Pb-Co$_3$O$_4$ 复合阳极极化 24h 后的 XRD

图谱。如图 4-99 所示，Pb-Ca-0.6%Sn、Pb-WC 和 Pb-Co$_3$O$_4$ 复合阳极极化24h 后的阳极膜都具有 PbSO$_4$、α-PbO$_2$ 和 β-PbO$_2$ 相。Pb-WC 复合阳极表面有 WO$_2$ 相生成，说明 WC 在电催化过程中生成了 WO$_2$。在 65°~66°区间 Pb-Ca-0.6%Sn 阳极的 PbSO$_4$ 相衍射峰的相对其他物相的强度高于 Pb-WC 和 Pb-Co$_3$O$_4$ 复合阳极的，说明 Pb-Ca-0.6%Sn 阳极在极化 24h 后更容易生成 PbSO$_4$ 相。Pb/Pb-Co$_3$O$_4$ 复合阳极表面的 β-PbO$_2$ 相衍射峰相对其他物相的衍射峰强度高于 Al/Pb-Co$_3$O$_4$ 复合阳极的，可能是由 Pb-Co$_3$O$_4$ 复合阳极表面 Co$_3$O$_4$ 颗粒分布不均造成的。

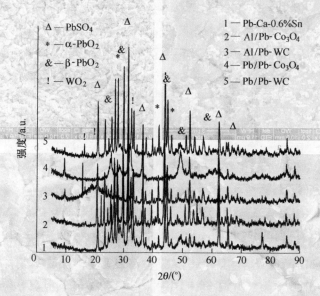

图 4-99 Pb-Ca-0.6%Sn、Pb-WC 和 Pb-Co$_3$O$_4$ 复合阳极极化24h 后的 XRD 图谱

4.6.3.2 极化前和极化后的 SEM

图 4-100 是 Pb-Ca-0.6%Sn(e)、Pb-Co$_3$O$_4$(a, b, f, h) 和 Pb-WC(c, d, g, i) 复合阳极的 SEM 图。图 4-100a、b、c 和 d 分别是 Al/Pb-Co$_3$O$_4$ 和 Al/Pb-WC 复合阳极极化前的 SEM 图，图 e、f、g、h 和 i 分别是 Pb-Ca-0.6%Sn、Al/Pb-Co$_3$O$_4$、Pb/Pb-Co$_3$O$_4$、Al/Pb-WC 和 Al/Pb-Co$_3$O$_4$ 复合阳极极化 24h 后的 SEM 图。从图 4-100a、b 中可以看出只有少部分 Co$_3$O$_4$ 颗粒分布在 Pb 晶体表面，绝大多数的 Co$_3$O$_4$ 颗粒以堆积的方式分布在晶界附近，Co$_3$O$_4$ 颗粒在 Pb-Co$_3$O$_4$ 复合镀层表面总体分布均匀。从图 4-100c、d 中可以看出 WC 颗粒包覆在 Pb 晶体的表面且分布均匀。Pb-WC 复合镀层的晶粒比 Pb-Co$_3$O$_4$ 复合镀层的晶粒尺寸大，可能是由 Co$_3$O$_4$ 颗粒形状趋向于球形而 WC 颗粒的形状趋向于片状造成的。从图 4-100e 中可以看出 Pb-Ca-0.6%Sn 阳极极化 24h 后氧化膜特征是大小均匀表面粗糙的四边形晶体。从图 4-100f、g 中可以看出 Al/Pb-Co$_3$O$_4$ 和 Pb/Pb-Co$_3$O$_4$ 阳极极化 24h 后氧化膜特征是线状的微晶集合把大小较均匀的四边形晶体分成片状。可能是因

为 Co_3O_4 主要堆积在 Pb-Co_3O_4 复合镀层的晶粒附近使得晶界附近的更容易发生阳极反应。从图 4-100h、i 中可以看出 Al/Pb-WC 和 Pb/Pb-WC 复合阳极极化 24h 后氧化膜特征是大小较均匀的四边形晶体，还有少量微晶。

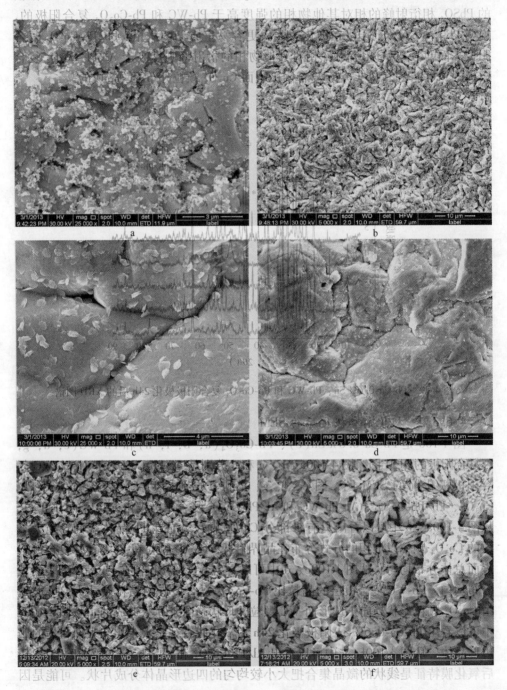

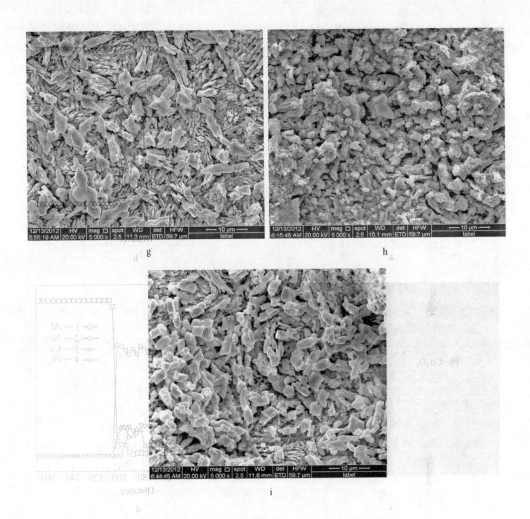

图 4-100 Pb-Ca-0.6% Sn(e)、Pb-Co₃O₄(a, b, f, h)和
Pb-WC(c, d, g, i)复合阳极的 SEM 图

图 4-101 是 Al/Pb-WC 和 Al/Pb-Co₃O₄ 复合阳极的截面的 SEM 图和线扫描。如图 4-101 所示，Al/Pb-WC 和 Al/Pb-Co₃O₄ 复合阳极的截面从右到左由基体 Al、过渡层 Ni 和复合镀层 Pb-WC 和 Pb-Co₃O₄ 构成。从图 4-101a、b 中可以看出，Al/Pb-WC 复合阳极的基体 Al 与过渡层 Ni，过渡层 Ni 与复合镀层 Pb-WC 结合紧密没有缝隙，且有冶金过程发生，WC 颗粒在 Pb-WC 复合镀层中分布较均匀。从图 4-101c、d 中可以看出，Al/Pb-Co₃O₄ 复合阳极的基体 Al 与过渡层 Ni，过渡层 Ni 与复合镀层 Pb-Co₃O₄ 结合紧密没有缝隙，且有冶金过程发生，WC 颗粒在 Pb-Co₃O₄ 复合镀层中分布较均匀。

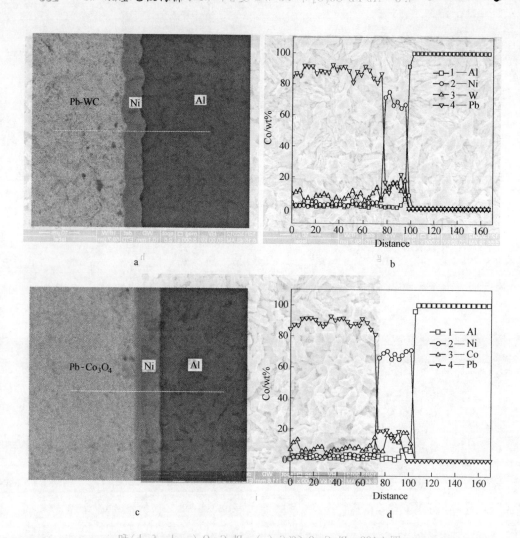

图 4-101　Al/Pb-WC 和 Al/Pb-Co₃O₄ 复合阳极截面的 SEM 图和线扫描

a—Al/Pb-WC 复合阳极的截面；b—Al/Pb-WC 复合阳极截面的线扫描；c—Al/Pb-Co₃O₄

复合阳极的截面；d—Al/Pb-Co₃O₄ 复合阳极截面的线扫描

图 4-101 是 Al/Pb-WC 和 Al/Pb-Co₃O₄ 复合阳极截面的 SEM 图和线扫描。如图 4-101 所示，Al/Pb-WC 和 Al/Pb-Co₃O₄ 复合阳极的截面从右到到左由基体 Al、过渡层 Ni 和镀层 Pb-WC 或 Pb-Co₃O₄ 三部分组成，其中 Ni 过渡层清晰可见，Al/Pb-WC 复合阳极的基体 Al 与过渡层 Ni，以及合金镀层 Pb-WC 结合紧密；WC 颗粒在 Pb-WC 复合镀层中分布均匀。从图 4-101c、d 可知……相区……以……铅合金层也是比较致密均匀……Pb-Co₃O₄……

4.7　铜电积用 Al/Pb-Sn-WC 复合阳极的制备及电化学性能

4.7.1　Al/Pb-Sn-WC 复合阳极的制备

以镀镍后的 Al 片为阴极，单侧略小的 Pb 板为阳极，直流电镀。

甲基磺酸镀液组成：甲基磺酸铅 200g/dm³，甲基磺酸 100mL/dm³，Sn²⁺ 20g/dm³，WC 20～50g/dm³，明胶 0.5～5g/dm³，分散剂 0.2～5mL/dm³，添

加剂 0 ~ 10g/dm³。

操作条件：电流密度 2A/dm²，温度 30℃，电磁搅拌 480rad/min。

4.7.2 Al/Pb-Sn-WC 复合阳极的电化学性能

4.7.2.1 阳极极化曲线

图 4-102 是在 Cu²⁺ 50g/dm³，H₂SO₄ 200g/dm³ 及温度 40℃ 下 Al/Pb-Sn-WC 复合阳极极化 0h、12h 和 24h 后的阳极极化曲线。如图 4-102 所示，曲线 1 在 0 ~ 0.9V 范围内阳极电流密度几乎没有变化，从 1.1V 附近出现了一个氧化峰 a。曲线 2 和 3 具有 2 个氧化峰且峰电位随极化时间的延长负向移动。

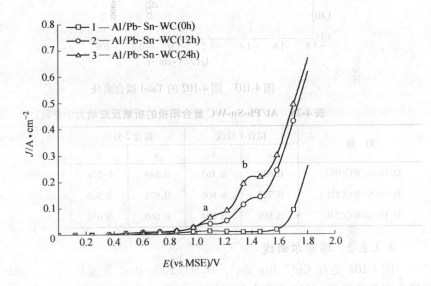

图 4-102　Al/Pb-Sn-WC 复合阳极极化 0h、12h 和 24h 后的阳极极化曲线

图 4-103 是图 4-102 的 Tafel 拟合曲线。如图 4-103 所示，曲线 1 是 Al/Pb-Sn-WC 复合阳极极化 0h 时较低电流密度区域的 Tafel 拟合斜线，曲线 2 是 Al/Pb-Sn-WC 复合阳极极化 12h 时较低电流密度区域的 Tafel 拟合斜线。

表 4-26 是 Al/Pb-Sn-WC 复合阳极极化 0h、12h 和 24h 后的析氧反应动力学参数。如表 4-26 所示，对于 Al/Pb-Sn-WC 复合阳极，随着极化时间的延长，在较低电流密度区域，a、b 和 i⁰ 随极化时间的延长增大；在较高电流密度区域，a 随极化时间的延长减小，b 和 i⁰ 随极化时间延长增大。与 Pb-Ca-0.6% Sn、Al/Pb-Sn 和 Al/Pb-WC 复合阳极相比，Al/Pb-Sn-WC 复合阳极具有最大的交换电流密度 i⁰，说明在这四种阳极中 Al/Pb-Sn-WC 复合阳极在铜电积过程中能耗最小。

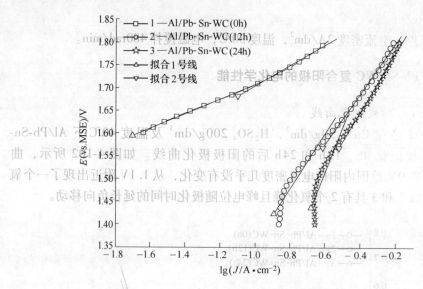

图 4-103　图 4-102 的 Tafel 拟合曲线

表 4-26　Al/Pb-Sn-WC 复合阳极的析氧反应动力学参数

阳　极	拟合 1 号线		拟合 2 号线		电流密度/A·cm^{-2}	
	a	b	a	b	1	2
Al/Pb-Sn-WC(0h)	0.629	0.163	0.689	0.226	1.38×10^{-4}	8.93×10^{-4}
Al/Pb-Sn-WC(12h)	0.722	0.606	0.671	0.560	6.44×10^{-2}	6.34×10^{-2}
Al/Pb-Sn-WC(24h)	0.869	0.994	0.669	0.658	1.35×10^{-1}	9.55×10^{-2}

4.7.2.2　塔菲尔曲线

图 4-104 是在 Cu^{2+} 50g/dm^3，H_2SO_4 200g/dm^3 及温度 40℃ 下 Al/Pb-Sn-WC 复合阳极极化 0h、12h 和 24h 后的 Tafel 极化曲线。如图 4-104 所示，随着极化时间的延长，Al/Pb-Sn-WC 复合阳极的腐蚀电位升高。

表 4-27 是 Al/Pb-Sn-WC 复合阳极的腐蚀电位和腐蚀电流密度。如表 4-26 所示，随着极化时间的延长，Al/Pb-Sn-WC 复合阳极的腐蚀电位和腐蚀电流密度增大。比较 Pb-Ca-0.6%Sn、Al/Pb-Sn、Al/Pb-WC 和 Al/Pb-Sn-WC 复合阳极，极化 24h 后 Al/Pb-Sn-WC 复合阳极具有最小的腐蚀电流密度，根据腐蚀电流密度与腐蚀速率的关系，Al/Pb-Sn-WC 复合阳极具有最小的腐蚀速率。

表 4-27　Al/Pb-Sn-WC 复合阳极的腐蚀电位和腐蚀电流密度

阳　极	腐蚀电位/V	腐蚀电流密度/A·cm^{-2}
Al/Pb-Sn-WC(0h)	-0.392	4.2×10^{-3}
Al/Pb-Sn-WC(12h)	0.696	1.7×10^{-3}
Al/Pb-Sn-WC(24h)	0.798	1.0×10^{-2}

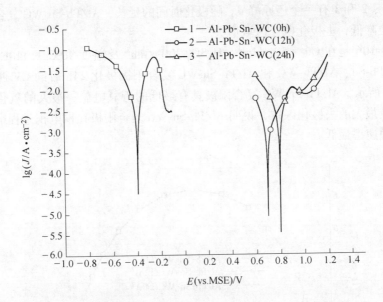

图 4-104 Al/Pb-Sn-WC 复合阳极极化 0h、12h 和 24h 后的 Tafel 曲线

4.7.2.3 循环伏安曲线

图 4-105 是在 Cu^{2+} 50g/dm³，H_2SO_4 200g/dm³ 及温度 40℃下 Al/Pb-Sn-WC 复合阳极极化 0h、12h 和 24h 后的 CV 曲线。如图 4-105 所示，正向扫描时曲线 1 只有一个析氧峰 c，曲线 2 和 3 有两个氧化峰 a 和 b 以及一个析氧峰 c，反向扫描

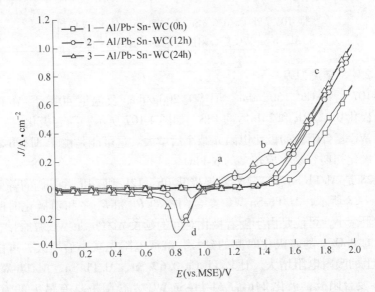

图 4-105 Al/Pb-Sn-WC 复合阳极极化 0h、12h 和 24h 后的 CV 曲线

时曲线 1、2 和 3 有一个还原峰 d。随极化时间的延长，Al/Pb-Sn-WC 复合阳极的
析氧电位降低，去极化电位区域增大。

图 4-106 是在 Cu^{2+} 50g/dm^3，H_2SO_4 200g/dm^3 及温度 40℃下 Pb-Ca-0.6%
Sn、Al/Pb-Sn、Al/Pb-WC 和 Al/Pb-Sn-WC 复合阳极极化 24h 后的 CV 曲线。如
图 4-106 所示，Al/Pb-Sn-WC 复合阳极具有最低的析氧电位、最大的氧化峰和还
原峰以及最大的去极化区域，说明 Al/Pb-Sn-WC 复合阳极在铜电积过程中析氧电
位和腐蚀速率最低。

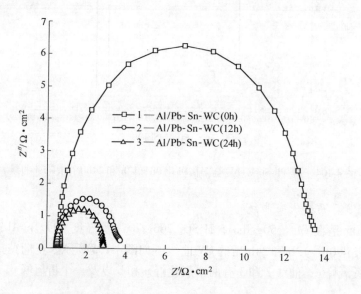

图 4-106 Pb-Ca-0.6% Sn、Al/Pb-Sn、Al/Pb-WC 和
Al/Pb-Sn-WC 复合阳极极化 24h 后的 CV 曲线

4.7.2.4 交流阻抗

图 4-107 是在 Cu^{2+} 50g/dm^3，H_2SO_4 200g/dm^3 及温度 40℃下 Al/Pb-Sn-WC
复合阳极极化 0h、12h 和 24h 后的 EIS。如图 4-107 所示，随着极化时间的延长，
Al/Pb-Sn-WC 复合阳极的极化电阻先减小后增大。这可能是由于 Al/Pb-Sn-WC 复
合阳极在极化初期容易生成较多的 α-PbO_2。

表 4-28 是 Al/Pb-Sn-WC 复合阳极极化 0h、12h 和 24h 后 EIS 的等效电路参
数。如表 4-28 所示，Al/Pb-Sn-WC 复合阳极的 R_s 和 R_f 之和随极化时间延长增
大，膜电阻减小，可能是由于随着极化时间的延长 Al/Pb-Sn-WC 复合阳极表面生
成了更多的 PbO_2。随着极化时间的延长，溶液电阻先减小后增大，可能是生成
的氧化膜上的吸附电阻增大。比较 Pb-Ca-0.6% Sn、Al/Pb-Sn、Al/Pb-WC 和 Al/
Pb-Sn-WC 复合阳极，极化 24h 后 Al/Pb-Sn-WC 复合阳极具有最大的 Q_{dl}，说明
Al/Pb-Sn-WC 阳极具有最大的电催化活性。

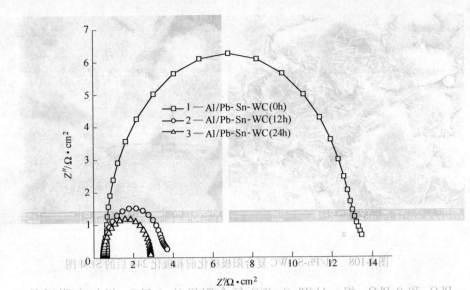

图 4-107 Al/Pb-Sn-WC 复合阳极极化 0h、12h 和 24h 后的 EIS

表 4-28 Al/Pb-Sn-WC 复合阳极极化 0h、12h 和 24h 后 EIS 的等效电路参数

阳 极	R_s /$\Omega \cdot cm^2$	R_f /$\Omega \cdot cm^2$	C_{dl} /$F \cdot cm^{-2}$	R_t /$\Omega \cdot cm^2$	Q_{dl} /$\Omega \cdot (s \cdot cm^2)^{-1}$	n
Al/Pb-Sn-WC(0h)	0.70	12.49	1.94	0.16	2.08	0.95
Al/Pb-Sn-WC(12h)	0.46	3.03	3.44	0.17	3.44	1
Al/Pb-Sn-WC(24h)	0.53	2.40	6.39	0.39	6.39	1

4.7.3 Al/Pb-Sn-WC 复合阳极的组织结构及腐蚀速率

4.7.3.1 SEM 图

图 4-108 是 Al/Pb-Sn-WC 复合阳极极化前和极化 24h 后的 SEM 图。图 4-108a 是 Al/Pb-Sn-WC 阳极极化前的 SEM 图，图 4-108b 是 Al/Pb-Sn-WC 复合阳极极化 24h 后的 SEM 图。如图 4-108 所示，Al/Pb-Sn-WC 复合阳极极化前表面特征是晶体表面布满片状的微晶，与 Al/Pb-Sn 和 Al/Pb-WC 复合阳极不同。Al/Pb-Sn-WC 复合阳极极化 24h 后氧化膜的表面特征是四边形的晶体表面部分颗粒状的微晶，与 Al/Pb-Sn 和 Al/Pb-WC 复合阳极不同。

4.7.3.2 XRD 图谱

图 4-109 是 Pb-Ca-0.6% Sn、Al/Pb-Sn、Al/Pb-WC 和 Al/Pb-Sn-WC 复合阳极极化 24h 后的 XRD 图谱。如图 4-109 所示，Al/Pb-WC 和 Al/Pb-Sn-WC 复合阳极极化 24h 后表面会有钨的氧化物（WO_x，$x = 2$ 或 3）生成。Pb-Ca-0.6% Sn、Al/Pb-Sn、Al/Pb-WC 和 Al/Pb-Sn-WC 复合阳极极化 24h 后表面都具有 Pb、$PbSO_4$、

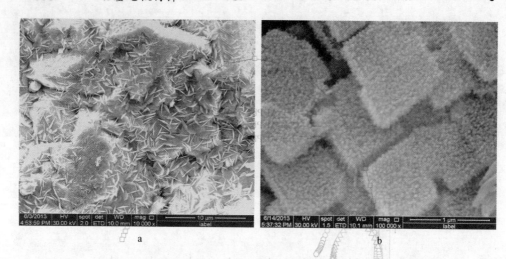

图 4-108 Al/Pb-Sn-WC 复合阳极极化前和极化 24h 后的 SEM 图

α-PbO$_2$ 和 β-PbO$_2$ 相。Al/Pb-Sn-WC 复合阳极的 β-PbO$_2$ 相与它附近的 Pb 和 PbSO$_4$ 相衍射峰相对强度差异最小。这说明 Al/Pb-Sn-WC 复合阳极极化 24h 后更容易生成 β-PbO$_2$ 相。

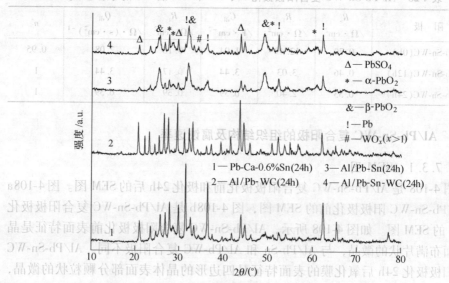

图 4-109 Pb-Ca-0.6% Sn、Al/Pb-Sn、Al/Pb-WC 和 Al/Pb-Sn-WC
复合阳极极化 24h 后的 XRD 图谱

图中图例：
- Δ — PbSO$_4$
- * — α-PbO$_2$
- & — β-PbO$_2$
- ! — Pb
- # — WO$_x$(x>1)

1 — Pb-Ca-0.6%Sn(24h)   3 — Al/Pb-Sn(24h)
2 — Al/Pb-WC(24h)   4 — Al/Pb-Sn-WC(24h)

纵轴：强度/a.u.   横轴：2θ/(°)

4.7.3.3 腐蚀速率

图 4-110 是在 Cu^{2+} 50g/dm^3，H$_2$SO$_4$ 200g/dm^3，电流密度 0.4A/cm^2 及温度 40℃下 Pb-Ca-0.6% Sn、Al/Pb-Sn、Al/Pb-WC 和 Al/Pb-Sn-WC 复合阳极的腐蚀速

率, 曲线 1、2、3 和 4 分别是 Pb-Ca-0.6% Sn、Al/Pb-Sn、Al/Pb-WC 和 Al/Pb-Sn-WC 复合阳极 50h 内每隔 10h 的失重量。如图 4-110 所示, Al/Pb-WC 复合阳极的腐蚀速率最大, 在前 40h 其失重量越来越大可能是曝露在表面的 WC 增多的原因, Al/Pb-Sn 复合阳极前 20h 其失重量越来越大, 随之达到较稳定的状态可能是 Al/Pb-Sn 复合阳极表面生成了较为稳定的氧化膜。Pb-Ca-0.6% Sn 阳极和 Al/Pb-Sn-WC 复合阳极在前 10h 失重量较大其后逐渐减小并趋于稳定状态, Al/Pb-Sn-WC 复合阳极在 30 ~ 40h 和 10 ~ 40h 具有最小的失重量, 略小于 Pb-Ca-0.6% Sn 阳极的失重量。这说明极化 30h 后 Al/Pb-Sn-WC 复合阳极具有最小的腐蚀速率。

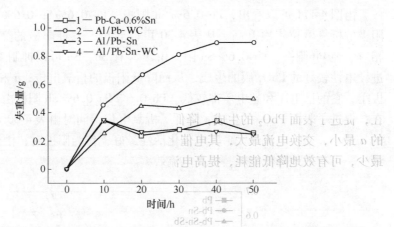

图 4-110 Pb-Ca-0.6% Sn、Al/Pb-Sn、Al/Pb-WC 和 Al/Pb-Sn-WC 复合阳极的腐蚀速率

4.8 Al/Pb-Sn-Sb 合金阳极的制备及电化学性能

4.8.1 甲基磺酸体系中 Al/Pb-Sn-Sb 阳极的制备

4.8.1.1 镀液配方及工艺条件

甲基磺酸体系制备 Al/Pb-Sn-Sb 阳极的配方及工艺条件见表 4-29。

表 4-29 甲基磺酸体系制备 Al/Pb-Sn-Sb 阳极的配方及工艺条件

组成成分	配 方	组成成分	配 方
甲基磺酸铅	200mL(100g/L)	电镀时间	24h
甲基磺酸 (游离)	100g/L	温度	40℃
甲基磺酸亚锡	15g/L	pH 值	1
酒石酸锑钾	0.8g/L	阴极	Al 上镀铜
添加剂 A	5mL/L	阳极	铅锡压延板
添加剂 B	0.3g/L	搅拌方式	机械搅拌
电流密度	1A/dm²	镀液颜色	无色或黄色 (澄清)

4.8.1.2 工艺流程

除油剂脱脂→冷水洗→碱洗→50%硝酸中酸洗→冷水洗→一次浸锌→冷水洗→50%硝酸中退镀锌→冷水洗→二次浸锌→冷水洗→镀黄铜→冷水洗→去离子水洗→分别沉积纯 Pb、Pb-0.6%Sn 和 Pb-0.6%Sn-0.6%Sb 合金→取出工件→冷水洗。

4.8.2 Al/Pb-Sn-Sb 合金阳极的电化学性能

4.8.2.1 阳极极化曲线

由图 4-111 可以看出,Pb-0.6%Sn 阳极、Pb-0.6%Sn-0.6%Sb 阳极和纯 Pb 阳极的析氧电位依次升高。从表 4-30 可以看出,三种阳极的交换电流密度中,相对于纯 Pb 阳极,Pb-0.6%Sn 阳极由于含有 Sn,Sn 可以抑制 PbO 阳极膜而促进导电性较好的 PbO_2 膜的生成,从而降低阳极的析氧电位;a 和 b 都比纯 Pb 阳极小,它的槽电压和超电压都较低。Pb-0.6%Sn-0.6%Sb 阳极由于 Sn 和 Sb 的存在,促进了表面 PbO_2 的生成,降低了析氧电位,同时由表 4-30 可以看出该阳极的 a 最小,交换电流最大,其电催化活性最好,作为阳极时,槽电压最小,耗电最少,可有效地降低能耗,提高电流效率。

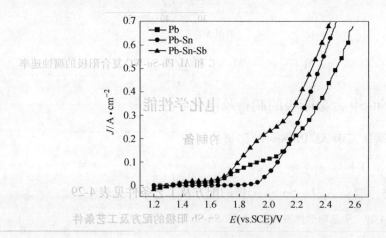

图 4-111 不同阳极材料的阳极极化曲线

表 4-30 不同阳极材料的析氧动力学参数

阳极材料	a/V	b/V	电流密度/$A \cdot cm^{-2}$
纯 Pb	1.286	0.714	1.51×10^{-2}
Pb-Sn 合金	1.130	0.571	1.05×10^{-2}
Pb-Sn-Sb 合金	1.117	0.722	2.84×10^{-2}

4.8.2.2 Tafel 曲线

从图 4-112 和表 4-31 可以看出，Pb-0.6%Sn-0.6%Sb 阳极材料的腐蚀电位为 1380mV，相对于 Pb-0.6%Sn 阳极和纯 Pb 阳极分别正移了 60mV 和 92mV；腐蚀电流密度为 2.1×10^{-2} A/cm^2，是三种阳极中最小的。由于金属腐蚀速度 v 与腐蚀电流密度 J_{corr} 成正比，即腐蚀电流密度小，材料的腐蚀速度就较慢。由此表明 Pb-0.6%Sn-0.6%Sb 合金阳极材料的耐蚀性能比其他两种合金阳极材料要好。

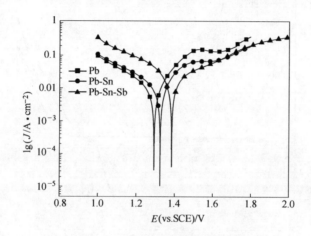

图 4-112　不同阳极材料的 Tafel 曲线

表 4-31　不同阳极材料的腐蚀电位和腐蚀电流密度

阳极材料	腐蚀电位/V	腐蚀电流密度/A·cm^{-2}
纯 Pb	1.292	2.6×10^{-2}
Pb-Sn 合金	1.324	2.4×10^{-2}
Pb-Sn-Sb 合金	1.384	2.1×10^{-2}

4.8.2.3 循环伏安曲线

从图 4-113 中可以看出，循环伏安曲线都有一个还原峰和一个氧化峰。峰 e 相应于氧气逸出的电流峰，可能是因为表面是二氧化铅，其铅化合价为 +4，为最高价，在正方向扫描时，不能发生氧化，只能在高电位下发生析氧反应，电解液中的 H_2O 被氧化生成氧气。由于阳极材料中锡和锑的加入，使得 Pb-0.6%Sn-0.6%Sb 合金阳极和 Pb-0.6%Sn 合金阳极的峰 e 的峰电位相对于纯 Pb 阳极均出现了正移，且 Pb-0.6%Sn-0.6%Sb 合金阳极正移更明显，这说明 Sn 和 Sb 可以抑制氧在铅合金表面的析出。峰 f 为 PbO_2 还原为 $PbSO_4$ 的还原峰。以往研究的二元合金，发现锑和锡对 PbO 膜的生长能够产生抑制作用[31]。图 4-113 表明：锡和锑抑制了 PbO 膜的生长，同时促进了 PbO 向 PbO_2 的转变，峰 f 表明 Pb-

0.6% Sn-0.6% Sb 阳极表面生成的 PbO$_2$ 的含量更高。Pb-0.6% Sn-0.6% Sb 合金阳极和 Pb-0.6% Sn 合金阳极的还原峰 f 的电位相对于纯 Pb 阳极出现了负移，即电位更负，这说明 Pb-0.6% Sn-0.6% Sb 合金阳极和 Pb-0.6% Sn 合金阳极更稳定，耐蚀性更好。由于三种阳极的循环伏安行为基本相同，说明 Sn 和 Sb 的加入没有改变电极的反应机理，但可以提高电极材料的耐蚀性能。

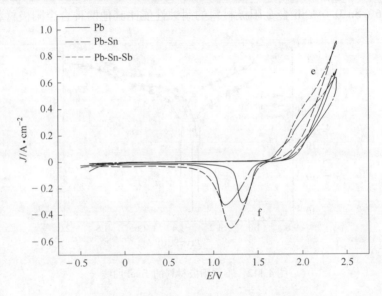

图 4-113 不同阳极材料的循环伏安曲线

4.8.3 Al/Pb-Sn-Sb 合金阳极的组织结构研究

图 4-114 为 Pb-0.6% Sn-0.6% Sb 阳极的能谱图。将纯 Pb、Pb-0.6% Sn 和 Pb-0.6% Sn-0.6% Sb 阳极材料在 45g/L Cu^{2+}、180g/L H$_2$SO$_4$ 溶液中极化 24h 后，

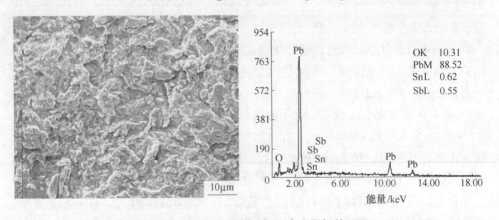

OK	10.31
PbM	88.52
SnL	0.62
SbL	0.55

图 4-114 Pb-0.6% Sn-0.6% Sb 合金阳极的 EDS

对阳极材料表面做 SEM。图 4-115a、b、c 为纯 Pb、Pb-0.6% Sn 和 Pb-0.6% Sn-0.6% Sb 阳极材料 5000 倍的表面形貌。图 4-115a′、b′、c′为阳极材料 40000 倍的表面形貌。

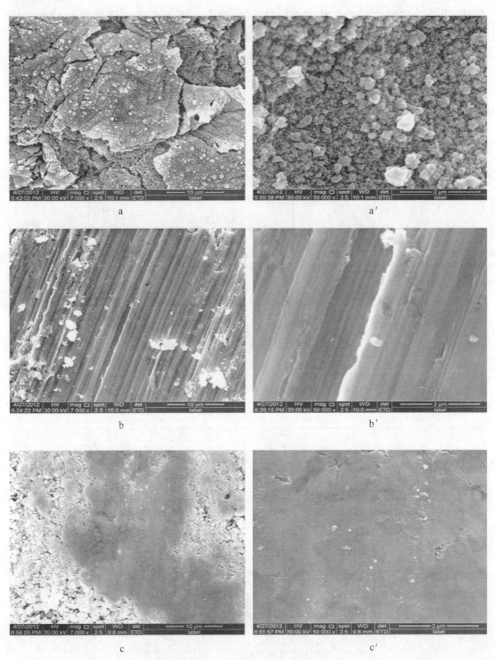

图 4-115　不同阳极材料的 SEM 图

通过对镀层的能谱分析，可以看出该镀层中 Sn 含量大约为 0.6%，Sb 含量大约为 0.6%。从图 4-115a 可以看出，纯 Pb 阳极材料的表面形貌疏松多孔，颗粒粒径较大，且分布较为分散，大部分区域出现了裂纹，并有脱落的迹象，说明纯 Pb 阳极的耐蚀性较差。从图 4-115b 可以看出，Pb-0.6%Sn 阳极材料的表面呈棱状，没有出现明显的裂纹和孔洞，其表面较光滑和致密，说明 Pb-0.6%Sn 阳极的耐蚀性较好。根据文献报道可知，铅基合金中 Sb 的加入，使得合金的力学性能和某些电化学性能得到改善，例如 Sb 会使氧化生成的 PbO_2 晶粒粒径细小。从图 4-115c 可以看出，Pb-0.6%Sn-0.6%Sb 阳极的表面比较平整，可能由于 Sn 和 Sb 分布不均匀，表面出现部分点腐蚀，但形成的氧化膜十分致密，说明 Pb-0.6%Sn-0.6%Sb 阳极的耐蚀性较好。

下面对不同阳极材料进行 XRD 组分分析，结果见图 4-116。

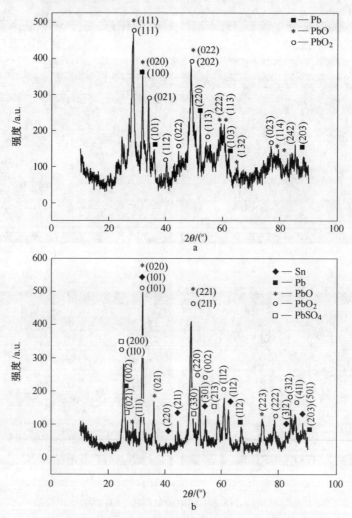

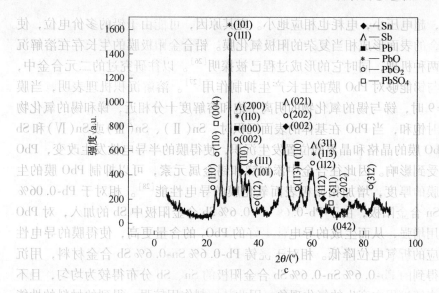

图 4-116   不同阳极材料的 XRD 图谱

a—纯 Pb 阳极；b—Pb-0.6% Sn 阳极；c—Pb-0.6% Sn-0.6% Sb 阳极

从图 4-116 可以看出，纯 Pb 阳极材料、Pb-0.6% Sn 阳极材料和 Pb-0.6% Sn-0.6% Sb 阳极材料的表面都出现了 PbO 和 PbO$_2$ 的衍射峰，但 Pb-0.6% Sn 阳极材料和 Pb-0.6% Sn-0.6% Sb 阳极材料的 PbO 和 PbO$_2$ 衍射峰均比纯 Pb 阳极要强，且 Pb-0.6% Sn-0.6% Sb 阳极材料的 PbO$_2$ 衍射峰比 Pb-Sn 阳极材料的要强。究其原因，由于锡和锑对 PbO 的生长有抑制作用同时可以促进 PbO 向 PbO$_2$ 的转变，从而使得 PbO 的衍射峰被弱化，而且由于 PbO$_2$ 有较好的导电能力，所以 Pb-0.6% Sn-0.6% Sb 阳极材料表面的导电性最好，对应的析氧电位最低。Sb 的添加，促进了 PbO$_2$ 其他晶面的衍射峰。可能由于表面生成的 PbSO$_4$ 脱落，纯 Pb 阳极没有出现 PbSO$_4$ 的衍射峰。

4.8.4   Al/Pb-Sn-Sb 与浇铸 Pb-Sn-Sb 及 Pb-Ca-Sn 阳极性能的对比

4.8.4.1   阳极极化曲线

通过图 4-117 的阳极极化曲线，可以看出沉积 Pb-0.6% Sn-0.6% Sb 阳极的析氧电位均比浇铸 Pb-0.6% Sn-0.6% Sb 和浇铸 Pb-0.06% Ca-0.6% Sn 阳极的析氧电位都要低，且浇铸 Pb-0.6% Sn-0.6% Sb 阳极的比浇铸 Pb-0.06% Ca-0.6% Sn 阳极的要小。由表 4-32 可以看出，三种阳极材料对比，沉积 Pb-0.6% Sn-0.6% Sb 合金阳极比浇铸 Pb-0.6% Sn-0.6% Sb 合金阳极和 Pb-0.06% Ca-0.6% Sn 合金阳极的交换电流密度 i_0 都要大，表明沉积 Pb-0.6% Sn-0.6% Sb 阳极的催化性能最好；而且浇铸 Pb-0.6% Sn-0.6% Sb 阳极材料对应的 a 和 b 都比浇铸 Pb-0.06% Ca-0.6% Sn 合金阳极的要小，说明浇铸 Pb-0.6% Sn-0.6% Sb 阳极在电沉积时槽电压最低，超电压小，电耗也相应地小。究其原因，可能由于铅的多价电位，使得在铅合金的表面形成相当复杂的阳极氧化膜。铅合金阳极膜的生长存在溶解沉积和固相两种机理，同时它的形成过程已被探明[26]。以往研究过的二元合金中，只发现锡与锑能够对 PbO 膜的生长产生抑制作用[27]。溶解沉积机理表明，当膜内的 pH = 9 时，锑与锡的氧化物的阴离子饱和溶解度十分相近，锑和锡的氧化物阴离子同时饱和，当 PbO 在基体的表面沉积时，$Sn(II)$、$Sn(III)$ 或 $Sn(IV)$ 和 Sb (III) 在 PbO 膜的晶格和晶界的位置发生沉积，使得膜的半导电性发生改变，PbO 膜的生长受到影响。因此往合金中添加锑和锡金属元素，可以抑制 PbO 膜的生长，减小膜的厚度，增加铅阳极表面氧化膜的导电性能[28]。相对于 Pb-0.06% Ca-0.6% Sn 合金阳极，由于 Pb-0.6% Sn-0.6% Sb 合金阳极中 Sb 的加入，对 PbO 的抑制作用增强，从而生成的导电性更好的 PbO_2 的含量更高，使得膜的导电性增强，对应的析氧电位降低。相对于浇铸 Pb-0.6% Sn-0.6% Sb 合金材料，用沉积的方式得到的 Pb-0.6% Sn-0.6% Sb 合金阳极的 Sn、Sb 分布得较为均匀，且不会出现在浇铸过程中产生的氧化现象，因此其抑制作用较强，得到的材料的性能更好。

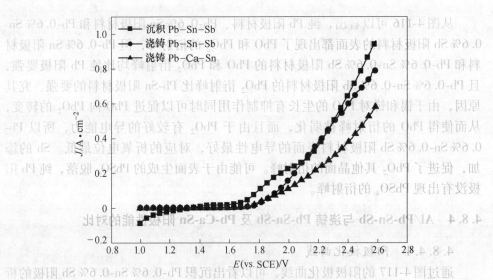

图 4-117 不同阳极材料的阳极极化曲线

表 4-32 不同阳极材料的析氧动力学参数

阳极材料	a/V	b/V	电流密度/A·cm^{-2}
沉积 Pb-Sn-Sb	1.117	0.722	2.84×10^{-2}
浇铸 Pb-Sn-Sb	1.045	0.431	3.76×10^{-3}
浇铸 Pb-Ca-Sn	1.185	0.533	6.01×10^{-3}

4.8.4.2 Tafel 曲线

从图 4-118 和表 4-33 可以看出，浇铸 Pb-0.6%Sn-0.6%Sb 阳极相对于浇铸 Pb-0.06%Ca-0.6%Sn 阳极的腐蚀电位正移了 33mV，腐蚀电流密度与金属腐蚀速度存在以下关系[29]：

$$v = \frac{MJ_{corr}}{nF}$$

式中，v 为腐蚀速度；J_{corr} 为腐蚀电流密度；M 为金属的摩尔质量；n 为金属的原子价；F 为法拉第常数。由上式可知，金属腐蚀速度 v 与腐蚀电流密度 J_{corr} 成正比，即腐蚀电流密度小，材料的腐蚀速度就较慢。由此表明浇铸 Pb-0.6%Sn-0.6%Sb 合金阳极材料的耐蚀性能比其浇铸 Pb-0.06%Ca-0.6%Sn 合金阳极材料要好。但沉积 Pb-0.6%Sn-0.6%Sb 合金阳极材料的腐蚀电位为 1384mV，相对于浇铸 Pb-0.6%Sn-0.6%Sb 阳极和浇铸 Pb-0.6%Sn-0.6%Sb 阳极即 Pb-0.6%Sn-0.6%Sb 合金阳极材料的腐蚀电位分别正移了 525mV 和 558mV，同它们的腐蚀电流密度差距大小相比，它们的腐蚀电位相差较大，因此，腐蚀电位较大的沉积 Pb-0.6%Sn-0.6%Sb 阳极材料的腐蚀速度就较慢，耐蚀性最好。

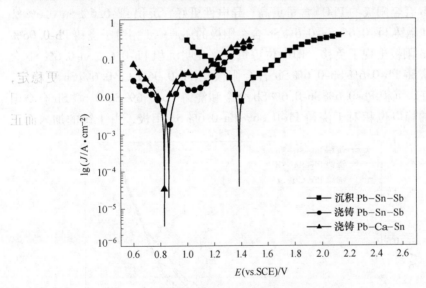

图 4-118 不同阳极材料的 Tafel 曲线

表 4-33 不同阳极材料的腐蚀电位和腐蚀电流

阳极材料	腐蚀电位/V	腐蚀电流密度/A·cm^{-2}
沉积 Pb-Sn-Sb	1.384	2.1×10^{-2}
浇铸 Pb-Sn-Sb	0.859	8.7×10^{-3}
浇铸 Pb-Ca-Sn	0.826	1.7×10^{-2}

4.8.4.3 循环伏安曲线

图 4-119 为沉积 Pb-0.6%Sn-0.6%Sb 合金阳极、浇铸 Pb-0.6%Sn-0.6%Sb 合金阳极和浇铸 Pb-0.6%Sn-0.6%Sb 合金阳极在 45g/L Cu^{2+}，180g/L H_2SO_4 溶液中的循环伏安曲线。从图 4-119 中可以看到，阳极扫描过程中有 c、d 和 e 三个峰，对应峰电位分别为 1.15V、1.45V 和 2.0V。同时在阴极扫描过程中出现一个大的阴极峰 f。c 峰对应于内层 $PbSO_4$、PbO 及少量基体 Pb 转化为 α-PbO_2 的反应。d 峰对应为外层的 $PbSO_4$ 转化为 β-PbO_2 的反应，e 峰为氧气逸出时的电流峰，而 f 峰为 α-PbO_2 还原成为 $PbSO_4$ 的电流峰[30]。从图 4-119 可见，沉积 Pb-0.6%Sn-0.6%Sb 合金阳极和浇铸 Pb-0.6%Sn-0.6%Sb 合金阳极的氧化膜生长的电流密度比浇铸 Pb-0.06%Ca-0.6%Sn 合金阳极要高，且相应的还原峰的峰电流也较高。以往研究的二元合金中，发现锑和锡对 PbO 膜的生长能够产生抑制作用[31]。图 4-119 表明：锡和锑抑制了 PbO 膜的生长，同时促进了 PbO 向 PbO_2 的转变，f 峰表明沉积 Pb-0.6%Sn-0.6%Sb 合金阳极和浇铸 Pb-0.6%Sn-0.6%Sb 合金阳极材料表面生成的 PbO_2 的含量更高，而且沉积 Pb-0.6%Sn-0.6%Sb 合金阳极的 f 峰值电位比浇铸 Pb-0.6%Sn-0.6%Sb 阳极的要高，表明沉积 Pb-0.6%Sn-0.6%Sb 合金阳极的 PbO_2 含量更高，导电性更好。沉积 Pb-0.6%Sn-0.6%Sb 合金阳极和浇铸 Pb-0.6%Sn-0.6%Sb 合金阳极的还原峰 f 相对于浇铸 Pb-0.06%Ca-0.6%Sn 阳极出现了负移，即电位更负，这表明沉积 Pb-0.6%Sn-0.6%Sb 合金阳极和浇铸 Pb-0.6%Sn-0.6%Sb 合金阳极比 Pb-0.06%Ca-0.6%Sn 更稳定，耐蚀性更好。沉积 Pb-0.6%Sn-0.6%Sb 合金和浇铸 Pb-0.6%Sn-0.6%Sb 合金阳极的峰 e 的峰电位相对于浇铸 Pb-0.06%Ca-0.6%Sn 阳极，由于锑的加入而正

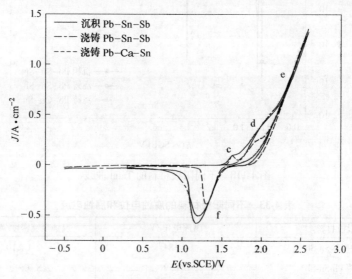

图 4-119 不同阳极材料的循环伏安曲线

移，这说明 Sb 可以抑制氧在铅合金表面的析出。

4.8.4.4 腐蚀速率比较

将待测的阳极在 45℃，电流密度为 1000A/m² ，机械搅拌的条件下极化 24h 后，取出用去离子水冲洗干净，然后在 85 ~ 95g/L 的 1∶1 的葡萄糖-氢氧化钠溶液中加热至沸腾状态约 30min，取出后再用去离子水冲洗，酒精棉擦拭干净，放入烘箱烘干 2h 后称其质量。极化前后的质量之差称为腐蚀的阳极质量。采用失重法，即阳极质量的损失表示腐蚀速率。其计算公式为：

$$V = \frac{m_0 - m_1}{St} \tag{4-5}$$

式中 V ——腐蚀速率，g/(h·m²) ；

  m_0 ——阳极极化前的质量，g；

  m_1 ——阳极极化后的质量，g；

  S ——阳极工作表面积，m² ；

  t ——阳极极化时间，h。

从表 4-34 中也可以看出沉积 Pb-0.6% Sn-0.6% Sb 合金阳极和浇铸 Pb-0.6% Sn-0.6% Sb 合金阳极比浇铸 Pb-0.06% Ca-0.6% Sn 合金阳极的腐蚀速率要小，分别为浇铸 Pb-0.06% Ca-0.6% Sn 合金阳极的腐蚀速率的 83.1% 和 87.5% 。然而在极化状态下，影响阳极腐蚀速率的因素主要包括[32]：阳极材料本身的组成和微观组织结构，极化后阳极表面形貌和组成，电解液成分。究其原因，由于 Sb 的加入，使得 Pb-0.6% Sn-0.6% Sb 合金阳极材料的耐蚀性更好，而沉积 Pb-0.6% Sn-0.6% Sb 合金由于 Sb 是以沉积的方式进入，它的分布比浇铸 Pb-Sn-Sb 更加均匀，从而耐蚀性得到提高。

表 4-34 不同阳极材料的腐蚀速率

阳极材料	腐蚀速率/g·(h·m²)⁻¹	相对腐蚀速率/%
沉积 Pb-Sn-Sb	3.616	83.1
浇铸 Pb-Sn-Sb	3.808	87.5
浇铸 Pb-Ca-Sn	4.352	100

4.8.4.5 硬度及金相组织比较

将三种合金阳极进行机械和化学抛光，直到表面呈镜面光亮，经腐蚀后，在显微镜下观察它们的金相组织。图 4-120 中 a、b 和 c 分别为沉积 Pb-0.6% Sn-0.6% Sb 合金阳极、浇铸 Pb-0.6% Sn-0.6% Sb 合金阳极和浇铸 Pb-0.06% Ca-0.6% Sn 合金金相图（100 × ），a′、b′和 c′为沉积 Pb-0.6% Sn-0.6% Sb 合金阳极、浇铸 Pb-0.6% Sn-0.6% Sb 合金阳极和浇铸 Pb-0.06% Ca-0.6% Sn 合金金相图（600 × ）。并进行相关的硬度测试，结果如表 4-35 所示。

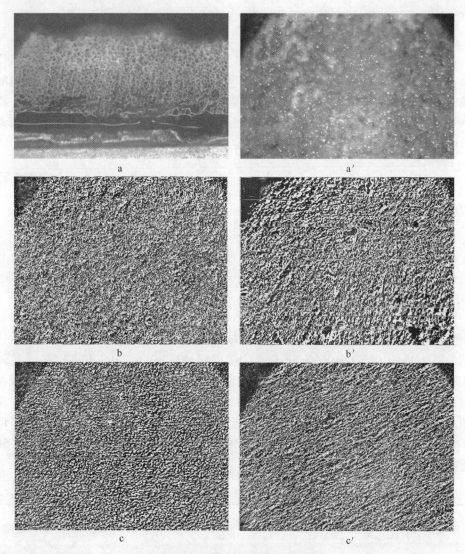

图 4-120 不同阳极材料的金相图

表 4-35 不同阳极材料的显微硬度

阳极材料	维氏硬度（HV）	阳极材料	维氏硬度（HV）
沉积 Pb-Sn-Sb	28.96	浇铸 Pb-Ca-Sn	45.08
浇铸 Pb-Sn-Sb	22.79		

从图 4-120 中可以看出，图 a 沉积 Pb-0.6%Sn-0.6%Sb 合金阳极的合金金相图的晶粒分布均匀，且颗粒较小，其中夹杂着少量的颗粒较大的颗粒；图 b 浇铸 Pb-0.6%Sn-0.6%Sb 合金金相图偏析比较严重，形成的颗粒比较大、分布不均匀；图 c 浇铸 Pb-0.06%Ca-0.6%Sn 合金金相图中只存在少量颗粒较大的第二

相，其余均很细小、分布均匀致密。由金相的致密程度可以推测出浇铸 Pb-0.06%Ca-0.6%Sn 合金的硬度应该最大，沉积 Pb-0.6%Sn-0.6%Sb 合金硬度比浇铸 Pb-0.6%Sn-0.6%Sb 合金的要大。表 4-35 的硬度测试结果证明了这一点；浇铸 Pb-0.06%Ca-0.6%Sn 合金的硬度是浇铸 Pb-0.6%Sn-0.6%Sb 合金硬度的两倍，沉积 Pb-0.6%Sn-0.6%Sb 合金的硬度为 28.96HV。

4.8.4.6 组织结构比较

将沉积 Pb-0.6%Sn-0.6%Sb 合金阳极、浇铸 Pb-0.6%Sn-0.6%Sb 阳极和浇铸 Pb-0.06%Ca-0.6%Sn 合金阳极材料在 45g/L Cu^{2+}，180g/L H_2SO_4 溶液中极化 24h 后，然后对阳极材料表面做 SEM 分析。图 4-121 中 a、b、c 分别为沉积 Pb-

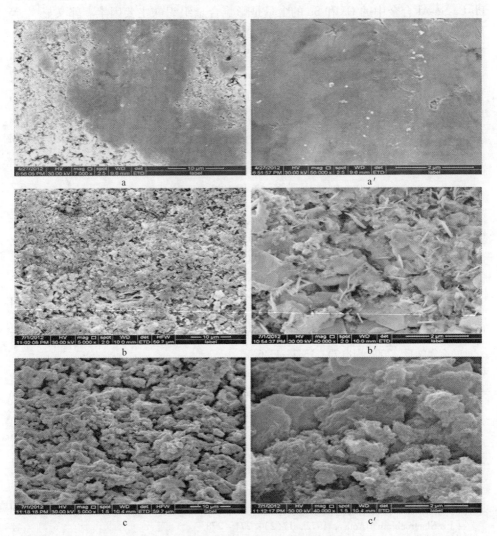

图 4-121 不同阳极材料的 SEM 图

0.6% Sn-0.6% Sb 合金阳极、浇铸 Pb-0.6% Sn-0.6% Sb 合金阳极和浇铸 Pb-0.06% Ca-0.6% Sn 阳极材料 5000 倍表面形貌，a′、b′和 c′为阳极材料 40000 倍的表面形貌。

　　根据文献报道[33~35]可知，铅基合金由于 Sb 的加入使得合金的力学性能和某些电化学性能得到改善，例如 Sb 会使氧化生成的 PbO_2 晶粒粒径细小。从图 4-121a 可以看出，沉积 Pb-0.6% Sn-0.6% Sb 合金阳极的表面形成的氧化膜非常平整和光滑，且非常致密，呈现面腐蚀且没有出现孔洞现象，因而其耐蚀性较好。从图 4-121b 可以看出，浇铸 Pb-0.6% Sn-0.6% Sb 合金材料阳极的晶粒粒径大小不一，分布不均匀，同时出现了易被腐蚀的孔洞。Lakshmi[36]的研究表明 Pb-Ca-Sn-Al 合金中的 Ca 和 Sn 的含量是影响合金组织的主要因素。郭文显[37]等研究表明：Pb-Ca-Sn-Al 合金晶粒随 Ca 含量的增加和 Sn 含量的降低而逐渐变小，其晶粒的大小与形状又与比值 $r[r = w(Sn)/Ca]$ 密切相关，当 $r > 9$ 时，晶粒粗大。从图 4-121c 可以看出，Pb-0.06% Ca-0.6% Sn 合金材料表面呈珊瑚状，为疏松多孔结构，且其表面无规则分散着大小不一的点蚀坑，这些点蚀坑可能是由晶界处的富锡相引起的[38,39]。因此沉积 Pb-0.6% Sn-0.6% Sb 合金材料的耐蚀性最好，且浇铸 Pb-0.6% Sn-0.6% Sb 合金阳极的耐蚀性比浇铸 Pb-0.06% Ca-0.6% Sn 合金材料的要好。

参 考 文 献

[1] 吴维昌，冯洪清，吴开治. 标准电极电位数据手册[M]. 北京：科学出版社，1991.

[2] 陈步明. Al 基/α-PbO_2-CeO_2-TiO_2 和 β-PbO_2-MnO_2-WC-ZrO_2 复合阳极材料制备技术及电化学性能研究[D]. 昆明：昆明理工大学，2009.

[3] Zhong Shuiping, Lai Yanqing, Jiang Liangxing, et al. Fabrication and anodic polarization behavior of lead-based porous anodes in zinc electrowinning[J]. Journal of Central South University of Technology, 2008, 15(6): 757~762.

[4] 衷水平，赖延清，蒋良兴，等. 锌电积用 Pb-Ag-Ca-Sr 四元合金阳极极化行为[J]. 中国有色金属学报，2008，18(7)：1342~1346.

[5] Lai Yanqing, Zhong Shuiping, Jiang Liangsing, et al. Effect of doping Bi on oxygen evolution potential and corrosion behavior of Pb-based anode in zinc electrowinning[J]. Journal of Central South University of Technology, 2009, 16(2): 236~241.

[6] 陈艳芳，苌清华，陈锋，等. 温度对酸性液电镀 Zn-Ni 合金质量的影响[J]. 热加工工艺，2009，38(16)：89~93.

[7] Mallory G O, Haidu J R. Electroless Plating[M]. Florida: AESF, 1990, 269~276.

[8] 杨金爽. Ni-Sn 合金的电化学制备、表征及其性能研究[D]. 天津：天津大学，2000.

[9] Vereecken J, Winand R. Influence of manganese (Ⅱ) ions on the anodic oxidation of methanol [J]. Electrochimica Acta., 1972, 17(2): 271~278.

[10] Yu P, O'Keefe T J. Evaluation of lead anode reactions in acid sulfate electrolytes—Ⅱ. manga-

nese reactions[J]. Journal of the Electrochemical Society, 2002, 149(5): A558~A569.

[11] Zhang Wensheng, Cheng Chuyong. Manganese metallurgy review. Part Ⅲ: mangnese control in zinc and copper electrolytes[J]. Hydrometallurgy, 2007, 89(3~4): 178.

[12] 李宁, 王旭东, 吴志良, 等. 高速电镀锌用不溶性阳极[J]. 材料保护, 1999, 32(9): 7~9.

[13] 梅光贵, 钟竹前, 刘勇刚, 等. 锌电解中铅银阳极的电化学行为[J]. 中南工业大学学报, 1998, 29(4): 337~340.

[14] Abaci S, Tamer U, Kadir Pekme Z, Yildiz A. Electrosynthesis of benzoquinone from phenol on α and β surfaces of PbO_2[J]. Electrochimica Acta., 2005, 50(18): 3655~3659.

[15] 屈伟光. 延长锌电解阳极的使用寿命[J]. 金属材料与冶金工程, 2010, 38(5): 39~40.

[16] 陈阵, 武剑, 郭忠诚, 等. 铝材脉冲电镀 $Pb-WC-CeO_2$ 复合层的电化学性能[J]. 材料保护, 2012, 45(1): 36~42.

[17] Yoshifumi Yamamoto, Koichi Fumino, Takumi Ueda, et al. A potentiodynamic study of the lead electrode in sulphuric acid solution[J]. Electrochimmica Acta., 1992, 37(2): 199~203.

[18] Rashkov S, Stefanov Y, Noncheva Z, et al. Investigation of the processes of obtaining plastic treatment and electrochemical behavior of lead alloys in their capacity as andes during the electroextraction of zinc Ⅱ. Electrochemical formation of phase layers on binary Pb-Ag and Pb-Ca, and ternary Pb-Ag-Ca alloys in a sulphuric-acid electrolyte for zinc electroextraction[J]. Hydrometallurgy, 1996, 40(3): 319~334.

[19] Stefanov Y, Dobrev T. Developing and studying the properties of $Pb-TiO_2$ alloy coated lead composite anodes for zinc electrowinning[J]. Transactions of the Institute of Metal Finishing, 2005, 83(6): 291~295.

[20] Kim Jinho, Lee Ho, Lee S Paul. A study on the improvement of the cyclic durability by Cr substitution in V-Ti alloy and surface modification by the ball-milling process[J]. Journal of Alloys and Compounds, 2003, 348(1~2): 293~300.

[21] L A D Silva, V A Alves, M A P D Silva, et al. Oxygen evolution in acid solution on IrO_2 + TiO_2 ceramic films. A study by impedance, voltammetry and SEM[J]. Electrochimica Acta, 1997, 42(2): 271~281.

[22] Shi Yanhua, Meng Huimin, Sun Dongbai, et al. Effect of SbO_x + SnO_2 intermediate layer on the properties of Ti-based MnO_2 anode[J]. Acta Physico Chimica Sinica, 2007, 23(10): 1553~1559.

[23] Wu Gang, Li Ning, Dai Changsong, et al. Anodically electrodeposited cobalt-nickel mixed oxide electrodes for oxygen evolution[J]. Chinese Journal of Catalysis, 2004, 25(4): 46~48.

[24] Dobrev T, Valchanova I, Stefanov Y, et al. Investigations of a new anodic materials for zinc electrowinning[J]. Transactions of the Institute of Metal Finishing, 2009, 87(3): 136~140.

[25] Li Y, Jiang L X, Lv X J, et al. Electrochemical behaviors of co-deposited $Pb/Pb-MnO_2$ composite anode in sulfuric acid solution-Tafel and EIS investigations[J]. Journal of Electroanalytical Chemistry, 2012, 671: 16~23.

[26] Liu H T, Yang C X, Liang H H, et al. The mechanisms for the growth of the anodic Pb (Ⅱ)

oxides films formed on Pb-Sb and Pb-Sn alloys in sulfuric acid solution[J]. Journal of Power Sources, 2002, 103(2): 173 ~ 179.

[27] 柳厚田, 王群洲, 万咏勤, 等. 硫酸溶液中铅阳极膜研究的几个问题（二）[J]. 电化学, 1996, 2(2): 123 ~ 127.

[28] 徐璟. 铅酸蓄电池板栅用铅合金中锑与锡[J]. 电池, 2004, 34(2): 144 ~ 146.

[29] 肖纪美, 曹楚南. 材料腐蚀学原理[M]. 北京: 化学工业出版社, 2004.

[30] Dewald J F. The charge distribution at the zinc oxide-electrolyte interface[J]. Journal of Physics and Chemistry of Solids, 1960(14): 155 ~ 161.

[31] Burmistrov O A, Aguf I A, Lyzlov N J, et al. Electric battery, US 5059495[P]. 1991.

[32] 衷水平, 赖延清, 将良兴, 等. 锌电积用 Pb-Ag-Ca-Sr 四元合金阳极的阳极极化行为[J]. 中国有色金属学报, 2008, 17(7): 1342 ~ 1346.

[33] 管从胜, 杜爱玲, 杨玉国. 高能化学电源[M]. 北京: 化学工业出版社, 2005.

[34] 李党国, 周根树, 郑茂盛. 铅酸蓄电池板栅材料的研究进展[J]. 电池, 2004, 34(2): 132 ~ 134.

[35] Hirasawa T, Sasaki K, Taguchi M, et al. Electrochemical characteristics of Pb-Sb alloys in sulfuric acid solutions[J]. Journal of Power Sources, 2000, 85(1): 44 ~ 48.

[36] Lakshmi C S, Manders J E, Rice D M. Structure and properties of lead-calcium-tin alloys for battery grids[J]. Journal of Power Sources, 1998, 73(1): 23 ~ 29.

[37] 郭文显, 陈红雨, 周华文, 等. Pb-Ca-Sn-Al 合金显微结构的研究[J]. 蓄电池, 2008 (2): 51 ~ 57.

[38] Nelson R F, Wisdom D M. Pure lead and the tin effect in deep-cycling lead/acid battery applications [J]. Journal of Power Sources, 1991, 33(1 ~ 4): 165 ~ 185.

[39] Rowlette J J, Alkaitis S, Pinsky N, et al. Energy conversion engineering conference, San Diego. CA, 1986, 1052(6): 25 ~ 29.